U0246037

江苏省高校哲学社会科学研究重大项目（批准号：2020SJZDA044）
江苏省社科应用研究精品工程财经发展专项课题（项目编号：19SCA-001）
江南大学学术专著出版基金和江南大学商学院出版基金共同资助

长三角一体化的
环境治理效应研究

周五七 ◎ 著

中国财经出版传媒集团

经济科学出版社
Economic Science Press

·北 京·

图书在版编目（CIP）数据

长三角一体化的环境治理效应研究/周五七著．－－
北京：经济科学出版社，2024.7
ISBN 978 - 7 - 5218 - 5494 - 7

Ⅰ.①长…　Ⅱ.①周…　Ⅲ.①长江三角洲－区域环境
管理－研究　Ⅳ.①X321.25

中国国家版本馆 CIP 数据核字（2024）第 005642 号

责任编辑：刘　莎
责任校对：徐　昕
责任印制：邱　天

长三角一体化的环境治理效应研究
周五七　著
经济科学出版社出版、发行　新华书店经销
社址：北京市海淀区阜成路甲 28 号　邮编：100142
总编部电话：010 - 88191217　发行部电话：010 - 88191522
网址：www. esp. com. cn
电子邮箱：esp@ esp. com. cn
天猫网店：经济科学出版社旗舰店
网址：http://jjkxcbs. tmall. com
固安华明印业有限公司印装
710 × 1000　16 开　19 印张　310000 字
2024 年 7 月第 1 版　2024 年 7 月第 1 次印刷
ISBN 978 - 7 - 5218 - 5494 - 7　定价：85.00 元
（图书出现印装问题，本社负责调换。电话：010 - 88191545）
（版权所有　侵权必究　打击盗版　举报热线：010 - 88191661
QQ：2242791300　营销中心电话：010 - 88191537
电子邮箱：dbts@ esp. com. cn）

前 言
Preface

　　党的二十大报告指出，实现高质量发展，要加快构建全国统一大市场，深化要素市场化改革，着力推进区域协调发展。随着长三角一体化上升为国家战略，长三角全域 41 个地级以上城市都已纳入区域一体化范围，区域经济地理格局发生调整，对长三角城市环境治理将会产生深刻影响。长三角城市扩容加大了区域发展不平衡和资源环境承载力不足的问题，区域环境治理的难度和压力加大，如何增强长三角一体化对环境治理的积极作用，推进长三角一体化与环境治理协同发展成为现实的研究课题。

　　本书围绕长三角一体化与城市环境治理相互影响、相互制约的关系，综合应用区域经济学、环境经济学和空间计量经济学等理论，采用耦合协调度模型、动态面板数据模型、面板门槛回归模型、空间联立方程模型、双重差分模型和案例比较研究等方法，在综合评估长三角一体化与环境治理现状与问题的基础上，系统研究长三角一体化与环境治理的交互影响机制与效应，构建长三角一体化与环境治理协调运行机制框架，提出长三角一体化与环境治理协同发展的政策建议。

　　本书的主要研究内容及结论总结如下。

　　第一，系统阐释区域一体化与环境治理交互影响机制。运用产业转移、环境规制竞争、经济集聚、交易成本与开放经济等理论，系统阐述了区域一体化通过污染产业转移、产业结构升级、产业集聚、环境污染转移、地方政府竞争和空间溢出效应等影响城市环境治理的内生机理。

1

综合运用统一大市场理论、制度性集体行动框架、利益相关者理论和环境协同治理理论等，阐释环境治理合作对区域一体化的影响机制，统一大市场理论将市场机制嵌入区域一体化环境协同治理机制，制度性集体行动理论和利益相关者理论从合作博弈视角建构区域一体化与环境协同治理的激励相容机制，环境协同治理理论则从主体协同、地区协同、目标协同、系统协同和制度协同等方面为环境治理影响和参与区域一体化建设提供解决方案。

第二，对长三角一体化与环境治理进行动态评估，揭示其空间演化特征。运用相对价格法，从商品市场一体化、资本市场一体化、劳动力市场一体化三个方面，测算长三角一体化综合指数，研究结果显示，长三角商品市场一体化指数、要素市场一体化指数和市场一体化综合指数均呈现上升趋势，要素市场一体化指数明显低于商品市场一体化指数，尤其是劳动力市场一体化指数偏低。运用全局熵值法，从工业污染治理、生活污染治理和生态环境建设三个维度，测算长三角城市环境治理指数，测算结果表明，长三角环境治理指数整体上呈现出不断上升的趋势，城市环境治理存在显著的空间相关性和空间差异性，省级行政区之间及核心区、扩展区与外围区之间的环境治理差距是长三角环境治理空间差异的主要来源。

第三，实证检验长三角市场一体化对城市环境治理的影响效应，研究结果显示，市场一体化整体上对城市环境治理有显著的积极作用，首先资本市场一体化对城市环境治理的促进作用最强，其次是商品市场一体化对城市环境治理的促进作用，劳动力市场一体化对城市环境治理的促进作用不显著。考虑到长三角一体化的环境治理效应还受城市异质性特征因素的影响，运用面板门槛回归模型进一步检验产业结构、产业集聚、金融发展、人均地方生产总值、人均财政收入和资本深化等变量的门槛效应，结果发现，金融发展显示出递增的正向门槛效应特征，而其他门槛变量都显示出先负后正的门槛效应特征，即这些变量在没有超过门槛值时不利于城市环境治理，超过门槛值后对环境治理有显著的促进作用，且这种促进作用具有递增效应，并从多个不同视角揭示了长三角市场一体化对环境治理的非线性影响机制，为长三角市场一体化对不同城市环境治理的异质性影响提供了实证支持。

第四，为了进一步考察长三角市场一体化与环境治理之间可能存在交互影响和空间溢出效应，构建空间联立方程模型，采用广义空间三阶段最小二乘方法（GS3SLS）进行实证研究，验证了长三角市场一体化与环境治理之间存在交互促进效应，即长三角市场一体化显著促进城市环境治理水平提升，且城市环境治理提升反过来对长三角市场一体化也有促进作用，相对而言，长三角市场一体化对城市环境治理的促进作用更大。从空间溢出效应的实证检验结果来看，周边城市一体化对本地城市一体化具有显著的正向空间溢出效应，在一定程度上证实了长三角一体化具有空间蔓延演特征，但是周边城市一体化对本地城市环境治理有显著的抑制作用；周边城市环境治理对本地城市环境治理也有显著的正向空间溢出效应，在一定程度上支持了长三角环境治理存在显著的正外部性，但周边城市环境治理对本地城市一体化也同样具有显著的抑制作用，即周边城市环境治理提升对本地城市融入市场一体化发展有不利影响。这一研究结果为推进长三角市场一体化与环境治理协同发展决策提供了借鉴和参考。

第五，运用双重差分法评估长三角一体化政策的环境治理效应。将长三角一体化城市扩容作为一次准自然实验，评估长三角一体化的环境治理效应，以缓解传统计量模型估计的内生性偏误。评估结果显示，长三角城市群扩容整体上促进污染排放强度下降，这种污染排放强度下降作用主要来源于原位城市污染排放强度的显著降低，长三角扩容对于新进城市的污染排放强度影响并不显著，在进行平行趋势及稳健性检验后，该结论依然有效。长三角城市扩容机制下的区域一体化对于不同规模城市的环境治理效应没有显著差异，对非资源型城市的环境改善作用优于资源型城市；对高行政等级城市的环境改善作用优于低等级城市。长三角一体化主要通过经济集聚和技术创新等渠道促进城市环境治理水平提升，同时存在空间溢出效应，即在提升本地环境治理的同时，加重了周边城市环境治理压力。

第六，实证研究长三角市场一体化对城市绿色发展效率的影响。利用非径向方向性距离函数（NDDF）和全局生产前沿建模，构造包含所有生产要素投入效率和污染排放效率的 DEA 模型，测算长三角城市绿色发展效率。长三角中心区城市全要素绿色发展效率有较快的上升趋势，长三角外围区城市全要素绿色发展效率经历了一个先下降、再平稳发展、后上升的变化趋势，长三角城市绿色发展效率的地区差异逐渐减小，存在动态空间收敛趋势特征。在推进长三角一体化高质量发展背景下，利用面板 Tobit 模型对长三角城市绿色发展效率的影响因素进行实证研究，重点验证长三角市场一体化对城市绿色发展效率提升的影响。长三角市场一体化整体上有利于促进城市全要素绿色发展效率提升，这种促进效应在中心区城市表现更为显著，在外围区城市尚不显著。全要素绿色发展效率与城市规模之间呈现"U"形变化关系，与经济发展水平之间也呈现"U"形变化关系，产业结构升级显著促进全要素绿色发展效率提升，环境规制和资本深化对城市全要素绿色发展效率有正面影响但不显著，外贸依存度对城市全要素绿色发展效率有显著的负面作用。

第七，构建长三角一体化环境协同治理机制。鉴于长三角环境治理具有明显的流域治理特征，比较研究美国密西西比河流域和澳大利亚墨累—达令河流域环境协同治理模式与经验，分析中国流域环境协同治理组织结构及其模式特征，认为中国流域环境协同治理具有国家统筹管理与地方协商治理的复合治理特色，既体现了中央政府对流域环境污染治理的整体规划和政策引导，又为地方政府寻求协同治理方案留有相对自由处置的空间。结合长三角生态绿色一体化发展示范区实践案例，研究总结长三角生态绿色一体化发展示范区环境协同治理的制度创新。构建中央政府—地方政府—市场—企业—社会多元主体联动的长三角一体化环境协同治理机制框架，包含环境协同治理协调机制、动力机制、监督机制和评价机制，认为要加强中央政府政策引导和财政支持，地方政府之间要通过非正式协作网络、政府协作委员会或者政府间协作协议等合作制度安排，吸引各类主体参与，弥合利益相关者的收益分配、风险分担和成本分摊，同时发挥市场化机制在环境协同治理中的作用，促进流域环境污染的社会共治，以摆脱市场失灵和政府失灵带来的集体行动困境，促进长三角一体化与环境治理协同提升。

第八，在政策建议方面，本书指出推进长三角一体化与环境治理协调发展，一是要着力加强和健全长三角一体化的市场驱动体制机制，尤其是要推进劳动力和资本要素市场一体化建设，探索长三角市场一体化嵌入区域环境治理的有效模式和路径，健全各类市场主体参与机制和地方合作治理机制，构建长三角一体化与环境治理的长效协同机制和社会共治体系；二是健全和完善长三角一体化环境协同治理的制度体系和府际合作机制，探索环境联保共治的地方政府财税分享和成本分担机制，有效解决跨区域产业合作和环保合作中涉及的地区生产总值核算、地方财税分成、生态保护横向补偿和区域一体化政绩考核等难题。另外，要健全长三角一体化环境治理的社会共治体系，高效整合各层级社会资源广泛参与，杠杆化利用社会资本，推进城乡环境协同治理。

目录
Contents

第一章　绪　　论

第一节　研究背景与意义

一、研究背景

党的十八大以来，我国生态文明建设取得了历史性成就，但生态环境保护结构性、根源性、趋势性压力尚未根本缓解。党的二十大报告明确提出，要深入推进环境污染防治工作，站在人与自然和谐共生的高度谋划发展，坚定不移走生产发展、生活富裕、生态良好的文明发展道路，实现中华民族永续发展。环境治理具有明显的外部性特征，我国幅员辽阔，地区经济发展差异大，地方政府在市场化取向改革中形成较为严重的公司化倾向和"行政区经济"（刘志彪，2021），加剧了国内市场分割和碎片化环境治理。因此，需要突破地方行政边界壁垒和市场分割限制，加快国内统一大市场建设，充分发挥国家级城市群在环境保护中的引领作用，在更大的空间尺度上实施生态环境联防共治，方能促进区域经济与生态环境保护协调发展。

建设全国统一大市场是构建新发展格局的基础支撑和内在要求，我国是一个范围广、层次多且差异大的超大规模市场，区域市场一体化是全国统一大市场建设的重要推进器（刘志彪和刘俊哲，2023）。近年来，我国先后实施了京津冀协同发展、长江经济带发展、长三角区域一体化发展、粤港澳大湾区建设、黄河流域生态保护和高质量发展等区域重大发展战略，对推动区域经济高质量发展发挥了重要的战略引领作用。2022年3月发布的《中共中央　国务院关于加快建设全国统一大市场的意见》指出，打破地方保护和市场分割，促进商品要素资源在更大范围内畅通流动，加快建设高效规范、公平竞争、充分开放的全国统一大市场，鼓励京津冀、长三角、粤港澳大湾区，以及成渝地区双城经济圈、长江中游城市群等区域，在维护全国统一大市场前提下，优先开展区域市场一体化建设工作，建立健全区域合作机制，积极总结并复制推广典型经验和做法。

作为我国区域一体化发展战略的重要试验区，长三角区域一体化合作起步早，先后经历了上海经济区、长三角经济圈、长三角城市群和长三角一体化等发展阶段，成为我国经济发展最活跃、开放程度最高、创新能力最强的区域之一，在国家现代化建设大局和全方位开放格局中具有举足轻重的战略地位。2018年11月，习近平总书记在首届中国国际进口博览会上宣布，支持长三角区域一体化发展并上升为国家战略。2019年5月，《长江三角洲区域一体化发展规划纲要》正式发布，将长三角一体化范围扩大至上海、江苏、浙江和安徽全域41个地级以上城市，确立了长三角在新时代改革开放和现代化建设中"一极、三区、一高地"① 的战略地位。

随着长三角一体化范围不断扩张，区域一体化包含的城市越来越多，区域发展不平衡、不充分、不协调和资源环境承载力不足等瓶颈问题日益突出，以大气环境为例，根据生态环境部发布的《2022中国生态环境状况公报》，2022年长三角41个地级以上城市优良天数比例范围为70.7%～98.4%，平均为83.0%，比2021年下降3.7个百分点，可见长三角不同城市之间的大气环境质量差异较大。另外，区域性、流域性

---

① "一极"是指全国发展强劲活跃增长极，"三区"指的是全国高质量发展样板区、率先基本实现现代化引领区、区域一体化发展示范区，"一高地"指的是新时代改革开放新高地。

生态破坏和环境污染事件频发，严重制约了长三角一体化高质量发展，必须打破行政区划壁垒，才能有效地解决跨地区环境治理，推进长三角一体化与环境治理协同提升。

2019年10月，国务院批复设立长三角生态绿色一体化发展示范区。2019年12月，中共中央、国务院印发实施《长江三角洲区域生态环境共同保护规划》，旨在推动区域环境协同治理，夯实长三角地区绿色发展基础，建成美丽中国的先行示范区，探索出一条区域一体化与环境治理协同提升的新路径。2020年8月，习近平总书记在合肥主持召开扎实推进长三角一体化发展座谈会，强调要紧扣"一体化"和"高质量"两个关键词，推动长三角一体化发展不断取得成效。《中华人民共和国国民经济和社会发展第十四个五年规划和2035年远景目标纲要》强调，要提升长三角一体化发展水平，推进生态环境共保联治，高水平建设长三角生态绿色一体化发展示范区，明确了长三角一体化与环境治理协同提升的更高质量一体化战略目标。

长三角一体化与环境治理有其自身的特殊性。一是它属于中国内部区域一体化环境治理，不可避免要受行政区管理模式和地区行政壁垒的影响；二是带有明显的流域性和地区差异性特征，尤其是长三角一体化城市扩容后，面临行政区划、市场分割、地方利益和地方政府博弈的掣肘和障碍更多；三是长三角资源环境承载力不足，区域生态安全屏障脆弱，环境治理压力大，必须推进长三角一体化与环境治理协同发展；四是长三角一体化的市场作用体制机制尚未真正建立，长三角多数时期处于政府主导推动的区域一体化合作阶段，区域一体化的市场化推进体制机制尚不健全，进入高质量一体化发展阶段，亟须构建以企业为主体、以市场为导向、以资本为纽带、多元化社会主体共同参与的市场一体化运行机制。正是这些特殊性、差异性、脆弱性和阶段性特征，使长三角一体化与环境治理协同发展成为社会和研究者关注的热点问题。

随着《长江三角洲区域一体化发展规划纲要》和《长三角生态绿色

一体化发展示范区总体方案》的陆续发布和推进实施，对区域生态绿色一体化发展提出了更高要求，同时也为在更大范围内实现长三角一体化环境治理创造了良好的历史机遇，如何通过区域一体化提升环境治理水平，并在一体化生态环境治理中推进区域一体化高质量发展，是长三角更高质量一体化发展中亟待解决的深层次问题。在此背景下，本书将全面评估长三角区域一体化与城市环境治理的发展现状和动态变化趋势，实证研究长三角一体化对城市环境治理的影响效应及其地区差异成因，为推进长三角一体化高质量发展提供实证支持和对策建议。

二、研究意义

（一）理论意义

首先，系统研究区域一体化的环境治理机制，凸显了国内统一大市场建设对推动可持续发展的战略意义。加快长三角统一大市场建设，以市场一体化为核心推进长三角区域一体化建设，促进长三角区域一体化与环境治理协同发展，是实现长三角更高质量一体化的重要路径。本书论证了长三角一体化对城市环境治理的内生影响机理，验证了长三角一体化对城市环境治理的异质性影响效应，有助于全面理解长三角一体化促进城市环境治理的机制与效应，为不同城市参与长三角一体化环境治理提供了理论依据。

其次，构建长三角一体化与环境治理协同发展机制，为区域一体化与环境治理协同发展提供了理论解释。区域一体化不仅影响环境治理，环境治理也会反作用于区域一体化，现有研究重视区域一体化对环境治理的单向影响机制，而对环境治理对区域一体化的反向作用机制关注不足，对环境治理参与区域一体化的方式和路径研究不足。本书将从理论和实证两个层面开展探索性研究，考察论证环境治理参与长三角一体化发展的方式、手段和途径，以此推进长三角一体化和环境治理协同共进。

（二）现实意义

首先，考察研究长三角一体化与城市环境治理的动态演化趋势与空间异质性特征，揭示了长三角一体化与城市环境治理的典型事实特征，对长三角一体化与城市环境治理之间耦合协调关系进行客观评价，探究长三角一体化和城市环境治理之间的动态变化关系及地区差异，为推进长三角生态环境一体化协同善治提供了客观数据支持。

其次，总结分析了长三角一体化与城市环境治理协同发展的可行路径和有效措施。比较研究国内外流域环境协同治理模式和国际经验借鉴，选取长三角生态绿色一体化发展示范区进行典型案例剖析，总结推广长三角生态绿色一体化发展示范区联保共治的制度创新和先进经验，提出协同推进长三角一体化与流域环境治理的政策建议，为长三角一体化环境治理提供了决策参考。

第二节 国内外研究综述

区域一体化包括一定区域内不同国家之间经贸一体化合作和主权国家内部区域经济一体化。若干主权国家之间的区域一体化实践最早源自欧洲大陆一体化和欧洲统一大市场，欧洲区域一体化开始时间早且一体化水平高，因此早期的区域一体化研究主要集中欧洲大陆一体化及其社会经济影响（Badinger，2005；Halkos & Tzeremes，2009；Kutan & Yigit，2009）。欧洲一体化环境治理始于 20 世纪 60 年代，先后颁布实施了 7 部环境行动规划，逐步形成较为完善的环境政策体系，有力促进了生态环境问题的改善，因此欧洲一体化环境治理受到研究者的广泛关注（Baghdadi et al.，2013；Chen & Huang，2016；Rashidi et al.，2015；Andreoni，2019；Neves et al.，2020）。巴格达迪等（Baghdadi et al.，2013）研究结果表明，带有环保约束条款的区域贸易协定实施，促进了区域一体化成员国污染排放趋于收敛。陈和黄（Chen & Huang，2016）研究认为加入欧盟以后，成员国的环境污染均得到了显著改善，并且这一减排效果在经济发达国家和经济欠发达国家均有体现，即使考虑欧盟东扩后有经济发展水平较低的中东欧国家加入，欧盟一体化仍然显著抑制了污染排放总量、污染排放强度和人均污染排放量，促进了环境质量改善。凡维斯等（Neves et al.，2020）研究结果表明，欧盟实施的环境税和可再生能源政策有效地促进了碳排放的减少。也有研究者认为，欧盟一体化对不同国家带来的环境效应不一样，巴伊詹（Baycan，2013）以 2003 年欧盟最大规模扩容为准自然实验，以 2003 年为时间线，将欧盟 25 个国家分成核心国（15 个国家）和新进国（10 个国家），发现全样本国家和核心国的空气污染与人均收入之间存在着显著的"U"形曲线关系即逆环境库兹涅茨曲线（Reverse EKC）[①]，而新进国家不存在这种曲线关系。

　　长三角一体化是中国国内区域一体化的典型实践，长三角一体化环境治理与欧洲一体化有一定的相似性，欧盟一体化环境治理经验可以为长三角一体化环境治理提供借鉴和参考（He et al.，2018；Zhang et al.，2020）。但是，长三角一体化有其自身特性，不少文献紧密联系长三角区域经济社会及生态环境特征，从多个视角和层面研究长三角一体化的环境影响及其协同治理对策。后文将从长三角一体化发展现状与进展、长三角一体化的环境影响和长三角一体化环境治理三个方面对相关文献进行梳理和评述。

---

　　① 库兹涅茨曲线（Kuznets Curve），又被称为倒"U"形曲线（Inverted U-shaped Curve），是经济学家库兹涅茨（Kuznets，1955）用来描述收入分配不公平与经济发展水平之间的经验曲线。格罗斯曼和克鲁格（Grossman & Krueger，1991）针对贸易与环境问题，首次从经验上验证污染排放与经济增长之间也存在类似的倒"U"形曲线关系，即随着人均收入水平提高，环境压力先随之上升，当经济发展达到一定水平后而随之下降。帕纳约托（Panayotou，1993）首次将这种曲线称为环境库兹涅茨曲线（Environmental Kuznets Curve，EKC）。

一、长三角一体化发展现状与进展研究

（一）长三角一体化发展现状

长三角一体化发展先后经历了上海经济区、长三角经济圈、长三角城市群和长三角区域一体化四个历史时期，区域一体化的地理范围不断扩大，区域一体化程度不断提高，整体上看，长三角一体化逻辑是以中心城市为动力源和辐射源，影响并带动周边及外围区城市一体化发展。长三角地区现41个地级以上城市中，直辖市1个，副省级城市有3个（南京市、杭州市和宁波市），地级城市有37个（江苏省12个、浙江省9个、安徽省16个），县级市共有51个（江苏省22个、浙江省20个、安徽省9个）。可见，长三角地区城市类型和城市等级多样，城镇化体系比较完整，不同城市经济发展水平存在明显的梯度差异，各城市之间有深厚的历史文化联系，有比较便利的交通运输条件和资源禀赋优势，这为长三角区域以大城市为中心开展经济协作、辐射并带动外围区域城市一体化发展奠定了良好基础。

目前，长三角一体化发展由上海单一中心模式逐渐演化成以上海市为中心、以杭州市、南京市、宁波市、合肥市等为区域副中心的多中心模式。在长三角一体化发展过程中，中心城市为了排解城市"拥堵效应"，需要剥离城市非核心功能和过剩产能，不再局限于谋求与毗邻城市的产业分工与协作，而是在更大的空间范围内寻求产业承接地，从而基于多中心模式衍生出一种新型的区域一体化合作模式即"飞地经济"。所谓"飞地经济"，是指"飞出地"城市与"飞入地"城市在地理空间上不相邻，从而开展跨越空间的城市经济合作开发（马骏，2018）。"飞地经济"有利于扩大区域中心城市的经济辐射范围，促进"飞出地"城市转型升级，也有利于区域中心城市将先进产业发展理念、园区运营经验等带到外围区域城市，加快"飞入地"经济技术水平提升。

长三角一体化发展逐渐打破传统的"中心—外围"发展格局,由传统的"单中心"模式向"多中心"模式发展(叶磊,2016;文超等,2021),而"飞地经济"发展则进一步突破了一体化合作的行政区划限制和地理空间局限,使长三角区域一体化具有了"网络化"特征。另外,在一体化发展实践中,"飞地经济"驱动一体化发展也不再仅仅局限于在"飞入地"城市的产业合作,在"飞出地"落地的一体化合作项目更为常见。比如,江苏省宿迁市与苏州工业园合作建设的苏州宿迁工业园、上海嘉定区和浙江温州市合作建设的嘉定工业区温州园(孙久文和苏玺鉴,2020)。为了更好利用区域中心城市的技术、人才和研发优势,一些外围区域城市开始在长三角中心城市设立合作园区,比如浙江衢州市政府与杭州未来科技城管委会共同建设衢州海创园,项目落地杭州,以充分利用和对接杭州科创资源和人力资本优势(李猛和黄振宇,2020)。在基于"飞地经济"的区域一体化模式下,"飞入地"和"飞出地"共同出资组建市场化开发主体,建立创新型财税分享机制,探索跨区域投入共担、利益共享的财税分享管理制度,健全完善"共商、共建、共管、共享、共赢"的区域一体化发展机制。

不少学者就长三角一体化发展机制与路径作了深入研究。刘志彪和陈柳(2018)认为长三角高质量一体化发展,除了利用好"飞地经济"这样的有形载体外,还要打造互联网平台载体,整合教育、医疗、研发、产业供应链等资源。洪银兴等(2018)认为长三角一体化需要上升为国家战略,探索财政与税收共享机制,形成以经济功能和经济社会联系为主的一体化新格局。刘志彪(2014,2019)认为真正长期扭曲长三角区域经济一体化发展进程的因素是各种人为制度阻碍,简单地通过行政合并方式推进区域一体化,只会重回旧体制的窠臼,需要采取以市场一体化为核心的中性竞争政策,以推进长三角区域高质量一体化发展。朱晓明(2020)认为需要从府际互信、协商对话、互动调整、共建共享、扶持补偿、评估监督等方面深化落实长三角区域一体化发展机制。宁越敏(2020)认为要以市场经济推进长三角全域一体化,促进长三角核心地区和外围地区共同发展和均衡发展。王振（2020）提出"十四五"时期长三角要加强区域利益协调机制建设，聚焦成本共担和利益共享制度供给，造就长三角一体化新动力。孙久文（2021）认为要以要素供给与政策供给高质量一体化为重点，推进新时代长三角高质量一体化发展。吕志强（2021）认为需要加强金融支持政策法治化对长三角区域经济一体化发展的促进作用。孙军和刘志彪（2021）提出要重视省内地区一体化对长三角一体化发展的影响。

（二）长三角一体化发展进程评价

有关区域一体化进程测度与评价大体上有两类方法，第一类方法是从政治、经济、制度、生态、社会等多个不同维度构建综合评价指标体系，对区域一体化水平进行综合评价。由于长三角一体化涉及的范围广泛，不同文献选取的一体化维度和视角不相同，目前尚没有形成一个能被大家共同认可的长三角一体化综合评价指标体系。广义上说，长三角一体化涉及市场一体化、产业一体化、空间一体化、基础设施一体化、公共服务一体化、开放一体化和环境监管一体化等多个维度，但是在实证研究中很难全面选取这些维度进行综合评价，一方面是因为难以找全契合一体化内涵的各层面指标，另一方面是因为并非所有指标都有相对应的统计数据可以获取，有些一体化指标过于主观化，需要通过实地访谈或问卷调查才能获取。另外，从评价的空间尺度上看，早期文献大多从省级层面进行一体化综合评价，新近文献多倾向于从地级以上城市层面进行评价。

不少学者通过构建综合评价指标体系的方法测度长三角一体化。周立群和夏良科（2010）利用层次分析法，从市场一体化和政策一体化两个维度构建综合评价指标体系，对京津冀、长三角和珠三角三大经济圈经济一体化进行比较研究，市场一体化主要用一些经济指标偏离区域平均值的指数来表示。顾海兵和张敏（2017）从内在动力和外在动力两个层面构建指标体系，利用层次分析法测算长三角城市群经济一体化水平。

李世奇和朱平芳（2017）从市场统一性、要素同质性、发展协同性和制度一致性四个方面构建评价指标体系，结合专家咨询的主成分分析法评价长三角一体化。卢新海等（2019）从经济一体化、社会一体化、空间一体化和制度一体化四个层面，采用熵权法评价长江经济带省级地区一体化发展水平。刘嘉伟和岳书敬（2020）运用改进的马尔科夫区制转换方法，从经济周期协同视角对长三角经济一体化演变进行动态分析。滕堂伟等（2020）从经济、创新、交通、生态和社会一体化五个方面构建评价指标体系，运用熵权－Topsis方法研究长三角区域一体化的动态变化趋势。总之，这种方法可以综合运用政治、经济、制度、生态、社会等多元化指标对区域一体化进程进行评价，但是不同文献在指标选择及综合指标体系的构建上差异较大，综合评价结果过于笼统，对评价结果难以赋予合理的经济学理论解释。

第二类方法是用区域市场一体化来表征区域一体化水平。市场一体化反映了商品与资本、劳动力、技术等生产要素在不同地区之间自由流动的程度及其动态发展过程，由于市场一体化的对立面就是市场分割，因此不少文献基于帕斯利和魏（Parsley & Wei，2001）提出的相对价格法构建市场一体化指数。相对价格法基于市场套利和一价法原理，认为一个区域两地之间的相对价格方差越小，地区之间市场分割就越弱，区域一体化水平就越高，因此可以通过计算地区之间代表性商品的相对价格方差来衡量地区一体化水平。桂琦寒等（2006）、陆铭和陈钊（2009）、盛斌和毛其淋（2011）、韦倩等（2014）、黄赜琳和姚婷婷（2020），以及郭鹏飞和胡歆韵（2021）等利用帕斯利和魏（Parsley & Wei，2001）提出的相对价格法，测算和比较研究中国省级地区一体化发展水平。杨凤华和王国华（2012）、丁从明等（2018）、孙博文等（2018）则运用相对价格法，基于城市群视角，测算比较区域一体化。上述研究结果更侧重反映区域市场一体化水平，这一测算方法充分利用了不同地区的商品市场价格信息和生产要素市场价格信息，充分体现了市场经济运行的基本规律，能为区域一体化发展进程提供经济学理论解释和市场逻辑支撑，并在国内外区域一体化实证研究中得到了广泛应用。

梳理相关研究文献发现，还有一些文献运用城市群、社会网络分析、引力模型等理论与方法，定量分析长三角一体化进程中的网络演化及其空间结构特征，尽管这些文献所用研究方法并不是主流经济学分析方法，但是近年来在区域经济和环境经济研究中得到越来越多的应用，并在实际研究中获得了一些新的研究发现，从而弥补了主流经济学研究方法的不足。汪永生等（2022）采用社会网络分析方法，分析了长三角城市交通、信息和创新合作的关联网络特征。王欣和杜宝贵（2021）运用社会网络分析法研究发现，长三角一体化背景下的府际关系网络呈现不断加强且横向扩散演化的趋势。叶磊（2016）运用社会网络分析和功能多中心指数研究认为，长三角空间结构呈现出等级规模分布特征，具有向功能多中心发展的趋势，认为这是极化效应和扩散效应共同作用的结果。文超等（2021）采用腾讯人口迁徙数据研究发现，长三角形成"区域性核心—局域性核心—人口扩散型城市"联动发展的多核心、等级化和网络化的空间结构。高鹏等（2021）运用社会网络分析、马尔可夫链分析和空间计量研究发现，长三角城市投资网络呈现区域指向性和多中心演化特征，存在显著的俱乐部效应和马太效应。

二、长三角一体化的环境影响研究

有关长三角一体化的环境影响研究主要有两支文献。一支文献运用相对价格法或综合指标评价等方法测算长三角一体化指数，再将长三角一体化指数作为核心解释变量纳入动态面板模型、空间计量模型或者面板门槛模型等进行回归分析，以验证长三角一体化对环境质量或环境污染的影响效应；另一支文献是将长三角一体化看作一项准自然实验，运用双重差分模型、倾向得分匹配、合成控制法等方法评估区域一体化政策的环境影响效应。

（一）传统计量实证研究

基于传统计量实证研究，依据研究结果的不同，相关文献大体上可分为以下两类。一类文献研究认为区域一体化与环境污染存在倒"U"形曲线关系。孙博文（2018）先使用相对价格法测度市场一体化水平，基于动态面板模型研究发现，市场一体化水平与二氧化硫排放、工业废水排放均存在倒"U"形变化关系；张等（Zhang et al.，2020）基于相对价格法测度市场一体化水平，使用空间动态面板杜宾模型和广义空间两阶段最小二乘法研究发现，市场一体化和二氧化硫、工业废水等污染物排放量、人均排放量及排放强度均呈现倒"U"形曲线关系，即较低的市场一体化不利于减排，当市场一体化达到一定水平后，市场一体化水平提升有利于促进减排。但是，邵等（Shao et al.，2019）研究发现，市场分割与二氧化碳排放量之间存在"U"形曲线关系；郑洁等（2018）运用工具变量法，研究发现要素市场扭曲加剧了环境污染。

另一类文献研究认为区域一体化对环境污染存在线性影响。黎文勇等（2018）基于空间计量模型研究发现，区域市场一体化显著促进碳排放效益提升。豆建民和崔书会（2018）采用价格法计算市场一体化指数，回归结果发现市场一体化显著促进区域污染产业比重下降。吕越和张昊天（2021）使用相对价格法测度市场分割指数，利用企业合并微观数据回归分析发现，地区市场分割与企业污染排放显著正相关，认为消除地区市场分割能有效降低企业污染排放，并通过规模效应、技术效应、配置效应三个渠道进一步验证其传导机制。胡艳和张安伟（2020）从空间一体化、要素一体化和发展一体化三个方面构建综合评价指标体系，测算出长三角区域一体化指数，运用空间杜宾模型进行回归分析，发现区域一体化与环境污染有显著的负相关关系，即区域一体化具有显著的生态优化效应。周晶晶等（2022）研究认为，长三角市场一体化提高，显著促进工业大气污染减排，且对原位城市的污染减排效应更大。徐斌等（2023）用商品市场、劳动力市场和金融市场一体化水平构造区域一体化综合指标,实证研究结果表明,区域一体化显著促进碳排放效率提升。

(二) 准自然实验研究

为克服传统计量模型中内生性问题的影响,一些文献基于准自然实验设想,从长三角城市群扩容视角评估长三角一体化的环境效应。城市群扩容是推动区域一体化发展的有效手段,大部分学者研究认为基于长三角城市群扩容的区域一体化有效改善了地区环境污染。贺祥民等(2016)基于双重差分模型研究发现,长三角一体化促进了污染排放总量和排放强度的收敛。张可(2018)利用工具变量和双重差分法,评估长三角一体化和珠三角一体化的环境效应,研究结果显示,区域一体化显著促进了城市间污染排放强度收敛并有利于减排。李和林(Li & Lin,2017)研究认为中国区域一体化政策对二氧化碳排放绩效产生了显著的积极影响,促进了区域环境质量改善。黄文和张羽瑶(2019)运用双重差分模型验证发现,长江经济带一体化战略促进了长江沿线城市经济高质量发展。尤济红和陈喜强(2019)运用双重差分法研究认为,长三角城市群扩容有显著的非对称性减排效应,即促进原位城市污染密集度下降,同时并未增加新加入城市排污密度。周沂等(2022)基于地理断点回归方法研究发现,基于城市群的区域一体化有显著的减霾效应,结构性减霾和技术性减霾是实现区域一体化减霾效应的重要途径。周五七和高晓慧(2023)利用双重差分法研究发现长三角城市扩容显著促进整体城市和原位城市污染排放减少,这一结果主要来自经济集聚和技术进步的减排效应,来自产业结构升级的环境效应并不显著。陈鹏等(2022)使用 PSM - DID 方法,研究认为长三角区域一体化有效降低了企业污染的排放。

当然,也有一些学者对此开展政策效应评估,得出与上述文献不一样的研究结论。郭艺(2022)运用双重差分模型研究发现,长江三角洲地区区域规划发布后,区域一体化使城市之间的经济联系增强,在一定程度上增加了区域城市碳排放，但是区域一体化通过促进产业结构升级和技术进步显著降低了城市碳排放，整体上看，区域一体化显著降低了城市碳排放。赵领娣和徐乐（2019）综合利用回归分析法与合成控制法研究发现，长三角一体化城市扩容显著提高了工业废水排放强度，对长三角城市整体上带来了负面的环境影响效应。卢洪友和张奔（2020）将2010年长三角一体化政策的颁布视为一项准自然实验，研究结果发现长三角城市群扩容推动环境污染由区域中心城市向区域外围城市转移，污染产业的空间转移导致区域整体环境污染水平上升。

三、长三角一体化环境治理研究

长三角高质量一体化发展离不开生态环境治理领域的协同与合作，区域一体化环境治理是推进长三角高质量一体化发展的重要维度与手段。近年来，长三角城市在推进生态环境一体化治理中做了大量的有益探索，尤其是长三角生态绿色一体化发展示范区建设在区域一体化环境治理方面取得了一系列可复制推广的创新成果和成功经验。后文从长三角一体化环境治理机制和长三角一体化环境治理实践两个方面对相关文献进行梳理总结。

（一）长三角一体化环境治理机制研究

长三角一体化环境治理主要以城市协作机制为基础。王华（2020）研究认为，长三角目前已形成以地方政府间协议为主的多层次跨区域协同治理机制，在中央层面，设立推动长三角一体化发展领导小组，在国家发展和改革委下设领导小组办公室；在地方层面，各省市成立推进长三角一体化发展领导小组，基本形成以长三角城市主要领导座谈会为决策层、以长三角城市合作与发展联席会议为协调层、以联席会议办公室和重点合作专题组为执行层的三级运作机制，形成以上海都市圈、南京都市圈、苏锡常都市圈、杭州都市圈、合肥都市圈和宁波都市圈六大都市圈为代表的次区域协同治理载体。2019 年，中共中央、国务院颁布《长江三角洲区域一体化发展规划纲要》，明确了长三角"一极、三区、一高地"的战略定位，此后长三角三省一市先后出台规划纲要实施方案，明确了推进一体化发展的时间表、任务书和路线图，国家相关部委联合三省一市编制重点领域和重点区域的专项规划，比如《长江三角洲地区交通运输更高质量一体化发展规划》《长江三角洲区域生态环境共同保护规划》等相继出台，从而将《长江三角洲区域一体化发展规划纲要》中确定的一体化发展任务目标进一步细化落实。

长三角城市也在不断探索运用以生态补偿为代表的市场化机制推进区域一体化环境治理。相关文献从纵向生态补偿机制、横向生态补偿机制和公众参与生态补偿机制等方面展开研究。当区域间存在污染外溢时，有效发挥生态补偿机制作为协调补偿方与受偿方利益平衡的手段具有重要的现实意义（姜珂和游达明，2019）。李晓莉（2020）认为目前长三角区域生态环境治理的三种机制即科层型、市场型和自治型各有优势与不足，应该探索建立包含纵向政府治理、横向政府治理，以及企业和社会资本广泛参与的整体性环境治理框架。陈雯等（2022）等研究认为要探索太湖流域生态补偿机制，推动建设"新安江—千岛湖生态补偿试验区"，加强长三角区域生态环保联防联控机制建设，探索不同生态产品应用场景及其价值实现机制。罗守贵（2022）研究认为，优化长三角环境保护一体化格局，要加强长三角环境保护法律法规和规范标准的协同与统一，推进长三角全域生态环境的统一监测与信息实时共享，以现代信息技术手段为支撑，完善区域间横向生态补偿机制，保障区域一体化环境治理机制的常态化运行。赵晶晶等（2023）研究流域生态补偿的公众参与行为机制，认为公平感知对公众流域生态补偿参与行为有显著的正向影响，公平感知显著增强公众的制度信任与人际信任，公众的制度信任与人际信任显著促成公众参与流域生态补偿行为。

（二）长三角一体化环境治理实践研究

长三角一体化环境治理实践有两个成功范例，一是新安江跨省生态保护补偿制度试点的成功案例，二是长三角生态绿色一体化发展示范区建设，前者成功探索了跨界流域多元化生态补偿制度创新，后者探索实施区域生态绿色一体化发展的一系列综合制度创新。

2012 年，全国首个跨省生态保护补偿试点在新安江流域启动实施，中央财政安排奖励资金，安徽省、浙江省两省设立横向生态补偿基金，推进流域上、下游协同共治。2017 年底，为期 6 年的两轮试点结束，中央财政逐步退坡，皖浙两省逐步建立常态化流域横向生态保护补偿机制。不少文献研究总结跨界流域生态补偿的"新安江模式"成功实践经验及其制度创新，席恺媛和朱虹（2019）研究认为，作为全国首例跨区域生态补偿试点，新安江生态补偿试点在跨区域环境治理方面取得了良好效应，今后需要加强引导和吸收社会资本参与，推动地区政府间建立横向生态补偿制度，综合运用资金补偿、项目补偿、政策补偿和公共服务补偿等多元化的补偿方式，健全流域生态补偿机制，共同推进长江流域环境治理和产业转型一体化发展。沈满洪和谢慧明（2020）总结研究跨界流域生态补偿的"新安江模式"的制度创新，认为其核心在于实现纵向生态补偿与横向生态补偿相结合，以纵向生态补偿带动横向生态补偿，实现生态保护补偿与生态环境损害赔偿耦合促进，建议在前两轮政策试点结束后，中央政府应继续给予纵向生态补偿，不宜即时退出，并建议适时提高生态补偿标准，推进实施多元化生态补偿。周凌一（2020）通过多案例比较研究认为，自上而下的纵向干预是中国情境下促进地方政府间环境协同治理的必要措施，不应该将其简单地视为地方政府间环境协同治理不力时的一种权变选择。王兰梅等（2022）总结了新安江跨省流域横向生态补偿试点运作机制及经验，认为试点工作仍存在系统性立法缺位、资金支持不健全、补偿机制僵化、公众参与不足等有待改进的问题。林爱华和沈利生（2020）将合成控制法和断点回归方法相结合，对长三角地区生态补偿机制的实施效果进行评估，认为长三角地区生态补偿机制显著降低了地区环境污染，浙江省和江苏省的生态补偿机制的环保效果比上海市更为明显。

长三角生态绿色一体化发展示范区是长三角一体化发展国家战略的先手棋和突破口，自 2019 年 10 月 25 日由国务院批复设立以来，长三角生态绿色一体化发展示范区不断探索生态绿色一体化发展的系列制度创新，包括流域府际协作机制、利益分享机制和合作创新机制等。李宁和李增元（2020）阐释了跨区域生态一体化治理机制的构建逻辑，认为建立地方政府跨区域生态一体化治理机制的关键是要建立超越地方行政层级的跨区域生态共治执行机构。目前，长三角一体化示范区率先在这一方面成功地进行了制度创新实践，江苏省、浙江省、上海市两省一市联合成立长三角一体化示范区理事会，负责长三角一体化示范区发展规划与改革决策；理事会下设一体化示范区建设执行委员会，工作人员由两省一市共同选派，其主要功能是推进理事会重大决策、相关规划和项目落地实施；两省一市共同遴选具有丰富开发经验的市场化主体，共同出资设立示范区发展公司，负责示范区重大基础设施的市场化开发建设等，从而构建起决策层（理事会）、执行层（执行委员会）、运作层（开发公司）三级运作机制，形成"业界共治＋机构法定＋市场运作"的一体化治理格局，在不打破行政隶属关系的前提下，打破行政边界约束，高标准推进示范区生态绿色一体化发展，使生态碎片化治理走向生态一体化治理。魏陆（2020）研究认为，财税分享机制是长三角一体化示范区制度创新的关键，示范区需要积极探索跨区域投入共担、利益共享的财税分享管理制度，促进地区间企业合作和要素流动，促进地区间产业转移和产业协同，建议借鉴《京津冀协同发展产业转移对接企业税收收入分享办法》，进一步完善示范区产业转移税收分享机制。李娜和张岩（2020）则认为，长三角一体化示范区需要在税收征管一体化机制的基础上，建立利益共享的税收共享机制。杜德斌等（2022）研究认为，长三角城市要加强绿色技术研发的城际合作，促进以绿色技术为代表的创新要素跨区域自由流动，推动长三角生态绿色一体化建设。张志敏等（2022）以长三角生态绿色一体化示范区为例，从府际博弈视角研究省际毗邻地区空间协同治理优化策略。

四、已有研究的简要评述

首先，现有文献较多从某个特定视角，如产业集聚、产业结构升级等研究长三角一体化的环境影响，因此需要构建系统性理论框架，加强对长三角一体化环境效应的理论诠释。长三角一体化对环境治理的影响有直接影响和间接影响，间接影响又是通过多种渠道辗转实现的，在这一过程中受到多种因素的干扰和影响，这些因素包括产业结构升级、产业转移与产业集聚、金融发展水平、人均地方生产总值、人均财政收入、经济密度、资本深化、科技创新和环境规制策略等，有些因素可能强化了长三角一体化对环境治理效应的提升作用，有些因素则抑制了长三角一体化对环境治理效应的提升作用。因此，考察长三角一体化的环境治理效应必须坚持系统观和整体观，放在一个大的系统中进行综合考虑，既要综合判断长三角一体化对环境治理的整体影响效应，又要科学识别长三角一体化对环境治理的具体作用路径与影响机制。尽管一些文献研究结果表明，长三角一体化整体上有利于促进城市环境治理，但是由于长三角城市发展不均衡，长三角一体化对不同城市环境治理的影响和作用路径不同，需要结合具体城市和具体数据考察其差异化影响效应。同时，要结合相关理论，对长三角一体化影响环境治理的传导机制进行科学合理的理论解释，在此基础上，系统构建长三角一体化环境治理的逻辑框架，从而为促进长三角一体化与环境治理协同发展提供理论基础和实证依据。

其次，现有文献较多研究长三角一体化对城市环境治理的单向影响及作用机制，较少考虑城市环境治理对长三角一体化的反作用机制及其影响效应。尽管本书侧重研究长三角一体化的环境治理效应，但是并不认为长三角一体化只会单方向作用于城市环境治理，相反，环境治理也会反作用于长三角一体化进程，这是因为跨界环境污染治理必然要求地方政府之间加强协同合作，这种环境治理的政府间协作也会在一定程度上会推动区域一体化发展，如区域产业转移、地方产业协作、资本准入、环保标准和环境监管的统一等。本书将通过构建空间联立方程模型，运用广义空间三阶段最小二乘方法（GS3SLS），实证研究长三角一体化与环境治理之间的双向互动影响机制，并在对这一互动机制的理论解构和典型案例剖析基础上，进一步提出推进长三角一体化与城市环境治理协同互动发展的政策建议。

最后，由于长三角一体化与城市环境治理都具有明显的外部性特征和空间溢出特征，在识别和研究长三角一体化的环境治理效应及两者之间的交互影响关系时，如果不考虑空间相关性因素的影响，难以契合长三角一体化环境协同治理的现实需要，也无法在理论机制上进行合理化解释。因此，本书在对长三角一体化环境治理效应的理论与实证研究中，将考虑空间相关性因素的影响，从而更有助于深入理解长三角一体化的空间蔓延演化特征及地方政府之间的环境治理良性策略行为，从而有助于制定和实施相关政策措施，推动地方政府之间通过协商谈判和市场运作开展流域环境协同治理，以规避制度性集体行动困境，促进长三角一体化环境协同治理水平提升。

第三节　研究思路与主要内容

一、研究对象与范围

本书以长三角一体化的环境治理效应为研究对象，动态评估长三角一体化发展趋势与特征，探索长三角一体化对城市环境治理的影响效应与机制，构建长三角一体化环境协同治理机制框架，提出促进长三角一体化与环境治理协同发展的政策建议。

长三角地区是我国区域一体化发展起步最早、基础最好、程度最高的地区。长三角区域一体化肇始于1982年国务院批复设立的上海经济区，包括上海市、苏州市、无锡市、常州市、南通市、杭州市、嘉兴市、湖州市、宁波市、绍兴市10个城市，旨在通过政府规划和协调来推动以上海为龙头的长三角区域经济合作，缓解区域条块分割矛盾，加强上海中心城市工业基地与江浙地区乡镇企业之间的横向经济合作。此后几年间，上海经济区范围不断扩大，涵盖上海市、江苏省、浙江省、安徽省、江西省和福建省五省一市，由于区域范围过大，超过了当时上海经济辐射能力。1988年，国务院撤销了上海经济区规划办公室，但是上海经济区通过制定区域经济发展规划，召开省、市长联席会议，有力推进了城市之间的经济协作，为后来长三角一体化发展奠定了基础。

上海经济区规划办公室撤销后，长三角区域经济合作并没有因此停止。为对接1990年开始实施的浦东开发开放战略，适应不断增强的城市经济合作和市场经济联系，1992年长三角地方政府经济技术协作部门自发倡议成立长江三角洲城市协作办（委）主任联席会，包含上海市、南京市、苏州市、无锡市、常州市、扬州市、镇江市、南通市、杭州市、嘉兴市、湖州市、宁波市、绍兴市、舟山市14个城市，1996年扬州分拆为扬州和泰州两市，泰州市随之加入，因此扩展成15个城市。1997年，长三角联席会议升格为长三角城市经济协调会，每两年召开一次市长联席会议。2003年，台州被接纳为长三角城市经济协调会第16个正式会员，自2004年起，市长联席会议改为每年举办一次（2008年除外），至此由江苏省、浙江省、上海市地区16个核心城市构成的长三角经济圈已经形成。

2008年9月，国务院正式发布《关于进一步推进长江三角洲地区改革开放和经济社会发展的指导意见》，2010年5月，国务院正式批准实施《长江三角洲地区区域规划》，以上海市、江苏省和浙江省16个城市为核心区，要求把长三角地区努力建设成为实践科学发展观的示范区、改革创新的引领区、现代化建设的先行区、国际化发展的先导区。2010年召开的第十次长三角城市经济协调会决定吸收合肥市、盐城市、马鞍山市、金华市、淮安市、衢州市6个城市为会员，安徽省的地级城市首次融入长三角区域合作。2013年，在第十三次长三角城市经济协调会上，又吸收芜湖市、连云港市、徐州市、滁州市、淮南市、丽水市、宿迁市、温州市8个城市加入，从而使长三角城市经济协调会进一步扩充为30个城市。2016年5月，国务院批复《长江三角洲城市群发展规划》，长三角城市群在地理范围上涵盖了三省一市的26个城市，提出到2030年全面建成具有全球影响力的世界级城市群。

2018年11月，习近平总书记在首届中国国际进口博览会上宣布长三角一体化发展上升为国家战略，长三角区域一体化发展的国家战略正式确立。2019年5月，中共中央、国务院正式印发《长江三角洲区域一体化发展规划纲要》，确立了长三角在新时代改革开放和现代化建设中"一极、三区、一高地"的战略地位。依据《长江三角洲区域一体化发展规划纲要》的规定，长三角区域一体化在地理范围上包括上海市、江苏省、浙江省、安徽省全域共41个地级以上城市，与《长江三角洲城市群发展规划》所确定的地理范围相比较，《长江三角洲区域一体化发展规划纲要》新增了15个城市。2019年10月，长三角城市经济协调会第十九次会议审议通过安徽黄山市、蚌埠市、六安市、淮北市、宿州市、亳州市和阜阳市7个城市加入长三角城市经济协调会，至此长三角三省一市41个地级以上城市全部加入长三角城市经济协调会。

本书将长三角一体化的空间尺度范围设定为长三角三省一市全域41个地级以上城市，依据不同城市加入长三角一体化时间的先后，将长三角区域41个地级以上城市进一步划分为核心区、扩展区和外围区三个次区域。核心区包括最早开展区域经济合作且持续时间最长的上海经济区10个城市，包括上海市、苏州市、无锡市、常州市、南通市、杭州市、嘉兴市、湖州市、宁波市和绍兴市。扩展区包含26个城市，根据2016

年发布的《长江三角洲城市群发展规划》，确定长江三角洲城市群共有26个城市，在先前10个核心区城市基础上增加了16个城市，把这新增加的16个城市划为扩展区，包括南京市、盐城市、扬州市、镇江市、泰州市、金华市、舟山市、台州市、合肥市、芜湖市、马鞍山市、铜陵市、安庆市、滁州市、池州市和宣城市。根据2019年发布的《长江三角洲区域一体化发展规划纲要》，长三角一体化包含三省一市全域41个城市，即在长三角城市群26个城市基础上新增加15个城市，把新增加的15个城市划为外围区，包括徐州市、连云港市、淮安市、宿迁市、温州市、衢州市、丽水市、蚌埠市、淮南市、淮北市、黄山市、阜阳市、宿州市、六安市和亳州市。

二、研究思路

本书着力于研究长三角一体化与城市环境治理之间的关系，按照"问题提出→理论分析→现状分析→机制检验→政策效应评估→案例研究→政策建议"这一逻辑思路，就长三角一体化对城市环境治理的影响进行理论与实证研究，本书的具体研究思路与技术路线如图1-1所示。

本书的研究内容可以分为五个模块：第一个模块的内容是研究背景、研究问题凝练与提出，这是本书研究的逻辑起点；第二个模块是区域一体化环境治理的理论分析，包括区域一体化对环境治理的影响机制和区域一体化环境治理机制研究，为本书提供相关理论支撑；第三个模块是动态评价与典型事实特征研究，包括长三角一体化动态评估及空间演化特征、长三角城市环境治理评价与时空分异特征；第四个模块是长三角一体化的环境治理效应及其作用机制研究，这是本书的核心内容；第五个模块是长三角一体化环境治理的政策实践、制度创新及政策建议。

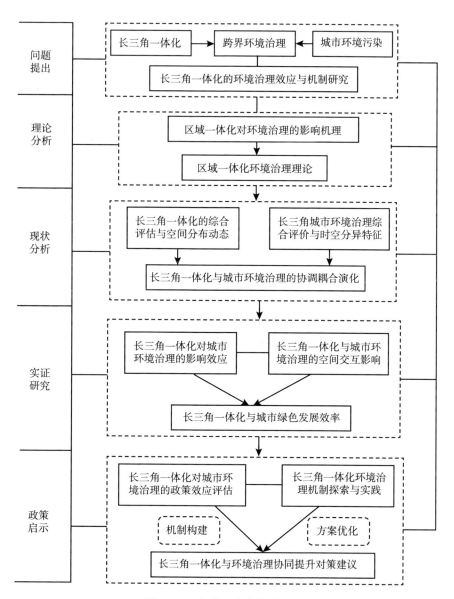

图 1-1 本书研究的技术路线

三、主要内容

本书内容分为十章，第一章为绪论；第二章是区域一体化环境治理的理论分析；第二章和第四章是长三角一体化与环境治理，以及两者之间协调度的动态评价与典型事实特征研究；第五章至第八章是区域一体化的环境治理效应实证研究；第九章和第十章是长三角一体化环境治理机制探索、典型实践案例及政策建议。各章内容简述如下。

第一章，绪论。本章阐述研究背景及意义，梳理评述国内外研究动态，简要介绍全书的研究思路、主要内容、研究方法与创新点。

第二章，区域一体化环境治理的基础理论分析。本章运用产业转移说、环境规制说、经济集聚说、效率增进说等理论阐述区域一体化对环境治理的影响机理；综合运用统一大市场理论、制度性集体行动理论、环境协同治理理论和利益相关者等相关理论，探寻区域一体化环境治理机制的理论基础。

第三章，长三角一体化动态评估与空间演化。本章运用相对价格法，从商品市场一体化、资本市场一体化、劳动力市场一体化三个方面，构建了长三角一体化综合指数，根据测算结果对长三角一体化发展的动态趋势、空间差异、空间演化特征及其影响因素进行研究。

第四章，长三角环境治理评价及其时空分异特征。本章从工业污染治理、生活污染治理和生态环境建设三个维度构建城市环境治理综合评价指标体系，运用全局熵值法测算 2003～2019 年长三角城市环境治理指数，分析长三角城市环境治理的动态趋势、地区差异及其空间演化特征，研究长三角城市环境治理与一体化发展的耦合趋势与特征。

第五章，长三角一体化对环境治理的影响效应研究。本章在第二章相关理论分析的基础上，实证研究了长三角一体化整体对城市环境治理的影响效应，实证检验了商品市场一体化、资本市场一体化和劳动力市场一体化对城市环境治理效应的差异，验证了长三角一体化环境治理效应的多维门槛效应特征，为因地制宜实施长三角一体化环境治理提供决策参考。

第六章，长三角一体化与环境治理的空间交互影响。本章将长三角市场一体化指数与环境治理指数统一纳入空间联立方程模型，采用广义空间三阶段最小二乘（GS3SLS）方法进行估计，以检验和分析长三角市场一体化与环境治理之间的交互关系及空间溢出效应，为如何推进长三角一体化与城市环境治理的协同发展提供实证支持。

第七章，长三角一体化对环境治理的政策效应评估。本章将2010年长三角一体化城市扩容作为一次准自然实验，采用2003~2019年中国225个地级以上城市面板数据，利用双重差分方法评估长三角一体化对地区城市环境治理的影响，相关研究结论可以为长三角更高质量一体化政策优化提供参考。

第八章，长三角一体化与城市绿色发展效率。本章将利用全局生产前沿建模方法和非径向方向性距离函数（NDDF），构造包含所有生产要素投入效率和污染排放效率的全要素绿色发展效率测算模型，用来测算长三角城市绿色发展效率水平。在此基础上，利用面板Tobit模型对长三角城市绿色发展效率的影响因素进行实证研究，验证长三角市场一体化对绿色发展效率的影响。

第九章，长三角一体化环境治理机制探索与实践。比较研究美国密西西比河流域和澳大利亚墨累—达令河流域环境协同治理模式与特征，分析了中国流域环境协同治理组织结构及其模式特征，认为中国流域环境协同治理具备了国家统筹与地方协商相融合的混合模式特色。结合长三角生态绿色一体化发展示范区实践案例研究，本书建立"中央政府—地方政府—市场—企业—社会"多元主体联动的长三角一体化环境协同治理结构框架，构建长三角一体化环境协同治理机制，以推进长三角一体化与城市环境治理的协调发展。

第十章，结论、政策建议与研究展望。总结全书的主要研究发现，结合长三角一体化与环境治理的关系及发展现状，提出推进长三角一体化与环境治理协同发展的政策建议，分析本书研究中存在的不足并提出研究展望。

第四节 研究方法与创新点

一、研究方法

本书在考察长三角一体化与城市环境治理的动态发展趋势及其空间演化特征的基础上，对长三角一体化的环境治理效应及作用机制进行实证研究，进一步将空间溢出效应纳入实证计量中，研究长三角一体化与城市环境治理的相互促进、相互影响的作用机制，并结合长三角生态绿色一体化发展示范区实践案例研究，提出促进长三角一体化与环境治理协调发展的对策建议。为此，本书在研究过程中所采用的研究方法主要体现在以下几个方面。

第一，理论、实证和案例研究相结合。本书在梳理国内外相关研究文献的基础上，结合相关理论分析了长三角一体化对城市环境治理的影响机制，构建长三角一体化与城市环境治理互动机制理论框架，结合长三角生态绿色一体化发展示范区典型案例研究，梳理总结长三角一体化环境治理的制度创新。综合运用耦合协调度模型、动态面板数据模型、面板门槛回归模型、空间联立方程模型、倍差分析模型和案例比较研究等研究方法，实证检验长三角一体化对城市环境治理的影响效应及互动机制。考虑到长三角一体化与环境污染具有明显的空间依赖性或空间相关性特征，本研究成果还应用空间统计与计量分析方法，以刻画长三角一体化与环境治理的空间演化特征及空间溢出效应。

第二，历史分析与比较分析相结合。长三角一体化与城市环境治理之间的关系是一个动态演进的过程，本书构建了长三角一体化指数和城市环境治理指数，分析其动态变化趋势及分布演化特征，进一步考察长三角一体化与城市环境治理之间耦合协调关系的演化特征，针对长三角一体化环境治理效应的实证检验也是在动态发展的过程中进行考察，从而对长三角一体化与城市环境治理的动态演化、趋势特征及其内在规律作出理性判断。由于自然地理、资源禀赋、历史基础、政策影响和社会经济发展水平等诸多方面的差异，长三角不同城市融入区域一体化的程度和城市环境治理水平均存在较大差距，因此在研究长三角一体化的环境治理效应过程中，必须注重地区差异性识别及其生成条件分析，才能保证研究结论的可靠性和政策建议的针对性。

第三，个案分析和系统分析相结合。本书在研究如何推进长三角一体化与环境治理协调发展时，选取长三角生态绿色一体化发展示范区进行典型案例剖析，详细阐述了长三角生态绿色一体化发展示范区的设立背景、实施举措与重要制度创新、主要成效与经验启示等，并对比剖析了美国密西西比河流域环境协同治理和澳大利亚墨累—达令河流域环境协同治理模式与特征，分析了中国流域环境协同治理组织结构及其基本经验，总结归纳其对长三角一体化环境协同治理的有益启示。另外，长三角区域环境治理是一项复杂的系统工程，涉及生产要素流动、产业转移与产业结构协同、环境规制与制度协同、交通基础设施与公共服务、空间规划与土地利用等方面，因此必须坚持采取系统分析的方法，将长三角区域作为一个整体和系统，全面考虑影响长三角一体化环境协同治理的关键要素，引导地方政府自觉把环境治理工作融入长三角一体化发展大局，探索长三角一体化与环境治理协调发展的可行路径和有效措施。

二、主要创新点

本书在对长三角一体化与城市环境治理进行综合评价的基础上，描述了长三角一体化与城市环境治理的动态演化趋势，并对两者之间的互动机制进行了理论与实证研究，以此为基础提出了相关政策建议，本书在借鉴国内外相关研究的基础上，试图在以下几个方面寻求做出一些边际创新。

第一，研究视角的创新。现有文献主要研究区域一体化对环境治理的单向影响机制，而对环境治理参与区域一体化的方式和机制研究不足。本书研究长三角一体化与环境治理的双向互动影响机制及其政策蕴意。本书研究认为长三角一体化不仅影响环境治理，环境治理也会反作用于长三角一体化，通过创新环境治理参与长三角一体化发展的方式、手段和途径，可以实现长三角一体化发展和环境保护协同共进，为长三角一体化与环境治理的双向互动机制提供理论阐释。

第二，研究方法的创新。运用空间面板联立方程模型和广义空间三阶段最小二乘法（GS3SLS），对长三角一体化与环境治理之间的双向互动关系及空间溢出效应进行实证研究，有助于解决单方程计量模型可能存在的内生性问题，同时系统考察长三角一体化与环境治理存在的空间溢出性和空间交互性影响，克服忽视空间因素可能导致的模型估计偏误或者虽然考虑了空间因素但未考虑长三角一体化与环境治理之间的双向互动关系而导致的研究不足。运用全局生产前沿建模方法和非径向方向性距离函数，构造包含生产要素投入效率和污染排放效率的 DEA 模型，测算比较长三角城市全要素绿色发展效率。

第三，研究内容的创新。多维度、多视角研究长三角一体化的环境治理效应，研究内容较为全面。一是研究长三角一体化对环境治理的多维门槛效应，尽管一些文献研究结果支持区域一体化与环境治理之间呈现倒"U"形关系，但针对倒"U"形关系产生的原因缺少深入分析，本书运用面板门槛模型检验长三角一体化环境治理效应的门槛特征因素，揭示长三角一体化对环境治理的非线性影响机制；二是运用空间面板联立方程模型，研究长三角一体化与环境治理的双向互动效应及空间溢出效应；三是运用双重差分模型，评估长三角一体化对环境治理的政策促进效应。

第四，研究观点的创新。长三角一体化不仅影响环境治理，环境治理也会反作用于长三角一体化，加快长三角统一大市场建设，以市场一体化为核心推进长三角一体化建设，促进长三角一体化与环境治理协同发展。比较研究国内外流域环境协同治理模式和经验借鉴，认为长三角一体化环境协同治理必须坚持流域治理与地方协商相结合的复合治理模式，中央政府为流域环境治理提供规划指导，引导地方政府之间通过非正式协作网络、政府协作委员会和政府间协作协议等合作制度安排，实现利益相关者的收益—风险—成本的再配置和再平衡，促进环境污染的社会共治，以克服市场失灵、政府失灵和志愿失灵等可能带来的区域环境治理集体行动困境，促进区域一体化与环境治理的协同提升。

第二章　区域一体化环境治理的相关理论分析

随着我国区域协调发展和生态文明建设的加强，区域一体化环境治理在实践示范中得到发展和推广，但是适应我国区域一体化环境治理实践需要的理论阐释明显滞后。梳理相关文献发现，目前有关区域一体化与环境治理关系的研究文献以实证研究为主，理论研究偏少。梳理总结有关区域一体化环境治理的理论基础、演化进展及其发展趋势，对于研究长三角一体化环境治理机制和促进长三角更高质量一体化发展具有重要意义。本章从区域一体化对环境治理的影响机理和区域一体化环境协同治理机制两个方面进行总结分析。

第一节　区域一体化对环境治理的影响机理

区域一体化与区域城市环境治理在时空上存在重合，但是这两者之间是否存在因果联系，如何解释这种因果联系发生的逻辑机制，引起众多研究者的关注。如果说前一个问题需要结合相关数据进行因果效应评估，更多属于实证经济学研究的话题，那么，后一个问题还需要进行系统的机制理论分析，相关文献就区域一体化对城市环境治理的影响机制提供了以下几种理论解释。

一、产业转移说

由于区域内城市经济发展存在梯度差异,不同城市在资源禀赋、产业分工、技术创新和环境规制等方面存在差异,随着区域一体化的推进,带来区域内产业转移和产业空间分布格局的重塑。对一个特定的城市而言,在同一时期内既有产业转入也有产业转出,产业转移对城市污染排放带来的净影响取决于转入产业与转出产业的排放效应对比。在开放经济下,区域内产业转移的环境效应还涉及国际投资与国际贸易的环境影响效应分析(Copeland & Taylor, 1994; Markusen, 1999)。

在区域一体化进程中,产业转移给不同城市带来的环境效应并非一样。对于经济发展水平高的城市,通常环境规制较强,城市产业集聚带来"拥挤效应",导致资源和环境要素成本上升,迫使一些污染密集型产业从经济发展水平高的地区转移到周边其他地区,而从外地进入经济发达城市的多是环境污染排放较少的产业。另外,在开放经济条件下,依据污染避难所假说(Pollution Haven Hypothesis, PHH),发达国家城市提高环境规制水平,也可能导致对环境敏感型产品的进口增加,替代本地污染密集型产品,从而产业转移整体上有利于经济发展水平高的城市改善环境。对于经济发展水平较低的城市,如果在短期内大规模承接外地转入的环境敏感型产业,会加大本地环境压力,但是通过承接发达地区的产业转移,带动本地产业结构升级和技术进步,则可能减缓产业转移带来的环境压力。这意味着环境污染排放存在跨国或跨地区转移,格罗斯曼和克鲁格(Grossman & Krueger, 1991)针对贸易与环境问题,验证了污染排放与经济增长之间存在倒"U"形环境库兹涅茨曲线(Environmental Kuznets Curve, EKC)。

有关区域一体化进程中因产业转移导致的地区环境效应的测度和识别,相关文献大致采用以下三种方法加以研究:一是使用份额偏离法,测算伴随产业转移带来的污染转移效应(贺灿飞等,2014;徐成龙和巩灿娟，2017；成艾华和赵凡，2018）；二是利用 LMDI 指数分解模型（Ang，2005），将地区污染排放量分解为规模效应、结构效应、生产效应和清洁效应，从地区污染排放的结构效应中识别产业转移的环境效应（汪中华和梁爽，2017），也可以结合多区域投入产出模型和 LMDI 指数分解模型，对区域产业转移的环境效应进行分解测算，分离出地区转出产业和转入产业的污染影响（张友国，2019）；三是构建计量经济模型进行实证检验，豆建民和沈艳兵（2014）用基于区位熵的产业竞争力系数和重污染行业产值的全国占比等指标变化衡量地区产业转移，根据参数估计结果识别产业转移的环境效应，赵峰等（2020）用空气污染密集型工业生产总值的增长率表征空气污染密集型产业转移，构建空间计量模型研究发现，空气污染密集型产业转移显著促进空气污染向周边地区扩散。

梳理区域一体化产业转移的环境效应相关实证研究，发现相关文献研究结论并不一致。仇方道等（2013）、崔建鑫和赵海霞（2015）研究认为长三角一体化导致污染密集型产业呈现出由中心城市向外围城市转移的态势，从而加剧了外围城市的环境压力。白等（Bai et al.，2019）研究认为，区域一体化加快污染密集型产业转移，加重经济发展水平低和环境规制弱的城市环境污染。豆建民和崔书会（2018）研究结果表明，区域市场一体化水平的提高，促进区域污染密集型产业比重显著下降。季永宝和豆建民（2018）基于中国省份面板数据的研究表明，污染密集型产业转移对产业转出区的环境全要素生产率存在正向促进作用，对于污染密集型产业转入区，污染密集度与环境全要素生产率之间呈现出倒"U"形变化关系。陈凡和周民良（2019）运用双重差模型对国家级承接产业转移示范区的环境效应进行实证研究，结果表明国家级承接产业转移示范区没有加剧区域环境污染，国家级承接产业转移示范区没有导致"污染避难所"的现象出现，主要是因示范区通过调整产业结构、优化政府财政支出结构和改善固定资产投资导向，形成了环境优化效应。尤济红和陈喜强（2019）认为区域一体化过程中存在着污染转移现象，长三角城市群扩容在降低原位城市排污水平的同时，增加了新进城市的污染排放。卢洪友（2020）也认为长三角城市群扩容中存在着环境污染由中心区城市向外围区城市转移的过程，实证研究结果发现产业转移使区域整体环境污染水平提高。

二、环境规制说

环境规制是解决环境外部性的有效措施，也是地方政府竞争的重要手段，早期文献通常假设环境规制是一外生变量，并认为地方政府环境规制是相互独立的行为，没有考虑地方政府间环境规制策略互动。环境规制竞争理论认为地方政府之间存在环境规制策略行为，环境规制效果取决于本地和相邻地区环境规制策略行为（张华，2017）。文献中环境规制策略互动大体上分为三类，即竞相向上（race to the top）的标尺效应（Fredriksson & Millimet，2002）、竞相降低环境规制（race to the bottom）的竞次理论（Barrett，1994）和差别化竞争策略（Konisky，2007）。由于传统的函数形式和计量经济模型难以刻画地方政府之间的策略互动反应，由安瑟琳（Anselin，1988）开创的空间自回归模型（SAR）最早被用来研究政府间环境规制策略互动，此后一些文献在回归模型中引入被解释变量的空间滞后项，通过空间自回归系数来识别环境规制策略互动形式（Fredriksson & Millimet，2002；Woods，2006；Konisky，2007）。国内学者杨海生等（2008）最早利用空间计量方法研究了中国地方政府间环境政策竞次行为，此后越来越多的国内文献使用博弈理论和空间计量模型研究政府间环境规制策略及其环境效应（潘峰等，2014；李胜兰等，2014；张华，2016；沈坤荣等，2017；初钊鹏等，2018；陆立军和陈丹波，2019；张振华和张国兴，2020；宋妍等，2020）。

政治集权和经济分权下的地方政府竞争和地方主义被认为是刺激中国区域经济增长的重要影响因素（Li & Zhou，2005；周黎安，2007），地方政府官员为增长而竞争的晋升锦标赛促进了地方经济增长，这种"为增长而竞争"的地方政府横向竞赛与中央向地方纵向"行政发包制"相结合，形成了具有中国特色的"官场 + 市场"经济增长模式（周黎安，2018）。"为增长而竞争"也导致一些地方政府在执行环境规制政策时存在"逐底竞争"行为，忽视生态环境而片面追求经济增长速度，不利于区域环境治理。在政治集权和经济分权并存的中国式分权体制下，地方政府具有"经济人"和"政治人"的双重属性，处于多任务委托—代理关系，在环境保护未被纳入政绩考核体系时，环境保护不受地方政府关注，一些地方政府满足于运动式治污和策略性达标（李胜，2020），环境治理争先创优的内生动力不足，出现"增长锦标赛、环保资格赛"式竞争倾向。自 2005 年起，环境保护被纳入我国地方官员政绩考核体系，推进生态环境治理体系和治理能力现代化建设。在此背景下，地方政府决策必须统筹考虑经济增长与环境保护等目标，实施环境规制也不再单纯局限于环境保护目标，而是越来越倾向于包括环境治理在内的多任务目标决策需要（杨海生等，2008；Renard & Xiong，2012；张彩云等，2018），这也意味着我国地方政府之间横向竞争正从增长锦标赛向治理竞赛的转变（彭勃和赵吉，2019）。党的十八大以来，我国先后实施了自然资源资产领导干部离任审计、生态环境保护督察和生态环境损害责任追究等系列制度改革，强化对地方政府环境绩效考核，推进府际环境规制竞争由"竞底效应"转向"标尺效应"，有力促进了城市间环境污染的协同治理（张文彬等，2010；陆立军和陈丹波，2019）。

在开放经济条件下，环境规制是否通过外商直接投资对区域经济发展造成生态环境损害，对此大致形成了三种学术观点。"污染光环说"认为适度的环境规制能诱使外商投资企业将国外先进技术带入东道国，通过技术外溢、学习效应和绿色示范效应，促进东道国企业绿色生产水平提高和环境改善。陈霄等（2023）研究发现，中国实施空气质量信息实时公开后，迫使地方政府加强环境规制，此后 FDI 明显抑制了空气污

染，而在空气质量信息公开前，FDI 显著加剧了空气污染。陈和黄
（Chen & Huang，2016）对欧盟一体化的环境效应研究发现，加入欧盟
后，成员国的环境质量明显好于加入欧盟前的环境质量，主要原因就是
成员国的环境规制趋同。"污染天堂说"则认为发展中国家环境规制和
绿色技术标准较低，会导致国外污染密集型企业向发展中国家集中转移，
导致东道国环境恶化（Markusen，1999；Ren et al.，2014）。"非线性
说"则认为外商投资对东道国的环境影响取决于生产规模效应、产业结
构效应和技术溢出效应的综合作用，对东道国家的环境效应可能受不同
国家或同一国家不同经济发展阶段的影响而有不同（Grossman & Krue-
ger，1995；李金凯等，2017；霍伟东等，2019）。

三、经济集聚说

区域一体化促进产业集中和经济集聚，经济集聚对环境治理产生正
反两个方面的影响。一方面，经济集聚会带来产出增加，产出增加导致
污染排放的增加，同时经济集聚本身也会产生"拥挤效应"，从而对环
境治理带来负向影响；另一方面，经济集聚也可以通过规模经济效应、
成本节约及技术溢出效应等渠道，促进环境质量改善。经济集聚对环境
治理的影响取决于上述正反两个方面作用的综合效应，相关实证研究形
成了三种不同观点。

第一种观点认为经济集聚对环境治理有负面影响。安德森和洛夫
（Andersson & Loof，2011）研究认为，产业集聚带来的拥挤效应和规模
效应会加剧城市环境污染程度。杨帆等（2016）基于行业面板数据研究
发现，产业集聚水平越高的行业污染排放强度越高。张可和汪东芳
（2016）研究认为，经济集聚和环境污染之间存在双向作用机制，经济
集聚会加重环境污染，而环境污染反过来对经济集聚产生抑制作用。刘
军（2016）基于中国 285 个地级及以上城市面板数据，使用空间计量回
归结果显示，产业聚集显著加剧了城市环境污染。

第二种观点认为经济集聚有利于环境治理。曾和赵（Zeng & Zhao, 2009）认为经济集聚在一定条件下存在"国内市场效应"，从而在一定程度上缓解"污染避难所"效应。格莱塞（Glaeser, 2013）研究表明，经济集聚有效降低通勤成本，进而有利于城市节能减排。刘习平和宋德勇（2013）运用 STIRPAT 模型研究发现产业集聚有利于城市环境改善。李勇刚和张鹏（2013）基于中国省级面板数据研究，也得出产业集聚降低环境污染的结论。陆铭和冯皓（2014）研究发现经济活动空间集聚有利于降低单位工业产值的污染排放。杜震和卫平（2014）研究认为产业集聚有利于减少城市工业排放。徐瑞（2019）研究发现，产业集聚对城市环境污染的降低作用超过了增加作用，因此产业集聚整体上有利于降低城市环境污染。

第三种观点认为经济集聚与环境治理之间的关系不是正向或反向关系，两者之间存在非线性变化关系。实证研究中常用三种方法检验这种非线性关系，一是在计量模型中引入二次项或高次项，二是使用面板门槛模型，三是使用空间计量模型。沈能（2014）运用空间非线性模型进行实证研究发现，中国城市工业集聚与环境效率之间呈现倒"U"形关系。杨仁发（2015）运用门槛面板回归研究发现，产业集聚对环境污染的影响具有显著的门槛特征，在产业集聚低于门槛值时会加剧环境污染，产业集聚高于门槛值时将有利于改善环境污染。梁伟等（2017）运用面板门槛模型研究发现，工业集聚和雾霾污染之间呈倒"U"形关系。张可（2018）运用动态空间面板模型研究发现，经济集聚与污染排放强度之间呈倒"U"形关系，经济集聚超过一定的临界水平后有利于促进减排。邵帅等（2019）基于动态空间面板杜宾模型研究发现，经济集聚与碳排放强度及人均碳排放之间均存在典型的倒"N"形曲线关系。何好俊和祝树金（2016）基于动态面板门槛模型研究发现，制造业集聚与环境治理绩效之间存在显著的"U"形关系。何文举等（2019）基于省级面板数据研究发现，经济集聚与碳排放之间存在正"N"形变化趋势。黄宝敏（2020）基于空间面板模型研究表明，经济集聚与污染排放之间存在倒"U"形关系。赵凡和罗良文（2022）长江经济带制造业集聚与城市碳排放强度之间存在明显的倒"U"形曲线关系。陈喆和郑江淮（2021）基于动态空间面板杜宾模型研究发现，高技术产业集聚对环境污染有先促进后抑制的作用。

有关经济集聚对环境治理影响的实证研究大多是基于单方程模型的研究，从而忽略了经济集聚与环境污染之间可能存在的双向反馈机制，单方程计量模型研究不能准确估计经济集聚与环境污染之间的关系，因此一些文献使用联立方程模型进行估计，以便更好地刻画经济集聚与环境治理之间的双向关系。张可和汪东芳（2016）运用空间联立方程模型研究发现，城市经济集聚和环境污染均存在显著的空间溢出效应，城市经济集聚和环境污染还存在双向交互影响效应，即经济集聚加剧了城市环境污染，同时城市环境污染也抑制了经济集聚的提高。贾卓等（2021）运用空间联立方程模型研究发现，工业集聚与污染集聚存在相互促进的关系和空间依赖关系。

也有文献为了解决模型可能存在的内生性问题，使用准自然实验策略进行实证研究。王兵和聂欣（2016）以开发区设立为准自然实验，运用双重差分法研究开发区产业集聚对周边水环境的影响，研究发现开发区设立后导致周边河流水质短期内明显恶化，原因在于产业集聚导致污染性企业在空间上的集中排放。胡求光和周宇飞（2020）采用倾向得分匹配双重差分模型，检验国家级经济技术开发区产业集聚产生的环境效应，研究发现开发区产业集聚的早期因污染集中排放加剧了环境污染，但是后期因技术溢出和示范效应等作用则有效地促进了环境治理水平的提升。

四、效率增进说

区域一体化会促进区域市场竞争加剧，促使企业加大研发投资，加快技术引进，进行"创造性"生产，推进地区生产率水平的提高（简泽等，2017）。区域一体化有利于促进市场规模扩大，根据"本土市场效应"理论和亚当·斯密的"市场范围"假说，市场规模的扩大将促进区域内生产分工和专业化生产，进而提升地区经济效率和生产率。相反，市场分割会使地区间贸易壁垒加强和交易成本提高，企业进入区域内其他地方市场进行生产扩张的意愿下降，企业倾向通过扩大出口实现生产扩张，由于企业国际市场竞争力不高，这些出口企业长期居于全球价值链中低端，容易产生路径依赖，不利于地区经济效率和生产率的提高（吴群锋等，2021；张学良等，2021）。区域一体化也有利于技术外溢和技术扩散，有利于节能减排绿色技术推广，促进绿色技术进步和绿色全要素生产率提升。区域一体化有效地降低了市场壁垒，企业可以在更大的范围内进行资源配置，提高资源配置效率，避免资源错配和资源浪费。总之。区域一体化通过市场竞争、市场规模扩大、技术外溢和资源配置等途径，促进了地区经济效率和生产率水平的提高，有利于实现内涵式经济增长和绿色发展。

不少文献对此展开了实证研究，所得研究结论基本相同，即市场分割与全要素生产率呈倒"U"形关系，区域一体化对绿色经济效率或绿色全要素生产率呈现"U"形影响。金祥荣和赵雪娇（2017）的实证研究结论认为，市场分割在早期有利于促进经济效率提升，但是超过一定门槛值后将会导致经济效率下降。刘瑞翔（2019）研究认为，长三角经济一体化显著改善区域内部资源配置效率。黄赜琳和姚婷婷（2020）基于省级面板数据研究发现，商品市场分割与地区生产率呈倒"U"形关系，市场分割过高则会阻碍生产率增长；要素市场分割抑制了地区生产率提升。郑洁等（2018）研究发现，要素市场扭曲加剧了地区环境污染。张可（2020）研究认为长三角一体化与环境污染之间存在倒"U"形关系，即低水平一体化会加剧环境污染，一体化水平超过一定临界值后，才能够显著降低环境污染。吕有金等（2021）基于省际面板数据研究发现，市场一体化对绿色全要素生产率产生"U"形非线性影响。杜宇等（2020）针对长江经济带 108 个地级及以上城市研究发现，市场分割与绿色全要素生产率形成倒"U"形关系。孙博文等（2018）基于长江经济带城市面板数据研究发现，商品市场分割与绿色增长效率之间存在倒"U"形关系，劳动力市场分割与资本市场分割与绿色增长效率存在"U"形变化关系。张跃等（2021）构建双重差分模型研究发现，长三角经济协调会显著促进了长三角城市群全要素生产率增长。刘军和陈亚欣（2021）使用相对价格法来测算市场一体化，使用空间计量模型研究发现，市场一体化通过规模效应、产业升级及协同创新等路径促进了长三角城市绿色全要素生产率增长。徐斌等（2023）用商品市场、劳动力市场和金融市场一体化水平构造了区域一体化综合水平指标，实证研究结果表明区域一体化有利于提高碳排放效率，且该作用受到产业结构升级的正向调节和财政支出规模的负向调节。

总之，结合上述文献和相关理论机制分析，本书试图提出并通过实证研究验证以下假说：第一，在构建新发展格局背景下，地方政府之间存在环境规制策略良性互动，长三角一体化有利于促进地方政府协同加强环境规制，承担起环境保护的主体责任，不仅提高本地环境治理水平，同时通过环境规制的空间溢出效应，也能带动周边地区环境治理水平的提高，从而促进区域整体环境治理水平的提高；第二，长三角一体化发展有利于促进区域要素流动、产业转移、产业集聚、创新协同、市场化发展和资源有效配置，这些因素共同推进区域环境治理和绿色发展效率的提升；第三，受地方经济发展水平、财政收入水平、产业结构、资源禀赋等社会经济条件的影响，长三角一体化对城市环境治理的影响并非线性的，这些地方差异性因素在长三角一体化的环境治理效应中可能会起到门槛条件的作用，受不同门槛条件的约束和影响，长三角一体化对不同城市的环境治理可能具有异质性影响，需要充分认识这些门槛条件的约束作用，防范和化解长三角一体化对城市环境治理的不利影响。

第二节　区域一体化环境治理机制

一、统一大市场理论

区域一体化分为若干主权国家之间的区域一体化和主权国家内部的区域一体化，统一大市场可分为若干主权国家之间的统一大市场和一国国内统一大市场。若干主权国家之间的统一大市场建设以欧洲统一大市场为典型，欧洲统一大市场经历了一个参与国不断扩容、范围不断扩张的演化过程，欧洲统一大市场所带来的国际竞争优势可以从传统的国际贸易与国际分工理论中得到解释，亚当·斯密的绝对优势理论、大卫·李嘉图的相对优势理论、俄林的要素禀赋理论、维纳和李普赛的关税同盟理论、西托夫斯基和德纽的共同市场理论、小岛清的协议性国际分工理论和迈克尔·波特的国家竞争优势理论等从多个方面论述了统一大市场的优势，其主要思想和逻辑就是通过构建大市场获得规模经济优势、专业化分工和产业集聚所带来的生产效率优势，促进欧盟成员国经济增长和环境保护（Kutan & Yigit，2009；Chen & Huang，2016；Neves et al.，2020）。

有人因此认为，在制度相对统一的一个主权国家内部实施统一大市场建设，比在主权国家之间建立大市场更容易获得上述竞争优势，但是从我国长三角、珠三角及京津冀等区域一体化实践来看，国内统一大市场建设仍然面临很多困境和障碍。中国经历了从计划经济向市场经济转型的发展过程，国内统一大市场建设具有深刻的理论逻辑、历史逻辑和现实逻辑，既有鲜明特色，也有经验教训。刘志彪（2021）研究认为，当前阻碍我国国内统一大市场形成的因素主要有纵向政府治理、横向政府治理和企业市场势力三类，而破除政府治理对国内统一大市场形成的阻碍作用则显得更为困难。中国以赶超西方国家为目标的现代化进程还在进行之中，赶超型体制下的增长追赶战略，需要更多地发挥政府有形之手的作用。另外，中国地方政府在推进市场化取向改革进程中，形成了较为严重的公司化倾向和"行政区经济"现象，各类地方政府主导型产业政策加剧了国内市场分割。沈国兵（2021）认为，建设全国统一大市场需要对标国际营商规则，构建国内国际要素自由流动、竞争有序的统一大市场制度，同时要积极培育和构建生产要素市场化配置的市场运行机制，这意味着中国要在制度型开放和国内统一大市场建设上获得融合发展，健全双循环新发展格局。范剑勇和叶菁文（2021）从国内贸易的视角研究国内大循环特点，研究发现我国各区域之间的贸易联系较弱，贸易主要发生在区域内部的城市之间，认为需要借助城市群的示范带动作用，促进国内市场的一体化建设。

相反，区域市场分割势必加剧地区之间产业结构同构、低水平重复建设、资源低效率配置和资源浪费，不利于实现节能减排和高质量发展。张学良等（2021）基于一个纳入国内市场分割因素的梅里兹（Melitz，2003）扩展模型进行实证研究发现，国内市场分割导致低效率企业过早地形成以出口替代内销的倾向，这是因为严重的国内市场分割会提高企业在国内的交易成本，为规避国内市场较高的交易成本，在位企业在其尚不具备国际化竞争优势时，也不得不倾向于寻找出口机会，并以低成本和低价格优势加大出口替代内销，从而加大国内企业对国际市场的依赖，导致国内企业生产更容易受外需负面冲击的影响，另外也导致企业出口竞争力不强，大量出口企业跻行于全球价值链的中低端环节，不利于企业节能减排，加大生态环境治理风险和压力（高宇，2016；吴群锋等，2021）。强永昌和杨航英（2021）实证研究结果表明，长三角市场一体化对本地区产品出口质量有"U"形影响效应。吕越和张昊天（2021）利用企业合并微观数据进行回归分析发现，地区市场分割显著促进企业污染排放增加，减少市场分割有助于通过规模效应、技术效应、配置效应三个渠道促进企业污染排放下降。因此，促进国内统一大市场建设，充分释放国内市场潜力，可以为国内本土企业提供更广阔的成长空间，同时充分利用国内和国际两个市场优势，提高企业国际竞争力，减少国外市场不确定性带来的风险及低端生产加工导致的生态环境风险。

加快国内统一大市场建设，是构建以国内大循环为主体、国内国际双循环相互促进的新发展格局的内在要求。2021 年 3 月，《中华人民共和国国民经济和社会发展第十四个五年规划和 2035 年远景目标纲要》提出"加快构建国内统一大市场，对标国际先进规则和最佳实践优化市场环境。"2022 年 3 月，中共中央、国务院发布《关于加快建设全国统一大市场的意见》，将建设全国统一大市场提升到全局和战略的高度，鼓励京津冀、长三角、粤港澳大湾区等区域优先开展区域市场一体化建设工作，建立健全区域合作机制，积极总结并复制推广典型经验和做法。因此，从现阶段来看，以区域市场一体化推进全国统一大市场建设已成为一个重要的战略选择。长期以来，长三角区域一体化主要依赖地方政府协作机制推进，区域一体化的市场作用体制机制尚未真正建立，加快长三角区域统一大市场建设，建立健全区域市场一体化体制机制，对推进长三角一体化环境治理和更高质量一体化发展具有重要意义。

二、制度性集体行动理论

1965 年，美国学者曼瑟·奥尔森（MancurOlson）的著作《集体行动的逻辑》面世，这本著作从公共物品理论视角出发，系统阐释了理性个体的搭便车行为如何导致集体行动失灵。理性个体之所以选择搭便车行为，是因为公共物品存在激励盲区，奥尔森为此开出了选择性激励这一治疗集体行动困境的药方，成为弥合个人利益与公共利益的"黏合剂"。实施选择性激励的本质，在于重新建立利益排他性机制，以保障实现公共物品的供给，这需要一个强有力的组织保障。一个强有力集团组织通过实施选择性激励，可以解决公共物品供给中的市场失灵问题，这一理论在一定程度上为奥斯特罗姆等（Ostrom et al.，2003）后来提出的自主治理理论奠定了基础。为防止分利集团的破坏和政府被分利集团所俘获，必须建立强化市场型政府，以维护正常的市场运行机制。

奥尔森（Olson，1965）提出的集体行动理论是基于个人主义方法的个人层面集体行动理论，费洛克（Feiockd，2013）整合了交易成本理论（Coase，1960）、集体行动理论（Olson，1965）、制度发展框架（Ostrom & Ahn，2003）等相关理论，系统地构建了制度性集体行动（Institutional Collective Action，ICA）的理论框架，用于描述和解释组织间协作互动行为，目前这一理论分析框架已成为研究组织间协作治理的国际主流框架。制度性集体行动框架基于收益—风险—成本—机制分析，系统阐释了理性的地方政府之间为什么开展合作治理，以及如何正确选择合作领域和合作网络，以有效地克服集体行动困境。

集体行动困境产生的根源在于合作收益与成本不对称所产生的激励盲区，地方政府间合作治理的收益包括基于公共利益的集体性收益和基于个人利益的选择性收益，合作收益与成本权衡后的净收益是合作治理产生的关键动力来源。其中，集体性收益（collective benefits）是指协作治理给所有参与合作的主体带来的规模经济、外部性、溢出效应等协作收益，选择性收益（selective benefits）主要是指地方政府官员从协作治理中获得的社会声誉、信任、地位、社会资本、职位晋升等方面的利益，选择性收益对地方政府官员产生选择性激励。

地方政府间合作治理面临的交易成本主要包括信息成本、谈判成本、协议制定及实施成本、监督成本或自主性丧失成本，交易成本的高低与参与协作主体的数量多少、协作领域的范围大小及强制性权力介入强度等因素有关。参与协作的主体数量越多、协作治理涉及的领域范围越广泛、强制性权力介入越强就会导致交易成本越高。同时，地方政府协作治理也面临来自协调不力、合作信用丧失、收益分配不公等交易风险的影响，交易风险大小与交易物品属性、经济社会特征、政治制度特点和协作网络结构等因素相关。其中，协作网络治理结构包括共享型网络治理、领导型网络治理和行政型网络治理，共享型网络治理以合作主体之间自主协调和自组织为主，领导型网络治理以合作组织内部某个成员为中心，行政型网络治理以合作治理网络外部行政组织为核心。

制度性集体行动理论将集体行动困境分为三种，即跨域合作的横向困境、跨级合作的纵向困境及跨职能部门合作的功能性困境，并系统地提出了相应的整合解决机制，如非正式协作网络、工作组、伙伴关系、多重自组织系统、府际协议等。费洛克（Feiockd，2013）依据强制性权力介入强度由低到高将其区分为嵌入（Embeddedness）、合同（Contracts）、授权（Delegated Authority）和强制性权力（Imposed Power）四种类型；根据合作治理问题的复杂程度由低到高将其分为双边协作、多边协作和集体协作三种类型；从强制性权力介入强度和合作治理问题的复杂程度两个维度进行划分，总结出解决制度性集体行动困境的 12 种整合机制框架，如表 2 – 1 所示。

表 2 – 1　　　　　　　　　集体行动困境的整合机制框架

	嵌入	合同	授权	强制性权力
复合性高的/ 集体协作	（7） 多重自组织系统	（8） 政府协作委员会	（9） 区域行政组织	（12） 行政单位合并
中度复杂的/ 多边协作	（4） 工作组	（5） 伙伴关系	（6） 多重协作目标的区域	（11） 有外部力量的网络
单一事务/ 双边协作	（1） 非正式协作网络	（2） 签订协作合同	（3） 单一协作目标区域	（10） 命令性协作协议

资料来源：根据费洛克（Feiock，2013）文中的图 2 翻译整理。

环境问题具有典型的外部性特征和公共物品属性，因此成为众多文献运用制度性集体行动框架进行理论与现实解释的试验场。易等（Yi et al.，2018）运用这一理论框架，对中国地方政府间的环保合作机制进行了理论诠释，对地方政府间三种环境合作协议形式（非正式协议、正式协议和强制协议）选择的影响因素进行了多元回归分析。锁利铭等

（2020）将资产专用性和绩效可测量性引入制度性集体行动框架，揭示长三角城市群在大气污染与水污染领域合作治理行为差异及其生成机理。蔡岚（2019）运用制度性集体行动理论框架，分析在粤港澳大湾区大气污染政府合作治理中，嵌入式网络合作机制、约束性契约机制和委托授权机制的相互嵌套和融合机制。戴亦欣和孙悦（2020）运用制度性集体行动框架，以京津冀大气污染联防联控机制为例，研究不同类型的协同机制和推动要素对污染治理协同机制长效运行的影响。司林波和张盼（2022）基于制度性集体行动理论，解构黄河流域上游、中游和下游地区生态协同保护的现实困境与治理策略，认为需要根据协同治理区域的具体特征，嵌套使用多种合作治理机制，加强复合型合作治理机制建设，才能充分发挥协同治理效能。

三、环境协同治理理论

协同治理（collaborative governance）是指多元治理主体共同参与社会事务或公共事务的管理决策，在达成共识的基础上采取集体行动，以维护和增进社会公共利益。相对于传统的以政府为单一治理主体的威权治理模式，协同治理是一个多主体共同参与的动态协调过程。由于生态环境有非竞争性和非排他性公共物品属性，又兼有负外部性和正外部性特征，因此区域环境治理具有明显的协同治理属性，众多学者运用协同论（Haken，1976）、交易成本理论（Coase，1960）、集体行动理论（Olson，1965）、制度发展框架（Ostrom & Ahn，2003）和多中心治理理论（Vincent Ostrom & Elinor Ostrom，1965；Elinor Ostrom，2010）等相关理论对环境协同治理进行了系统的理论解释。

协同治理理论为理解中国区域环境污染协同治理提供了理论基础，环境协同治理是协同治理理论在生态环境保护领域的嵌入性适用和发展，是以生态环境保护为目标，通过多元主体协调与合作，实现生态环境的共同保护（曹姣星，2015）。陈子韬等（2022）以汾渭平原区域大气污染防治为例，从事务属性、起始条件、机会窗口、机制设计、协同过程、协同结果六个方面，阐述了中国政府间环境协同治理的实践过程。刘燕等（2022）以成都平原经济区为例，运用"动机—能力"的二维框架探讨区域大气污染协同治理政策演变、政策动机、政策行动和政策网络。郑石明和黄淑芳（2022）以粤港澳大湾区为例，分析这一超大城市群形成"核心主体联动、核心子群辐射、其他主体有序参与"区域环境协同治理网络。徐乐等（2023）以长三角城市群为例，基于多主体与多区域的双重视角，验证长三角环境协同治理的非对称效应。

从环境治理决策、治理过程、参与主体、实施举措和实现目标等方面来看，环境协同治理包括以下内容。

一是主体协同性。环境协同治理强调多元主体治理，环境问题的产生有复杂的来源，环境治理与决策涉及众多的利益相关者，需要中央政府、地方政府、企业、社会组织和居民等多个主体共同参与。环境治理中的每个参与主体都是异质性行动者，都具有各自能力和不同利益诉求，在冲突和解决冲突的过程中相互了解不同利益相关者的理念和观点，促进学习和变革，使公共政策设计和制度安排与社会经济环境更好地匹配。因此，环境治理中的每个主体都是系统协同演化的序变量，序变量协同度决定了系统演化的速度和有序度（李海生，2021）。

二是地区协同性。环境污染具有明显的空间外溢性，环境治理成本与收益不对称，且多数环境要素的产权难以清晰界定或界定成本太高，容易出现集体行动困境，必须由不同地区共同协商管理，对于像长三角这种流域性环境污染治理，更需要不同地方政府之间协商管理，以共建共享、受益者补偿和损害者赔偿为原则，探索建立多元化生态补偿机制和环境污染赔偿机制，当地方政府间协同治理面临严重干扰时，需要中央政府作为"老船长"从中调停，发挥"共享领导"的作用（Schermerhorn，1975）。

三是目标协同性。区域环境污染治理涉及经济、社会、生态环境、政治和公共服务领域等多重目标任务，还涉及多个参与主体的利益目标，属于典型的多目标决策问题，环境协同治理需要兼顾不同目标，实现不同领域、不同主体的目标协调统一，目标不能协同一致，会加大环境治理的难度和风险。

四是系统协同性。习近平总书记（2022）指出，我们要推进美丽中国建设，坚持山水林田湖草沙一体化保护和系统治理，统筹产业结构调整、污染治理、生态保护、应对气候变化，协同推进降碳、减污、扩绿、增长，推进生态优先、节约集约、绿色低碳发展。环境治理要遵循系统性和整体性原则，按照生态系统的整体性、系统性及其内在规律，统筹考虑自然生态各要素、山水林田湖草、山上山下、地上地下、陆地海洋及流域上下游，进行整体保护、系统修复、综合治理，增强生态系统循环能力，维护生态平衡。

五是制度协同性。健全环境治理和生态保护的各项制度，如排污权交易制度、用能权交易制度、企业环境信息公开和环境信用评价制度、生态补偿制度、生态环境损害赔偿和统一的生态环境监管制度等，各项制度之间要相互补充，相互协同，实现环保法律及制度规则体系的自洽，共同发挥节能减排降污的作用（于文轩，2020）。

由于在新中国成立后很长一段时间内，我国对环境治理实行政府主导的行政监管模式，生态环境协同治理并没有真正落地实践。党的十八大以来，生态文明建设被纳入"五位一体"中国特色社会主义事业总体布局，生态文明建设被提到全局工作的突出位置，生态文明建设的顶层制度设计不断加强，逐步构建和完善党委领导、政府主导、企业主体、社会组织和公众共同参与的现代环境治理体系。2020年3月，中共中央办公厅、国务院办公厅印发的《关于构建现代环境治理体系的指导意见》明确规定："到2025年，建立健全环境治理的领导责任体系、企业责任体系、全民行动体系、监管体系、市场体系、信用体系、法律法规政策体系，落实各类主体责任，提高市场主体和公众参与的积极性，形成导向清晰、决策科学、执行有力、激励有效、多元参与、良性互动的环境治理体系。"这些内容清晰地表明，我国环境治理将由政府主导的行政监管模式逐步转向多元社会主体共同参与的环境协同治理模式。

近年来，长三角环境治理取得了令人瞩目的成就，环境污染加剧趋势得到基本控制，环境质量明显改善，出现了稳中向好趋势，但是区域环境风险依然凸显，跨界突发环境污染事件频发。区域一体化发展战略为区域环境协同治理提供了良好机遇和平台，目前长三角已形成多层次跨区域的协同治理架构，中央设立推动长三角一体化发展领导小组，在国家发展和改革委下设领导小组办公室，各省市成立推进长三角一体化发展领导小组，形成以长三角区域主要领导座谈会为决策层、以长三角区域合作与发展联席会议为协调层、以联席会议办公室和重点合作专题组为执行层的三级运作机制，同时形成以上海都市圈、南京都市圈、苏锡常都市圈、杭州都市圈、合肥都市圈和宁波都市圈六大都市圈为代表的次区域协同治理载体（王华，2020）。要准确把握和应用习近平新时代生态文明建设的系统思维方法，持续推进长三角区域一体化环境治理，满足人民对美好生态环境的需求，正如习近平总书记在 2018 年 5 月召开的全国生态环境保护大会上所强调的"要从系统工程和全局角度寻求新的治理之道，不能再是头痛医头、脚痛医脚，各管一摊、相互掣肘，而必须统筹兼顾、整体施策、多措并举，全方位、全地域、全过程地开展生态文明建设。"

四、利益相关者理论

20 世纪 60 年代，美国斯坦福学院的学者最早提出利益相关者这一概念，认为利益相关者（stakeholder）是企业生存和发展所依赖的那些个人或者组织。最有代表性的定义是弗里曼（Freeman，1984）提出的，利益相关者是指那些影响组织目标实现或者受组织行为影响的个体或者组织。该定义将企业所在社区、各级政府部门及其他受企业影响的公众和社会团体均纳入利益相关者，大大扩展了利益相关者的范围。对利益相关者范围的界定及分类是应用利益相关者理论所要面对的基本问题，米切尔等（Mitchell et al.，1997）基于合法性（Legitimacy）、权力性（Power）和紧急性（Urgency）三个维度，进一步将利益相关者细分为潜在的利益相关者、预期的利益相关者及确定的利益相关者，认为确定的利益相关者对组织目标的实现最为重要。伯伊斯和维伯克（Buysse & Verbeke，2003）把利益相关者划分为内部利益相关者（如企业股东、员工等）和外部利益相关者（如媒体和社会团体等）。温素彬和方苑（2008）基于资本投入形态将利益相关者区分为货币资本、人力资本、社会资本和生态资本利益相关者。有关利益相关者的分类和识别，对构建利益相关者协同治理框架有重要意义。

利益相关者理论早期主要运用于企业管理，后来逐渐被广泛应用于政治、社会、环境污染等公共领域问题研究。区域环境协同治理涉及众多的利益相关者，包括中央政府、地方政府、企业、社会组织、媒体、公众和各类非政府组织等，对这些利益相关者利益诉求的识别及利益冲突的协调管理是区域环境协同治理所要解决的核心问题，本质上就是通过合理的制度安排和机制建设来协调好利益相关者的利益平衡与激励问题，要让保护环境的主体获得利益并愿意继续做好环境保护，让制造环境污染的主体承担责任并被迫减少环境污染。在运用利益相关者理论进行环境协同治理实践探索中，也产生了很多环境治理制度创新和政策实践，如区域生态补偿制度、环境损害赔偿制度、企业环境信息披露制度和环保督查制度等。流域横向生态保护补偿机制就是基于流域上、下游地方政府之间的协商谈判，协调和平衡生态保护地区和生态受益地区之间的利益关系的一种创新型制度实践。随着长江经济带实施不搞大开发、共抓大保护的战略实施，长江流域生态保护补偿得到了快速推广，比如安徽省和浙江省在新安江流域实施生态保护补偿机制，云南省、贵州省和四川省联合签署赤水河流域横向生态保护补偿协议。2021年4月，财政部会同生态环境部、水利部、国家林草局出台了《支持长江全流域建立横向生态保护补偿机制的实施方案》，引导和激励地方政府实施生态保护补偿机制，做好流域环境治理。

利益相关者理论在区域环境治理和企业环境战略中有很好的适用性，不少学者应用这一理论开展了案例研究和实证研究。沈满洪和谢慧明（2020）总结了新安江流域跨界生态补偿机制创新，认为需要在多元化补偿、吸引更多主体参与等方面加以完善。龙开胜等（2015）分析了长三角地区地方政府付费型生态补偿项目利益相关者及其行为响应。孟庆国和魏娜（2018）研究了中央压力推动下京津冀跨界大气污染府际横向协同的结构要素和利益机制。刘一玮（2017）研究认为京津冀区域大气污染治理的利益平衡机制不完备，需要完善大气污染治理生态补偿的法律依据，健全企业与个人的生态补偿法律制度。谭东炟（2016）运用利益相关者理论和博弈论，阐述了太湖流域水环境保护利益相关者的利益冲突和利益协调机制。管亚梅和陆静娇（2019）研究认为，企业外部利益相关者压力可以促进企业环境伦理塑造，提升企业绿色创新绩效。潘楚林和田虹（2016）基于利益相关者理论分析了企业环境战略行为，研究认为利益相关者压力对企业环境伦理和前瞻型环境战略都有显著的正向影响。

在参与环境治理的众多利益相关者中，公众是一个力量强大而又分布分散的参与主体，当公众的力量凝聚起来并有明确的环保目标指向时，能发挥强大的威力，公众一旦采取"搭便车"行为而成为原子化个体时，公众参与环境治理的力量也会变得微不足道。目前，虽然我国公众的环境责任和环保参与意识有了普遍提高，但是公众参与环境治理的制度化渠道尚不健全，公众参与环境治理尚没有成为常态化行为。生态环境部环境与经济政策研究中心向社会公开发布的《公民生态环境行为调查报告（2021年）》显示，我国公众普遍具备较强的环境责任意识和行为意愿，但是对如何更多地采取环境行为缺乏了解，72.3%的受访者认同"我希望采取更多环保行为，但是不知该做什么"。

由于对公众参与环境治理的效率与作用存在认知差异，西方学者针对公众参与环境治理形成了两种截然不同的理论，即环境民主论和环境威权论。环境民主论认为环境政策制定的参与主体不应仅局限于政府和企业，还应发动广大公众和非政府组织等参与环保决策，同时公民基本自由权利在环境治理中不应受到限制，但是由于环境问题的专业性和复杂性，公众参与环保决策导致了达成社会共识困难而影响了治理效率。环境威权论认为环境决策应该交由权威的政策机构和官僚精英，限制环境决策中的社会公众参与，以免丧失治理效率。贺璇和王冰（2016）分析了中国环境威权主义下"运动式"治污的效果及其现代治理风险。曹海林和赖慧苏（2021）研究了中国公众参与环境治理的类型、动机、影响因素及参与路径等。褚松燕（2022）研究认为，我们需要超越环境民主论和环境威权主义论的话语依赖，形成基于利益相关者的环境协同治理机制，在环境治理中需要权威主导力量来凝聚合力，也要高度重视公众的参与，并积极引导公众有序参与、有度参与、有力参与和有效参与，才能实现环境的有效治理。

第三节　本 章 小 结

本章从区域一体化对环境治理的影响机理、区域一体化环境治理机制两个方面，为区域一体化环境治理提供了系列理论分析。

首先，结合相关文献梳理，运用产业转移理论、环境规制理论、经济集聚理论、生产效率与生产率等理论，从以下方面系统阐述了区域市场一体化影响城市环境治理的内生机理，即市场一体化影响污染密集型产业转移和环境污染的空间转移、地方政府环境规制策略互动行为、经济集聚伴生的规模效应与拥堵效应，以及技术空间溢出效应、市场一体化驱动效率增进与生产率提升等渠道和路径影响城市环境治理。

其次，综合运用统一大市场理论、制度性集体行动框架、利益相关者理论和环境协同治理理论等，为区域一体化环境协同治理机制提供多元化理论解释。统一大市场理论为运用市场机制开展区域一体化环境协同治理提供了市场化理论诠释。制度性集体行动框架和利益相关者理论则从合作博弈与利益主体协作的视角，分析了如何解决区域一体化环境协同治理中的市场失灵与组织失灵问题，为不同情境下环境治理的制度性集体行动困境提供了整合解决框架。环境协同治理理论则从主体协同、地区协同、目标协同、系统协同和制度协同等方面提供了系统化理论解释。

第三章　长三角一体化动态 评估与空间演化

本章运用相对价格法，从商品市场一体化、资本市场一体化、劳动力市场一体化三个维度，构建长三角一体化综合指数，根据测算结果对长三角一体化发展的动态趋势、空间差异及其空间演化特征进行研究。

第一节　引　　言

《中共中央　国务院关于加快建设全国统一大市场的意见》明确指出，建设全国统一大市场要破除地方保护和区域壁垒，优先推进区域协作，结合区域重大战略、区域协调发展战略实施，鼓励京津冀、长三角、粤港澳大湾区，以及成渝地区双城经济圈、长江中游城市群等区域，在维护全国统一大市场前提下，优先开展区域市场一体化建设工作，建立健全区域合作机制，积极总结并复制推广典型经验和做法。当前，逆全球化思潮抬头，单边主义和保护主义明显上升，世界经济复苏乏力，中国需要打造国内统一大市场，充分发挥自身拥有的超大规模国内市场优势。中国幅员辽阔，区域经济发展差异大，优先开展区域市场一体化建设，充分发挥国家级城市群引领作用，带动和辐射全国统一大市场建设，对于畅通国内大循环，构建以国内大循环为主体、国内国际双循环相互促进的新发展格局，推进经济高质量发展具有重要的战略意义。

京津冀、长三角和珠三角分别是中国大陆北部、中部、南部三大区域性城市群，珠三角位于广东省同一行政区域内，属于同一省区内部区域一体化，辐射范围有限；京津冀区域内城市间经济发展水平差异大，区域一体化水平偏低；而长三角一体化起步早、范围广，横跨三省一市，以上海市为中心，辐射江苏省、浙江省、安徽省，具有更大的区域市场一体化带动和示范作用。2018 年 11 月，习近平总书记在首届中国国际进口博览会上宣布长三角一体化发展上升为国家战略。2019 年 5 月，《长江三角洲区域一体化发展规划纲要》正式发布，长三角一体化扩大至上海市、江苏省、浙江省和安徽省全域 41 个地级以上城市，明确提出长三角在新时代改革开放和现代化建设中"一极、三区、一高地"的战略定位。2020 年 8 月，习近平总书记在合肥市主持召开扎实推进长三角区域一体化发展座谈会，强调要紧扣"一体化"和"高质量"两个关键词，推动长三角区域一体化高质量发展取得成效。

作为我国区域一体化发展战略的重要试验区，长三角一体化发展起步早，先后经历了上海经济区、长三角经济圈、长三角城市群和长三角区域一体化等发展阶段，成为我国区域一体化高质量发展的重要区域之一，吸引了研究者对长三角一体化发展进程的广泛关注。梳理相关文献发现，长三角一体化水平及其发展进程测度研究，经历了从单一指标测度到综合指标评价的变化过程。有关区域一体化进程和发展水平的综合评价有两种不同的研究方法，一是运用多元化社会经济指标，从政治、经济、制度、生态、社会等多维度构建综合评价指标体系，对区域一体化水平进行综合评价，二是使用区域市场一体化来表征区域一体化水平，主要是运用相对价格法来衡量市场一体化。尽管构建综合评价指标体系评估长三角一体化更为全面，但是长三角一体化发展的基本前提和内在核心依然是市场一体化，其他层面的一体化措施也是在长三角市场一体化深化发展基础上衍生出来的，长三角市场一体化是长三角区域一体化发展的客观基础和内在要求，基于市场一体化视角评估长三角区域一体化水平，既能提供合理的经济学理论解释，也有现实依据和政策意义。

长期以来，长三角区域一体化主要依赖地方政府协作机制推进，区域一体化的市场作用体制机制尚未真正建立，以企业为主体、以市场为导向、以资本为纽带、多元化社会主体共同参与的市场一体化运行机制没有充分发挥作用，长三角统一大市场建设面临要素市场一体化发展滞后、地方行政壁垒严重、区域一体化市场驱动体制不足等障碍（黄征学等，2018；杨力等，2022）。自长三角一体化上升为国家战略以来，长三角地方政府坚持有为政府与有效市场双向驱动，以区域市场一体化为核心，打破行政区划壁垒，不断减少市场分割，加快区域统一大市场建设，建立健全区域市场一体化体制机制，区域市场一体化水平明显提升。当前，在经济逆全球化和构建双循环发展格局背景下，以区域市场一体化推进国内市场一体化建设是构建双循环发展格局的重要抓手，有必要对长三角统一大市场发展进程进行动态评估。

参考借鉴现有相关研究文献，在推进全国统一大市场建设背景下，本章着力评估长三角统一大市场发展进程及其关键影响因素。本章研究的边际贡献在于以下两个方面；一是采用相对价格法分别测算长三角商品市场一体化、资本市场一体化和劳动力市场一体化指数，在三个细分市场一体化指数基础上计算长三角市场一体化综合指数，定量刻画长三角市场一体化演化进展及其结构性特征；二是运用 Dagum 基尼系数分解方法，解析长三角一体化的地区差距及其来源，并构建计量模型识别长三角市场一体化进程的关键影响因素。

第二节 文 献 综 述

一、区域一体化进程评估

有关区域一体化进程综合评价研究，目前大致有两种不同评价方法。第一种方法是用区域市场一体化来表征区域一体化水平。区域市场一体化反映了商品与资本、劳动力、技术等生产要素在不同地区之间自由流动的程度及其变化过程，由于市场一体化的对立面就是市场分割，不少文献用市场分割指数来反映区域市场一体化水平。有关市场分割指数的测算方法目前主要有生产法（Young，2000；Ke，2015）、贸易流量法（Poncet，2003）、经济周期法（Xu，2002）、调查问卷法（李善同等，2004）和相对价格法（Parsley & Wei，2001）等。其中，相对价格法是基于市场套利和一价法原理，通过计算地区之间代表性商品的相对价格方差来衡量区域市场一体化水平，认为地区间商品和生产要素相对价格方差越小，地区之间的市场分割就越弱，市场一体化程度就越高。国内学者桂琦寒等（2006）、陆铭和陈钊（2009）、盛斌和毛其淋（2011）、韦倩等（2014）、黄赜琳和姚婷婷（2020）、郭鹏飞和胡歆韵（2021）等利用帕斯利和魏（Parsley & Wei，2001）提出的相对价格法，测算和比较研究中国省级行政区市场一体化发展水平。李和林（Li & Lin，2017）、杨凤华和王国华（2012）、丁从明等（2018）、孙博文等（2018）、张可（2020）、强永昌和杨航英（2021）、夏帅等（2021）则运用相对价格法，测算比较研究城市群区域一体化。尽管基于这种方法的上述研究结果更侧重于反映区域市场一体化水平，但是这一测算方法充分利用了不同地区价格信息，体现了市场经济运行的基本规律，能为区域一体化发展提供强大的经济学理论解释和市场逻辑支撑，在国内外区域一体化研究中得到了广泛应用。

第二种方法运用多元化的社会经济指标，从政治、经济、制度、生态、社会等多维度构建综合评价指标体系，对区域一体化水平进行综合评价。顾海兵和张敏（2017）从内在动力和外在动力两个层面构建指标体系，利用层次分析法测算长三角城市群区域一体化水平；李世奇和朱平芳（2017）从市场统一性、要素同质性、发展协同性和制度一致性四个方面构建评价指标体系，结合专家咨询的主成分分析法评价长三角一体化；卢新海等（2019）从经济、社会、空间和制度一体化四个方面评价长江经济带一体化水平；滕堂伟等（2020）从经济、创新、交通、生态和社会一体化五个方面对长三角区域高质量一体化进行综合评价；陈雯等（2022）从创新、协调、绿色、开放、共享五个维度，构建长三角一体化高质量发展评价指标体系，评估比较长三角一体化高质量发展水平。这种评价方法虽然可以综合运用政治、经济、制度、生态、社会等多元化指标进行评价，综合指标体系的构建更加全面，但是在体现一体化内涵的指标选择上存在较多限制，有些指标由于偏主观而难以作出客观评判，有些指标则在数据可得性上面临困难。另外，根据综合评价指标测算得到的结果难以对区域一体化赋予合理的经济学理论解释。

当然，还有一些文献使用其他方法考察研究区域一体化水平，比如叶作义和江千文（2020）以中国省级区域间投入产出表为基础，基于多区域投入产出模型研究长三角城市的经济关联，认为长三角地区间产业关联性较弱，制约了长三角一体化发展。李影影等（2019）、刘和东和杨丽萍（2020）均使用社会网络分析方法，分析长三角城市之间经济联系及其网络结构特征。刘嘉伟和岳书敬（2020）运用改进的马尔科夫区制转换方法，从经济周期协同视角对长三角经济一体化演变进行动态分析。许正森等（2021）运用夜间灯光遥感数据研究长三角城市群时空演化格局特征。

总之，考察和衡量长三角一体化的维度和指标有很多，至今也没有形成一个共同认可的综合评价指标体系，但是，无论衡量长三角一体化的维度有多么丰富，长三角一体化发展的基本前提和内在核心依然是市场一体化，其他层面的区域一体化措施也是在长三角市场一体化深化发展基础上衍生出来的。长三角市场一体化是长三角一体化发展的客观基础和内在要求，运用相对价格方差法测算的长三角市场一体化指数来衡量长三角一体化水平，既有经济学学理依据，也有现实依据和政策意义。

二、区域一体化的影响因素

区域市场一体化发展进程受自然、政治、经济、制度、文化等多重因素的影响，随着经济发展和科技进步，自然因素对区域市场一体化发展的影响已大大减弱，比如在现代交通运输条件和新兴商业模式下，自然地理和地形地貌对区域市场一体化发展的影响不再特别重要，因此大体上可将区域市场一体化影响因素归纳为经济地理、行政体制和经济发展三大类。

影响区域市场一体化发展进程的经济地理因素主要表现为密度（density）、距离（distance）和分割（division）。自世界银行在 2009 年研究报告中运用上述 3D 分析框架研究全球经济地理格局演化以来（World Bank，2009），不少文献运用 3D 框架分析经济地理因素对区域市场一体化的影响。李雪松和孙博文（2015）基于 3D 分析框架研究长江经济带商品市场一体化的影响因素，发现交通密度和通信设施对市场一体化有显著的促进作用。郭鹏飞和胡歆韵（2021）的研究结果显示，基础设施建设促进市场一体化并以市场一体化为中介促进区域经济增长。陈昭和林涛（2018）运用 3D 框架研究发现，经济密度、交通基础设施、对外开放水平等对粤港澳市场一体化发展有积极作用，人口密度则阻碍了市场一体化。周正柱（2022）基于"3D + T"框架研究密度、距离、分割与技术等因素对长三角城市群市场一体化的影响。范欣等（2017）运用空间杜宾模型研究发现基础设施建设有利于促进市场整合和市场一体化。

行政体制因素对中国统一大市场发展进程的影响既有普遍性因素，也有中国特色因素。地方保护、市场分割通常被认为是影响中国区域市场一体化的重要因素。行伟波和李善同（2009）研究发现中国各省之间产品贸易存在显著的本地偏好效应，省际产品贸易显著受省际边界的影响。刘志彪（2021）认为当前阻碍国内统一大市场形成的因素主要有纵向政府治理、横向政府治理和企业市场势力三类。范剑勇和叶菁文（2021）研究发现我国各区域之间贸易联系较弱，贸易主要在同一区域内部的城市之间展开，所以要借助城市群示范建设推进国内市场一体化发展。吕冰洋和贺颖（2019）研究结论显示，地方税收竞争不利于全国统一大市场的形成。

经济发展因素对区域市场一体化发展进程的影响主要表现贸易开放、金融发展和数字经济等方面，贸易开放也是影响区域市场一体化的重要因素。郭树清（2007）研究认为，国内市场分割刺激出口贸易的发展，对外贸易对国内贸易的替代则加剧国内市场分割。高宇（2016）研究发现，国内市场一体化水平对企业出口决策有深刻影响，国内市场一体化程度越低，企业越倾向于选择出口，从而进一步加剧国内市场分割。邵宇佳等（2022）研究认为金融发展有利于促进国内市场一体化发展。也有实证研究结果显示，经济开放与市场一体化之间呈先抑制后促进的"U"形变化关系（任志成等，2014；谢非等，2021），外商直接投资显著抑制市场一体化（罗勇和刘锦华，2016）。夏杰长等（2023）研究结论证实，数字经济发展有利于打破省际贸易壁垒，促进全国统一大市场形成。

　　因此，本章在比较和借鉴现有相关研究文献的基础上，采用相对价格法测算长三角商品市场一体化、资本市场一体化和劳动力市场一体化的动态变化，并用三个细分市场一体化指数的算术平均数作为长三角市场一体化综合指数，实证研究产业结构、经济开放水平、人力资本、经济密度、人口密度、市场分割等社会经济地理因素对长三角市场一体化进程的影响。

第三节　长三角一体化指数测算方法

　　采用相对价格法分别测算商品市场一体化指数（*cmi*）、资本市场一体化指数（*kmi*）和劳动力市场一体化指数（*lmi*），鉴于商品市场一体化、劳动力市场一体化和资本市场一体化对于长三角市场一体化发展同等重要，取上述三个指数的算术平均数再乘以 100 作为长三角市场一体化综合指数（*mi*）。

一、商品市场一体化指数测算方法

考虑数据连续性与统计口径的一致性，选取食品、衣着、家庭设备用品及服务、医疗保健和个人用品、交通和通信、娱乐教育文化、居住七类商品的消费价格指数，构造"年度—城市—商品"三维面板数据，利用相对价格法计算商品市场一体化指数，具体计算步骤如下。

首先，利用不同类别商品的环比价格指数的一阶差分求出地区之间商品相对价格，即计算相对价格绝对值 $|\Delta Q_{ijt}^k|$，如公式（3 - 1）所示：

$$|\Delta Q_{ijt}^k| = |\ln(p_{it}^k/p_{jt}^k) - \ln(p_{it-1}^k/p_{jt-1}^k)| = |\ln(p_{it}^k/p_{it-1}^k) - \ln(p_{jt}^k/p_{jt-1}^k)|$$

$$(3 - 1)$$

其中，i 和 j 代表不同城市，t 表示年度，k 代表商品类别，测算中不仅考虑地理位置相邻城市间的相对价格变化，而且考虑与其他不相邻城市之间的相对价格变化，基于此，样本中共有 820 对城市组合，涉及 2003~2019 年间共 17 年 7 类商品，总的样本观测数为 $C_{41}^2 \times 17 \times 7 = 97\,580$。

其次，采取去均值法，消除因产品异质性所导致的不可加性。由于 $|\Delta Q_{ijt}^k|$ 并非都是由市场壁垒因素导致的，有可能源自产品异质性，通过去均值法消除产品自身差异所引起的价格变动，即假设 $|\Delta Q_{ijt}^k| = a^k + \varepsilon_{ijt}^k$，其中，$a^k$ 表示由第 k 类商品自身差异所导致的相对价格变动，ε_{ijt}^k 与两个城市之间的市场环境或者其他随机因素相关。为了消除 a^k 的影响，先计算 $|\Delta Q_{ijt}^k|$ 的均值 $\overline{|\Delta Q_t^k|}$，再分别用这 820 个 $|\Delta Q_{ijt}^k|$ 与该均值相差，可以得到公式（3 - 2）：

$$q_{ijt}^k = \varepsilon_{ijt}^k - \overline{\varepsilon_{ijt}^k} = |\Delta Q_{ijt}^k| - \overline{|\Delta Q_t^k|} = (a^k - \overline{a^k}) + (\varepsilon_{ijt}^k - \overline{\varepsilon_{ijt}^k}) \quad (3 - 2)$$

其中，q_{ijt}^k 就是最终用以计算方差的相对价格变动部分，它仅仅与不同城市之间的市场分割因素和一些随机因素有关。

然后，计算每两个城市所有 k 类商品的相对价格波动 q_{ijt}^k（$k = 1$，2，$\cdots$，K）的方差 $var(q_{ijt}^k)$，进而计算样本期间 820 对城市之间的相对价格方差，将某一城市与其他所有城市之间的相对价格方差进行平均，这样便得到各城市与长三角区域内其他城市之间的商品市场分割指数 $var(q_{nt}) = \left[\sum\limits_{i \neq j} var(q_{ijt})\right]/N$，$n$ 表示城市，N 表示配对的城市组合数目。上述测算过程共得到 697（$=41 \times 17$）个观测值。

最后，对各城市商品市场分割指数的倒数取平方根即可得各城市商品市场一体化指数（cmi），如公式（3-3）所示：

$$cmi = \sqrt{1/var(q_{nt})} \tag{3-3}$$

二、要素市场一体化指数测算方法

要素市场一体化包含劳动力市场一体化和劳动力市场一体化。劳动力市场一体化指数采用长三角城市职工平均工资来进行测算；由于地级城市层面缺少直接可用的资本价格指标数据，资本市场一体化指数则基于 C-D 生产函数估计资本要素弹性并结合资本生产率计算资本边际产出来进行估算。

（一）劳动力市场一体化指数

选取长三角所有地级以上城市职工平均工资，利用居民消费价格指数对其进行平减，得到职工平均实际工资，构造职工平均实际工资指数，然后将其代入公式（3-1）和公式（3-3）中，利用劳动力实际工资的相对变动方差得到长三角劳动力市场一体化指数（lmi）。

（二）资本市场一体化指数

由于缺少地级城市层面资本市场价格数据，借鉴张超等（2016）的做法，通过计算资本边际产出的相对方差波动来分析资本市场一体化，具体步骤如下。

首先，测算资本边际产出。构建规模报酬不变的 Cobb-Douglas 生产函数，如公式（3-4）所示：

$$Y_{it} = AK_{it}^{\beta}L_{it}^{1-\beta} \tag{3-4}$$

对公式（3-4）两边同时取自然对数，并在模型中同时加入时间固定效应 λ_t 和个体固定效应 μ_i，整理后可得公式（3-5）：

$$\ln(Y_{it}/L_{it}) = \ln A + \beta_i \ln(Y_{it}/L_{it}) + \mu_i + \lambda_t + \varepsilon_{i,t} \tag{3-5}$$

其中，Y_{it} 代表用各城市实际 GDP，以 2003 年为基期，通过 GDP 指数，将其他年份的名义 GDP 转化为以 2003 年不变价格表示的实际 GDP。L_{it} 代表各城市年平均就业人数，即上年年末就业人数与本年年末就业人数的算术平均数。K_{it} 代表各城市固定资本存量，使用永续盘存法来计算，如公式（3-6）所示：

$$K_t = \frac{I_t}{P_t} + (1-\delta_t)K_{t-1} \tag{3-6}$$

其中，K_t 表示当期固定资本存量，I_t 表示当期名义固定资本形成总额，P_t 为固定资产投资价格指数，由于地级城市层面数据缺失，此处采用对应省级固定资产投资价格指数代替，δ_t 表示折旧率，借鉴张军等（2004）的处理方法，取其值为 9.6%，K_{t-1} 表示上一期固定资本存量，初始资本存量采用名义固定资本形成总额除以 10%。

借鉴白俊红和刘宇英（2018）的做法，基于变系数面板数据模型，利用最小二乘虚拟变量法（LSDV）对回归方程式（3-5）进行估计，在回归方程中引入个体虚拟变量及个体虚拟变量与解释变量 $\ln(Y_{it}/L_{it})$ 的交互项，从而估计得到每个城市不同的资本产出弹性 β_i，利用公式（3-7）计算随时间变化的资本边际产出 MPK_{it}：

$$MPK_{it} = \partial Y_{it}/\partial K_{it} = \beta_i Y_{it}/K_{it} \tag{3-7}$$

最后，计算各城市资本边际产出相对变动的方差，得出长三角资本市场分割指数，进而得到资本市场一体化指数（kmi）。

三、市场一体化综合指数测算方法

鉴于商品市场一体化、劳动力市场一体化和资本市场一体化对区域一体化发展而言同等重要，在上述三个细分市场一体化指数测度的基础上，先对各个细分市场一体化指数进行归一化处理，再计算长三角市场一体化综合指数（mi），即 $mi = \dfrac{(cmi + kmi + lmi)}{3}$。①

第四节　长三角一体化进程评估结果分析

一、长三角一体化发展的动态趋势

基于前文的模型和方法，计算出长三角城市商品市场一体化指数、要素市场一体化指数（取劳动力市场一体化指数和资本市场一体化的平均值）和市场一体化综合指数，其动态变化趋势如图 3－1 所示。

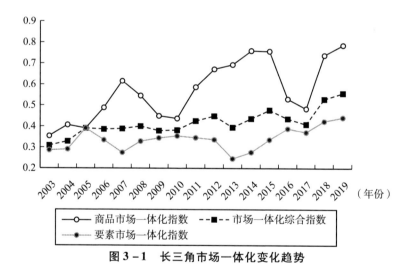

图 3－1　长三角市场一体化变化趋势

从图中可以看出，商品市场一体化指数、要素市场一体化指数和市

---

① 为避免指数过小而不便展示一体化指数变化趋势，参照吕冰洋和贺颖（2019），本章所报告的指数均是对原指数的测算结果乘以 100 所得。

场一体化综合指数均在波动中呈现上升趋势。2013～2015年，商品市场一体化指数和要素市场一体化指数基本上呈现对称性变化趋势，反映两者相互掣肘的反向变化关系，自2016年以来，长三角城市商品市场一体化指数和要素市场一体化指数呈现同向变化趋势，两者之间具有相互促进的关系。

图3-2描述了长三角两种要素市场即劳动力市场和资本市场一体化变化趋势，资本市场一体化水平高于劳动力市场一体化水平；资本市场一体化指数自2010年止跌回升后，基本保持了上升趋势；劳动力市场一体化指数在样本考察期间经历了"W"形变化轨迹，2004～2010年持续上升，2010～2013年出现了下降趋势，2013～2019年呈现出上升态势，整体上劳动力市场一体化水平较低。

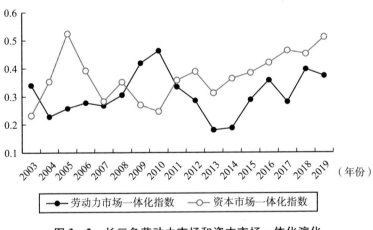

图3-2　长三角劳动力市场和资本市场一体化演化

二、长三角一体化的空间分布形态

下面采用核密度估计方法考察长三角一体化的空间演化，着重从分布位置、分布形态、分布延展性和极化趋势等方面揭示长三角一体化的空间演化特征。核密度估计是通过对随机变量的概率密度估计，使用连续的密度曲线代替非连续的直方图，能够更直观地描述随机变量的空间分布动态演进特征（Quah，1997）。假定随机变量 X 的密度函数为 $f(x)$，在点 x 处的概率密度由公式（3-8）进行估计：

$$f(x) = \frac{1}{Nh} \sum_{i=1}^{N} K\left(\frac{X_i - \bar{x}}{h}\right) \qquad (3-8)$$

其中，N 为评价区域观测值的个数，X_i 为独立同分布的观测值，$\bar{x}$ 为观测值的均值，h 为自定义带宽，又被称为光滑参数，决定核密度曲线的光滑度和估计精度，h 取值越小，估计的核密度函数曲线越不光滑，估计精度越高，为了提高估计精度，一般尽可能选择较小的带宽，$K(\cdot)$ 是核函数，本书选用广泛使用的高斯核函数进行空间核密度估计。

长三角市场一体化的空间分布演化如图3-3所示，可从分布位置、形态、延展性和极化趋势等方面进行总结分析。图3-3（a）描述了长三角市场一体化空间演化，核密度分布曲线为单波峰，波峰有右移趋势，并呈现高度上升、宽度增大的变化特征，表明长三角市场一体化有空间蔓延和水平上升趋势。图3（b）描述的是长三角商品市场一体化空间演化，初始核密度分布曲线为单个波峰，核密度分布曲线整体上呈现右移趋势，近几年核密度分布曲线呈现波峰高度下降但是宽度增大的变化特征，对应的商品市场一体化指数分布在0.6~0.8，表明长三角商品市场一体化有较快提高，市场一体化的地区差距在缩小。图3（c）描述的是长三角资本市场一体化演化，早期的核密度分布曲线有较明显右拖尾特征，后期的核密度分布曲线右拖尾形状逐渐消失，波峰右移且波峰宽度扩大，表明长三角资本市场一体化有范围不断扩大、区域一体化水平不断提升的趋势。图3（d）描述的是长三角劳动力市场一体化演化，波峰有先右移再左移后右移，波峰对应的劳动力市场一体化指数大多在0.2~0.4，表明劳动力市场一体化水平不高且波动较大。

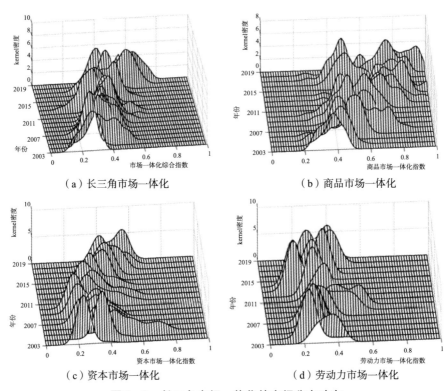

（a）长三角市场一体化　　　　　　　（b）商品市场一体化

（c）资本市场一体化　　　　　　　（d）劳动力市场一体化

图 3 – 3　长三角市场一体化的空间分布动态

三、长三角一体化的空间差异分解

（一）Dagum 基尼系数分解方法

采用达古姆（Dagum，1997）提出的基尼系数分解方法，分析长三角市场一体化的地区差异，并将长三角市场一体化的空间差异分解为地区间差距、地区内差距和超变密度三个部分，以识别和揭示长三角市场一体化空间差距的来源。包含长三角所有地级以上城市的总体基尼系数的计算如公式（3-9）所示：

$$G = \frac{\sum\limits_{j=1}^{k}\sum\limits_{h=1}^{k}\sum\limits_{i=1}^{n_j}\sum\limits_{r=1}^{n_h}|y_{ji} - y_{hr}|}{2n^2\bar{y}} \qquad (3-9)$$

其中，j、h 分别代表不同地区，i、r 代表各地区的不同城市，n 是所有地区的城市数量，k 是地区划分的总数，n_j、n_h 分别表示是 j、h 地区内部的城市个数，y_{ji}、y_{hr} 分别是 j、h 地区内城市 i、r 的环境治理水平，$\bar{y}$ 代表长三角所有城市环境治理水平的平均值。

在对 Dagum 基尼系数进行分解时，先依据各地区城市环境治理水平的均值对 k 个地区进行排序，即 $\bar{y}_h \leq \cdots \leq \bar{y}_j \leq \cdots \leq \bar{y}_k$。总体基尼系数（$G$）可以进一步分解为地区内差异的贡献（$G_w$）、地区间差异净值的贡献（$G_{nb}$）和超变密度的贡献（$G_t$），三者之间满足以下关系：$G = G_w + G_{nb} + G_t$。

第 j 个地区基尼系数（G_{jj}）和地区内差异的贡献（G_w）的计算如公式（3-10）和公式（3-11）所示，第 j 个地区和第 h 个地区之间的基尼系数（G_{jh}）和地区间差异净值的贡献（G_{nb}）的计算如公式（3-12）和公式（3-13）所示，地区间超变密度的贡献（G_t）的计算如公式（3-14）所示。

$$G_{jj} = \frac{\dfrac{1}{2\bar{y}_j} \sum\limits_{i=1}^{n_j} \sum\limits_{r=1}^{n_j} |y_{ji} - y_{jr}|}{n_j^2} \qquad (3-10)$$

$$G_w = \sum_{j=1}^{k} G_{jj} p_j s_j \qquad (3-11)$$

$$G_{jh} = \sum_{i=1}^{n_j} \sum_{r=1}^{n_h} \frac{|y_{ji} - y_{hr}|}{n_j n_h (\bar{y}_j + \bar{y}_h)} \qquad (3-12)$$

$$G_{nb} = \sum_{j=2}^{k} \sum_{h=1}^{j-1} G_{jh} (p_j s_h + p_h s_j) D_{jh} \qquad (3-13)$$

$$G_t = \sum_{j=2}^{k} \sum_{h=1}^{j-1} G_{jh} (p_j s_h + p_h s_j)(1 - D_{jh}) \qquad (3-14)$$

其中，$p_j = n_j/n$，$s_j = n_j \bar{y}_j / n\bar{y}$，$j = 1, 2, \cdots, k$，$D_{jh}$ 为 j、h 两个地区之间城市环境治理的相对影响，其计算方法如公式（3-15）所示，d_{jh} 为 j、h 两个地区之间城市环境治理水平的差值，表示 j、h 地区中所有满足 $y_{jh} - y_{ji} > 0$ 的样本值加总的数学期望，其计算方法如公式（3-16）所示，p_{jh} 为超变一阶矩，表示 j、h 地区中所有满足 $y_{hr} - y_{ji} > 0$ 的样本值加

总的数学期望，其计算方法如公式（3-17）所示。

$$D_{jh} = \frac{d_{jh} - p_{jh}}{d_{jh} + p_{jh}} \qquad (3-15)$$

$$d_{jh} = \int_0^\infty dF_j(y) \int_0^y (y-x) dF_h(x) \qquad (3-16)$$

$$p_{jh} = \int_0^\infty dF_h(y) \int_0^y (y-x) dF_j(x) \qquad (3-17)$$

其中，F_j、F_h 分别为 j、h 地区的累积密度分布函数。

（二）长三角一体化的空间差异分析

采用达古姆（Dagum，1997）提出的基尼系数分解方法，先计算长三角市场一体化的总体差距，再将总体差距分解为地区间差距、地区内差距及超变密度贡献。

1. 长三角市场一体化的总体差距

长三角市场一体化的总体差距及其变化如图 3-4 所示，从图中可以看出，长三角一体化的总体基尼系数虽然有所波动，但是整体上呈现出不断下降的趋势，尤其是自 2012 年以来下降趋势较为明显，表明长三角一体化的地区差距有所缩小。

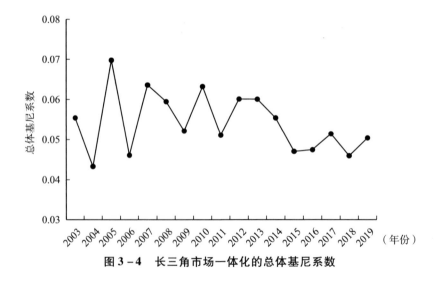

图 3-4 长三角市场一体化的总体基尼系数

2. 长三角市场一体化的地区内差距

以长三角全域 41 个地级以上城市为整体样本，除了按照三省一市进行城市分组划分外，同时按照相关城市加入长三角区域一体化的时间顺序①，对这些城市进行分组分析，进一步将长三角划分为核心区、扩展区和外围区三个地区，长三角城市的地区分组如表 3 - 1 所示。

表 3 - 1　　　　　　　　　　长三角城市的地区分组

地区	核心区（10 个）	扩展区（16 个）	外围区（15 个）
上海市（1 个）	上海市		
江苏省（13 个）	无锡市、常州市、苏州市、南通市	南京市、盐城市、扬州市、镇江市、泰州市	徐州市、连云港市、淮安市、宿迁市
浙江省（11 个）	杭州市、宁波市、湖州市、嘉兴市、绍兴市	金华市、舟山市、台州市	温州市、衢州市、丽水市
安徽省（16 个）		合肥市、芜湖市、马鞍山市、铜陵市、安庆市、滁州市、池州市、宣城市	蚌埠市、淮南市、淮北市、黄山市、阜阳市、宿州市、六安市、亳州市

长三角一体化指数的地区内基尼系数如表 3 - 2 所示，从江苏省、浙江省和安徽省三个省级行政区地区内基尼系数来看②，安徽省内市场一体化差异大于江苏省和浙江省内市场一体化差异，江苏省内市场一体化差异次之，浙江省内市场一体化差异最小，上述三省市场一体化的地区内差异均呈现出下降趋势。从长三角核心区、扩展区和外围区市场一体化的地区内基尼系数来看，核心区、扩展区和外围区市场一体化的地区内基尼系数均有下降趋势，表明这三个地区市场一体化的内部差异在不

① 20 世纪 80 年代设立上海经济区，上海经济区早期开展区域经济合作的 10 个城市划归核心区；根据 2016 年发布的《长江三角洲城市群发展规划》，长江三角洲城市群共有 26 个城市，在 10 个核心区城市基础上新增加的 16 个城市划为扩展区；根据 2019 年发布的《长江三角洲区域一体化发展规划纲要》，包含三省一市全域 41 个城市，在长三角城市群 26 个城市基础上新增加的 15 个城市划为外围区。

② 因统计数据可得性所限，书中未计算和报告上海市市场一体化指数的地区内基尼系数。

断缩小，其中外围区市场一体化指数的地区内基尼系数最小，扩展区市场一体化指数的地区内基尼系数最高，可见外围区市场一体化的内部差异最小，扩展区市场一体化的内部差异最大，核心区市场一体化的地区内部差异居于两者之间。

表 3 - 2 　　　　　　　　　长三角一体化的地区内基尼系数

年份	总体基尼系数	按省级行政区划分区域			按一体化圈层划分区域		
		江苏省	浙江省	安徽省	核心区	扩展区	外围区
2003	0.0554	0.0525	0.0564	0.0467	0.0514	0.0521	0.0571
2004	0.0433	0.0308	0.0401	0.0471	0.0316	0.0361	0.0538
2005	0.0698	0.0477	0.0510	0.0844	0.0556	0.0864	0.0538
2006	0.0461	0.0399	0.0345	0.0370	0.0457	0.0513	0.0348
2007	0.0636	0.0421	0.0725	0.0545	0.0486	0.0645	0.0606
2008	0.0595	0.0400	0.0492	0.0560	0.0546	0.0701	0.0440
2009	0.0521	0.0501	0.0376	0.0492	0.0470	0.0554	0.0449
2010	0.0633	0.0617	0.0554	0.0560	0.0665	0.0668	0.0524
2011	0.0511	0.0684	0.0294	0.0477	0.0339	0.0472	0.0605
2012	0.0601	0.0632	0.0190	0.0694	0.0412	0.0634	0.0649
2013	0.0601	0.0445	0.0805	0.0490	0.0723	0.0581	0.0487
2014	0.0554	0.0456	0.0643	0.0442	0.0382	0.0606	0.0368
2015	0.0471	0.0421	0.0387	0.0438	0.0342	0.0403	0.0428
2016	0.0475	0.0620	0.0324	0.0325	0.0518	0.0432	0.0340
2017	0.0514	0.0509	0.0313	0.0462	0.0468	0.0466	0.0451
2018	0.0460	0.0405	0.0586	0.0290	0.0534	0.0460	0.0300
2019	0.0504	0.0427	0.0435	0.0347	0.0505	0.0452	0.0473
平均	0.0542	0.0485	0.0467	0.0487	0.0484	0.0549	0.0477

3. 长三角一体化的地区间差距

长三角一体化的地区间基尼系数如表 3 - 3 所示，从三省一市市场一体化指数的地区间基尼系数来看，上海市与安徽省市场一体化的地区间差异最大，江苏省与浙江省市场一体化的地区间差异最小，三省一市市场一体化指数的地区间基尼系数均有反复波动的变化特征，没有呈现出稳定下降的趋势。从长三角核心区、扩展区与外围区市场一体化指数的地区间基尼系数来看，核心区与扩展区之间的基尼系数最高，核心区与外围区之间的基尼系数次之，扩展区与外围区之间的市场一体化基尼系数最小，扩展区与外围区市场一体化的地区间基尼系数有下降趋势。

表 3 - 3　　　　　　　　　　长三角一体化的地区间基尼系数

年份	按三省一市划分区域						按一体化圈层划分区域		
	上海市 江苏省	上海市 浙江省	上海市 安徽省	江苏省 浙江省	江苏省 安徽省	浙江省 安徽省	核心区 扩展区	核心区 外围区	扩展区 外围区
2003	0.0402	0.0495	0.0361	0.0654	0.0583	0.0547	0.0542	0.0550	0.0584
2004	0.0243	0.0275	0.0377	0.0389	0.0489	0.0480	0.0353	0.0462	0.0484
2005	0.0892	0.1181	0.1130	0.0571	0.0725	0.0745	0.0767	0.0583	0.0741
2006	0.1500	0.1120	0.1165	0.0507	0.0483	0.0366	0.0535	0.0441	0.0449
2007	0.0599	0.0557	0.0547	0.0835	0.0513	0.0798	0.0687	0.0637	0.0641
2008	0.0313	0.0596	0.0408	0.0754	0.0491	0.0797	0.0674	0.0522	0.0616
2009	0.0379	0.0696	0.0519	0.0624	0.0554	0.0480	0.0573	0.0467	0.0551
2010	0.0493	0.0449	0.0560	0.0671	0.0740	0.0587	0.0697	0.0632	0.0614
2011	0.0654	0.0504	0.0532	0.0526	0.0598	0.0401	0.0444	0.0504	0.0574
2012	0.0549	0.0266	0.0757	0.0492	0.0709	0.0622	0.0562	0.0564	0.0648
2013	0.0410	0.0605	0.0618	0.0671	0.0521	0.0749	0.0694	0.0658	0.0545
2014	0.0457	0.0459	0.0541	0.0647	0.0466	0.0709	0.0748	0.0540	0.0530
2015	0.0668	0.0329	0.0585	0.0550	0.0441	0.0505	0.0597	0.0466	0.0473
2016	0.1317	0.1292	0.1288	0.0507	0.0509	0.0333	0.0645	0.0539	0.0405
2017	0.0564	0.0796	0.0964	0.0521	0.0647	0.0411	0.0606	0.0604	0.0467
2018	0.0290	0.0571	0.0451	0.0582	0.0462	0.0475	0.0552	0.0548	0.0408
2019	0.1133	0.0858	0.1330	0.0514	0.0451	0.0611	0.0520	0.0586	0.0486
平均	0.0639	0.0650	0.0714	0.0589	0.0552	0.0566	0.0600	0.0547	0.542

4. 长三角一体化的地区差距来源分解

长三角一体化的地区差距来源分解结果如表 3 - 4 所示，从长三角三省一市的市场一体化地区差异来源来看，地区间基尼系数对总体基尼系数的年平均贡献率为 35% ，地区内基尼系数对总体基尼系数的年平均贡献率为 29% ，可见，三省一市之间市场一体化差距是长三角市场一体化空间差异的主要来源。从长三角核心区、扩展区与外围区市场一体化的地区差异来源来看，地区内基尼系数对总体基尼系数的贡献率为 33% ，地区间基尼系数对总体基尼系数的贡献率为 25% ，近年来，地区内基尼系数的贡献率呈下降趋势，地区间基尼系数贡献率上升甚至超过了地区内基尼系数的贡献率。因此，从新近发展趋势来看，核心区、扩展区和外围区地区间差距是长三角城市市场一体化地区差距的主要来源。

表 3 - 4　　　　　　　　　长三角一体化的地区差距来源分解

年份	总体基尼系数	贡献率 I			贡献率 II		
		地区内	地区间	超变密度	地区内	地区间	超变密度
2003	0.0554	0.2967	0.2731	0.4302	0.3362	0.1822	0.4816
2004	0.0433	0.3020	0.3022	0.3959	0.3358	0.1510	0.5133
2005	0.0698	0.3027	0.2532	0.4441	0.3376	0.1235	0.5390
2006	0.0461	0.2651	0.4694	0.2656	0.3310	0.2046	0.4644
2007	0.0636	0.2783	0.3868	0.3349	0.3299	0.2587	0.4114
2008	0.0595	0.2718	0.4319	0.2963	0.3327	0.1398	0.5274
2009	0.0521	0.2930	0.4147	0.2922	0.3290	0.2263	0.4447
2010	0.0633	0.2953	0.3885	0.3162	0.3335	0.1558	0.5107
2011	0.0511	0.3188	0.1220	0.5591	0.3389	0.2314	0.4297
2012	0.0601	0.3090	0.3023	0.3887	0.3473	0.1149	0.5378
2013	0.0601	0.2949	0.3544	0.3506	0.3274	0.1781	0.4946
2014	0.0554	0.2880	0.4380	0.2740	0.3000	0.3544	0.3456
2015	0.0471	0.2927	0.4238	0.2835	0.2978	0.4283	0.2739
2016	0.0475	0.2864	0.1419	0.5717	0.3005	0.4529	0.2466

年份	总体基尼系数	贡献率Ⅰ			贡献率Ⅱ		
		地区内	地区间	超变密度	地区内	地区间	超变密度
2017	0.0514	0.2816	0.4725	0.2459	0.3116	0.3609	0.3275
2018	0.0460	0.2764	0.2701	0.4534	0.3087	0.3828	0.3085
2019	0.0504	0.2539	0.4873	0.2588	0.3227	0.2806	0.3967
平均	0.0542	0.2886	0.3490	0.3624	0.3247	0.2486	0.4267

注：贡献率Ⅰ是三省一市地区差异来源，贡献率Ⅱ是核心区、扩展区和外围区地区差异来源。

第五节　长三角一体化地区差异成因分析

一、模型、变量与数据

结合相关文献及世界银行提出的3D分析框架，将长三角一体化地区差异的影响因素分为四类，一是密度因素，包括经济密度和人口密度；二是距离因素，主要体现在城市交通基础设施的通达能力上；三是分割因素，包括外商投资和对外贸易，外商投资对区位选择偏好会加剧产业集聚，可能不利于市场一体化。在外贸活动早期，区域市场分割导致区内交易成本过高，促使区内在位企业不重视本地市场而偏好开拓出口业务，从而加剧区域市场分割，随着国外市场饱和，企业在开拓国外市场的同时，主动扩大在国内市场的销售规模，以充分发挥本地市场优势和规范经济，从而有利于推进市场一体化提升；四是城市经济特征因素，包括产业结构、资本深化度、研发创新水平和人力资本等。构建以下基准计量模型，如公式（3－18）所示：

$$mi_{it} = c + \alpha_1 infras_{it} + \alpha_2 trade_{it} + \alpha_3 (trade_{it})^2 + \alpha_5 fdi_{it}$$
$$+ \alpha_6 edns_{it} + \alpha_7 pdns_{it} + \alpha_8 control_{it} + \mu_i + \nu_t + \varepsilon_{it} \quad (3-18)$$

其中，i 和 t 分别表示城市和时间维度；被解释变量为市场一体化指数 mi，具体测算方法如前文所述；核心解释变量有交通通达度（$infras$）和对外贸易依存度（$trade$），为了考察对外贸易对市场一体化的非线性影响，模型中同时放入对外贸易依存度的平方项，其他解释变量还有外商投资依存度（fdi）、经济密度（$edns$）、人口密度（$pdns$）等；为了缓解遗漏变量偏误问题，在计量模型中还控制了一些城市特征因素，控制变量（$control$）包括产业结构（ind）、资本深化度（kl）、研发水平（rd）和人力资本（hc）等；μ_i、ν_t、ε_{it} 分别表示地区固定效应、时间固定效应和随机扰动项。相关变量描述性统计分析如表 3 - 5 所示。

表 3 - 5　　　　　　　　相关变量说明及描述性统计分析

变量名称	代码	计算方法	平均值	标准差	最小值	最大值
市场一体化	mi	相对价格法	0.417	0.073	0.245	0.644
经济密度	$edns$	单位面积的 GDP	0.313	0.456	0.009	3.863
人口密度	$pdns$	城市人口除以城市面积	0.653	0.338	0.144	2.317
交通通达度	$infras$	公路里程与城市面积之比	1.198	0.422	0.257	2.499
外商投资	fdi	外商投资额占 GDP 比重	2.184	2.206	0.001	12.11
对外贸易	$trade$	外贸额与 GDP 之比	0.337	0.395	0.006	2.882
产业结构	ind	三产与二产增加值之比	0.918	0.172	0.552	2.693
资本深化度	kl	资本存量与就业人数之比	0.217	0.143	0.016	0.818
研发水平	rd	从业人员中科技人员占比	1.427	0.878	0.184	5.918
人力资本	hc	高校在校生人数占比	1.862	2.057	0.037	12.54

二、基准模型回归分析

基准模型回归结果如表 3 - 6 所示，为减少异方差性和序列相关性影响，表中列（1）、列（2）和列（3）运用可行广义最小二乘法（FGLS）进行回归。为了缓解内生性问题，表中列（4）、列（5）和列（6）使用动态面板模型（SYS）回归，采用两步系统 GMM 方法进行估计。相对于差分 GMM 方法而言，系统 GMM 将水平方程和差分方程作为一个方程系统进行估计，更有效率。在实证研究过程中，为了进一步地考察交通基础设施与经济密度和人口密度对市场一体化的交互影响，在模型中逐步添加了交通基础设施与经济密度的交叉项及交通基础设施与人口密度的交叉项。

表 3 - 6　　　　　　　　　　　　基准模型回归结果

解释变量	静态面板回归模型			动态面板回归模型		
	（1）	（2）	（3）	（4）	（5）	（6）
	FGLS	FGLS	FGLS	SYS	SYS	SYS
$L.\ mi$				0. 226 *** （0. 075）	0. 254 *** （0. 073）	0. 334 *** （0. 064）
$infras$	0. 025 ** （0. 011）	0. 036 *** （0. 013）	0. 033 *** （0. 010）	0. 012 ** （0. 005）	0. 065 ** （0. 026）	0. 066 ** （0. 032）
$trade$	- 0. 033 ** （0. 013）	- 0. 036 *** （0. 013）	- 0. 019 * （0. 010）	- 0. 016 ** （0. 006）	- 0. 039 ** （0. 018）	- 0. 018 *** （0. 007）
$trade^2$	0. 005 *** （0. 002）	0. 005 *** （0. 002）	0. 003 ** （0. 001）	0. 003 *** （0. 001）	0. 006 *** （0. 002）	0. 003 *** （0. 001）
$edns$	- 0. 052 *** （0. 015）	0. 013 （0. 041）	- 0. 047 *** （0. 013）	- 0. 036 *** （0. 005）	0. 229 （0. 149）	- 0. 007 （0. 017）
$pdns$	0. 037 ** （0. 016）	0. 026 （0. 018）	0. 055 *** （0. 015）	0. 028 *** （0. 007）	0. 005 （0. 013）	0. 119 ** （0. 059）
$infras \times edns$		- 0. 032 * （0. 018）			- 0. 136 * （0. 080）	
$infras \times pdns$			- 0. 022 ** （0. 011）			- 0. 084 （0. 052）
fdi	0. 000 （0. 001）	0. 000 （0. 001）	0. 001 （0. 001）	- 0. 001 （0. 001）	- 0. 001 （0. 001）	- 0. 001 （0. 001）
rd	0. 009 ** （0. 004）	0. 009 *** （0. 004）	0. 016 *** （0. 003）	0. 005 *** （0. 002）	0. 010 ** （0. 004）	0. 009 *** （0. 003）

续表

解释变量	静态面板回归模型			动态面板回归模型		
	（1）	（2）	（3）	（4）	（5）	（6）
	FGLS	FGLS	FGLS	SYS	SYS	SYS
ind	0.010 (0.026)	0.023 (0.026)	0.014 (0.021)	0.005 (0.009)	0.064 (0.040)	0.032 (0.025)
kl	0.047* (0.027)	0.028 (0.029)	0.022 (0.023)	0.029** (0.014)	−0.051 (0.035)	−0.003 (0.024)
hc	−0.004*** (0.001)	−0.005*** (0.001)	−0.005*** (0.001)	−0.002** (0.001)	−0.005** (0.002)	−0.003*** (0.001)
常数项	0.267*** (0.024)	0.254*** (0.024)	0.242*** (0.022)	0.291*** (0.025)	0.166*** (0.056)	0.177*** (0.066)
时间效应	控制	控制	控制	控制	控制	控制
地区效应	控制	控制	控制	控制	控制	控制
AR（1）检验				0.000	0.000	0.000
AR（2）检验				0.362	0.450	0.851
Hansen 检验				0.624	0.961	0.825
样本量	697	697	697	656	656	656

注：括号内为稳健标准误，***、**、*分别表示在1%、5%、10%的显著性水平上显著，SYS表示系统 GMM 的两步估计。AR（1）检验、AR（2）检验和 Hansen 检验报告的是 P 值。

从模型回归估计结果来看，交通基础设施显著促进了长三角市场一体化。长三角市场一体化与对外贸易之间呈"U"形变化关系，即外贸开放度没达到阈值之前，外贸依存度抑制区域市场一体化，当外贸开放度超过阈值后，对外贸易有利于推进区域市场一体化，这一研究结论与罗勇和刘锦华（2016）、李雪松和孙博文（2015）的研究结果相吻合。经济密度与市场一体化显著负相关，经济密度高的地方形成空间集聚，强化了本地市场效应，从而削弱了与其他城市的经济联系；人口密度与市场一体化正相关，人口流动和人口密度提高有利于促进市场一体化；经济密度和人口密度均削弱了交通基础设施对市场一体化的促进作用；

外商投资对市场一体化的影响不显著；产业结构升级、资本深化、研发创新等因素均促进市场一体化水平提升；人力资本不利于市场一体化，这可能是人力资本水平越高，越向经济发展水平高和环境好的城市集聚的缘故。

三、稳健性检验

一是考虑到交通基础设施对市场一体化的影响可能存在反向因果关系的内生性干扰，本书从地理和历史角度出发，以地形起伏度（RDLS）构建工具变量进行内生性处理。地形起伏度由城市海拔、平地面积和区域面积共同决定，是一个外生自然地理变量，能满足外生性假定；从相关性方面来说，地形起伏度会影响交通基础设施建设成本和通达程度。由于每个城市的地形起伏度是一个时间不变指标，不随时间变化而变化，借鉴迪弗洛和潘德（Duflo & Pande，2007）以及赛斯（Saiz，2010）的做法，用地形起伏度乘以年份虚拟变量来构造时变外生性工具变量后进行 2SLS 回归。回归结果如表 3 - 7 中的列（1）所示，整体上与基准计量模型回归结果无显著差异，但是与基准回归模型的 FGLS 回归结果相比，交通基础设施系数估计值变大了，表明若不考虑内生性问题处理，交通基础设施对长三角市场一体化的影响效应会被低估。第一阶段 F 值大于经验值 10，满足工具变量选择的相关性要求，第一阶段 F 值及 Sargan 检验结果表明工具变量符合外生性要求，表明工具变量选择较为合适。

二是调整样本，上海市作为直辖市，是长三角经济发展的龙头，社会经济发展水平和来自中央政府的政策支持与其他城市存在差异，考虑研究对象的可比性，因此从样本中删除上海市后重新进行回归，结果如表 3 - 7 中的列（2）所示，与基准计量模型回归结果相比，绝大多数变量估计结果没有显著差异。

三是排除异常值的影响，对连续变量上下 1% 的极值部分做缩尾处理，回归结果如表 3 - 7 中的列 （3）、列 （4）、列 （5） 和列 （6） 所示，列 （3） 是基于 FGLS 的回归结果，与前述研究结论相比无显著差异，表 3 - 7 中的列 （4）、列 （5） 和列 （6） 是系统 GMM 估计结果，依然稳健，表明基准模型回归结果受极端异常值的影响很小。

表 3 - 7 稳健性检验结果

解释变量	内生性处理	调整样本	剔除极端异常值			
	（1）	（2）	（3）	（4）	（5）	（6）
	IV - 2SLS	FGLS	FGLS	SYS	SYS	SYS
$L.\,mi$				0.271 *** (0.082)	0.175 * (0.091)	0.273 *** (0.079)
$infras$	0.035 * (0.020)	0.014 (0.009)	0.025 ** (0.011)	0.011 ** (0.005)	0.069 ** (0.027)	0.066 ** (0.027)
$trade$	-0.071 *** (0.012)	-0.037 *** (0.014)	-0.033 ** (0.013)	-0.016 ** (0.006)	-0.045 *** (0.016)	-0.017 *** (0.007)
$trade^2$	0.009 *** (0.002)	0.005 *** (0.002)	0.005 *** (0.002)	0.003 *** (0.001)	0.006 *** (0.002)	0.003 *** (0.001)
$edns$	-0.032 ** (0.013)	-0.054 *** (0.017)	-0.051 *** (0.015)	-0.033 *** (0.005)	0.276 * (0.148)	-0.003 (0.012)
$pdns$	0.003 (0.018)	0.042 *** (0.013)	0.036 ** (0.016)	0.024 *** (0.007)	-0.004 (0.014)	0.116 ** (0.050)
$edns \times infras$					-0.166 ** (0.079)	
$pdns \times infras$						-0.084 ** (0.042)
fdi	0.001 (0.001)	0.001 (0.001)	0.000 (0.001)	-0.000 (0.001)	0.001 (0.001)	-0.000 (0.001)
rd	0.008 ** (0.004)	0.016 *** (0.004)	0.008 ** (0.004)	0.006 *** (0.002)	0.015 *** (0.004)	0.010 *** (0.003)

续表

解释变量	内生性处理	调整样本	剔除极端异常值			
	（1）	（2）	（3）	（4）	（5）	（6）
	IV – 2SLS	FGLS	FGLS	SYS	SYS	SYS
ind	0.053 ** (0.025)	0.034 (0.032)	0.010 (0.026)	0.003 (0.009)	0.085 ** (0.039)	0.026 (0.018)
kl	0.282 *** (0.037)	0.031 (0.031)	0.047 * (0.027)	0.023 * (0.014)	– 0.050 (0.038)	– 0.013 (0.023)
hc	– 0.007 *** (0.002)	– 0.005 *** (0.002)	– 0.004 *** (0.001)	– 0.002 ** (0.001)	– 0.006 *** (0.002)	– 0.003 *** (0.001)
常数项	0.298 *** (0.024)	0.238 *** (0.027)	0.269 *** (0.023)	0.283 *** (0.028)	0.167 *** (0.062)	0.203 *** (0.048)
样本量	697	680	697	656	656	656
第一阶段 F 值	50.47					
第二阶段 F 值	13.17					
Sargan 检验	0.053			0.059	0.048	0.058
AR（1）检验				0.000	0.000	0.000
AR（2）检验				0.547	0.301	0.681

注：括号内为稳健标准误，***、**、* 分别表示在 1%、5%、10% 的显著性水平上显著，SYS 表示系统 GMM 的两步估计。Sargan 检验、AR（1）检验、AR（2）检验报告的是 P 值。

第六节　本 章 小 结

本章运用相对价格法，利用七类商品的消费价格指数测算长三角商品市场一体化指数；采用长三角城市职工平均工资来测算劳动力市场一体化指数；由于地级城市层面缺少直接可用的资本价格指标数据，资本市场一体化指数则基于 C – D 生产函数估计资本要素弹性并计算资本边际产出，在此基础上测算资本市场一体化指数，并从商品市场一体化、资本市场一体化、劳动力市场一体化三个方面构建长三角一体化综合指数，利用长三角一体化综合指数测算结果，对长三角一体化发展的动态趋势特征、空间差异及其空间演化成因进行研究。

从市场一体化时间变化趋势上看，无论是商品市场一体化指数、要素市场一体化指数，还是市场一体化综合指数，均在波动中呈现上升趋势。商品市场一体化指数和要素市场一体化指数呈现同向变化趋势，两者之间呈现出相互促进的关系。长三角要素市场一体化指数明显低于商品市场一体化指数，尤其是长三角劳动力市场一体化明显滞后，劳动力市场一体化提升缓慢，严重制约了长三角一体化提升进程。

从长三角城市一体化的空间差异来看，长三角一体化水平的地区差距整体上有收敛趋势，外围区一体化差异最小，扩展区一体化差异最大，核心区一体化内部差异居于两者之间。从长三角一体化空间差异的来源来看，同一地区内部一体化差距不是主要来源，长三角三省一市之间市场一体化差距，以及核心区、扩展区和外围区之间市场一体化差距才是长三角区域市场一体化空间非均衡分布的主要来源。

长三角市场一体化影响因素的实证研究结果显示，交通通达水平对长三角市场一体化有显著促进作用，贸易开放度对长三角市场一体化有先抑制后促进的"U"形动态影响效应，外商投资对长三角市场一体化的影响效应不显著，经济密度对长三角市场一体化有显著负面影响，人口密度对长三角市场一体化有积极影响，经济密度和人口密度削弱了交通通达条件对长三角市场一体化的促进作用。基于不同视角进行内生性处理和稳健性检验后，上述实证研究结论依然成立。

因此，在推进长三角商品市场一体化建设的同时，要加快提升长三角资本市场一体化和劳动力市场一体化建设，及早补足长三角要素市场一体化发展滞后的短板。进一步完善长三角区域交通基础设施，提升不同省级行政区之间，以及长三角核心区、扩展区和外围区等不同层区之间的交通通达水平，优化区域经济发展的空间格局和人口布局，促进区域城市间产业分工与协作，缓解经济密度过高对区域市场一体化的不利影响，缩小长三角省级行政区之间及核心区、扩展区和外围区之间的市场一体化差距。在构建双循环发展格局下，加快推进长三角统一大市场建设，增强本土企业竞争优势和本土市场开发，充分释放区域大规模市场容量的潜力，扩大本地市场效应，为长三角本土企业提供更为广阔的成长空间，同时增强对全球先进企业和资源的强大吸引力，统筹利用国内、国际两个市场、两种资源来畅通国内大循环，促进国内、国际双循环，实现区域更高水平开放和更高质量的发展。

第四章 长三角环境治理评价及其时空分异特征

本章从工业污染治理、生活污染治理和生态环境建设三个维度构建城市环境治理综合评价指标体系，并运用全局熵值法测算了长三角环境治理指数，分析了长三角环境治理动态趋势、地区差异及其空间演化特征，进一步研究了长三角一体化与环境治理的耦合协调发展趋势与特征。

第一节 引 言

环境治理一般是指通过合理地人为干预来减轻人类活动对环境的破坏，环境治理水平的高低可以通过环境污染程度来加以判断和识别。环境污染排放包括空气污染、水污染和固体废弃物污染等方面，衡量污染排放的指标有污染排放总量、污染排放浓度、人均污染排放水平和综合污染指数四类，现有研究大多从中选取某种污染排放总量指标（盛斌和吕越，2012；黄娟和汪明进，2017；尤济红和陈喜强，2019；陈林和肖倩冰，2020）来衡量。如果对若干地区或城市环境治理水平进行比较研究，就必须要考虑地区经济总量或城市规模大小等经济总量因素的影响，因此在实证研究中，一些文献倾向使用人均污染排放量或单位增加值的污染排放量即污染排放强度来衡量（石大千等，2018；张可，2020；卢洪友和张奔，2020）。也有文献同时使用多种污染排放指标加以衡量，比如胡求光和周宇飞（2020）分别利用人均工业废水排放量、人均工业二氧化硫排放量、工业固体废弃物综合利用率和生活污水处理率来衡量环境治理成效,余泳泽和段胜岚(2022)则使用单位 GDP 的工业二氧化硫排放量、单位 GDP 的工业烟尘排放量和单位 GDP 的工业废水排放量作为衡量各地级市环境污染的指标。

城市环境治理是一项复杂的系统工程,环境治理并非仅包含工业污染的治理,且工业污染还包含工业废水、废气和固定废弃物等,环境治理还包括生活污染治理、生态环境建设和人居环境建设等,使用单一污染物排放强度指标对环境治理反映不够全面,不利于对城市环境治理进行整体评价。因此,一些文献不再局限于使用单一污染物排放指标或少数污染物排放指标来衡量环境治理水平,而是运用多元化环境指标对环境治理水平进行综合评价(李强,2017;胡宗义和李毅,2019;孔晴,2019;杨清可等,2021)。相关文献在综合评价方法上有不同选择,余东升等(2021)基于工业烟(粉)尘、工业废水和工业二氧化硫 3 种污染物排放数据,运用熵值法构建污染排放综合指数。侯等(Hou et al.,2021)使用压力—状态—反应(PSR)模型,将全局主成分分析和熵权方法相结合,综合评价长三角地区环境治理绩效及其时空分异特征。甘甜和王子龙(2018)利用城市环境治理的投入和产出数据,运用超效率DEA 模型计算 2010~2014 年长三角城市环境治理效率。汤旖璆和施洁(2019)运用 DEA 方法对环境治理效率进行测度,选取废气治理设施套数和废水治理设施套数作为环境治理投入指标,选取工业二氧化硫排放量和工业废水排放量指标作为产出指标。需要指出的是,《中国城市统计年鉴》等相关统计年鉴均不再提供 2015 年以后地级城市环境污染治理投入费用、环境污染治理投资额和工业污染去除量等统计指标数据,如果基于环境污染治理的投入产出数据,利用 DEA 方法来测算近年来城市环境治理效率,在相关统计指标的数据获取上受到了很大限制。

随着长三角一体化上升为国家战略,长三角全域 41 个地级以上城市都纳入区域一体化范围,经济地理格局发生深刻调整与变化,从而对长三角环境治理产生影响。2019 年 11 月,《长三角生态绿色一体化发展示范区总体方案》正式发布，并提出了共建绿色一体化发展示范区的目标。长三角一体化示范区成为长三角城市环境治理一体化的"试验田"，为长三角城市环境治理一体化建设提供示范和制度创新经验，这将大大推进长三角区域环境协同治理，促进长三角城市环境治理一体化建设的深度与广度不断延伸。因此，本章在借鉴上述相关文献研究成果的基础上，从工业污染治理、生活污染治理和生态环境建设三个不同维度选取合适的统计指标，构建长三角城市环境治理综合评价指标体系，运用全局熵权法对长三角城市环境治理进行动态评价。

第二节　长三角环境治理综合评价

一、环境治理综合评价方法

考虑相关统计指标的系统性、相关性、有效性和数据可得性等指标选取原则，本书从工业污染治理、生活污染治理和生态环境建设三个维度构建综合评价指标体系，具体内容如表 4 - 1 所示，其中工业污染治理指标主要包括工业二氧化硫排放强度、工业废水排放强度、烟尘排放强度及工业固体废物综合利用率，生活污染治理指标主要包括城镇生活污水处理率和生活垃圾无害化处理率，生态环境建设选取人均公园绿地面积和建成区绿化覆盖率两个指标。

表 4 - 1　　　　　　长三角环境治理综合评价指标体系

系统层	准则层	指标层	单位	指标属性
长三角环境治理指数	工业污染治理	单位工业增加值二氧化硫排放量	吨/万元	逆向指标
		单位工业增加值工业废水排放量	吨/万元	逆向指标
		单位工业增加值烟尘排放量	吨/万元	逆向指标
		工业固体废物综合利用率	%	正向指标

系统层	准则层	指标层	单位	指标属性
长三角环境治理指数	生活污染治理	城镇生活污水处理率	%	正向指标
		生活垃圾无害化处理率	%	正向指标
	生态环境建设	人均公园绿地面积	平方米/人	正向指标
		建成区绿化覆盖率	%	正向指标

构建了上述城市环境治理综合评价指标体系，需要确定各指标所占权重，指标权重的确立方法包括主观赋权法和客观赋权法两大类。主观赋权法主要有德尔菲（Delphi）法、模糊综合评价法（FCE）、层次分析法（AHP）和网络分析法（ANP）等，客观赋权法主要包括熵权法、主成分分析法、因子分析法、数据包络分析法（DEA）、灰色关联度法、优劣解距离法（TOPSIS）等。上述两种赋权方法各有优缺点，研究者需要综合考虑研究对象、研究目标及可得数据特征等因素，对上述方法进行权衡择优。熵权法是一种客观赋权法，依据指标数据的离散程度即信息熵来确定指标权重，如果指标数据离散程度小，信息熵越大，那么该指标所占的权重就小。熵权法既能克服层次分析法和专家打分法等主观赋权方法的主观随意性，同时还可以避免主成分分析法等存在的信息损失问题，也有利于解决不同指标数据间的信息重叠问题（邓宗兵等，2020）。

借鉴王展昭和唐朝阳（2020）、段秀芳和沈敬轩（2021）的研究方法，本书拟运用全局熵权法对长三角城市环境治理水平进行动态综合评价，具体的测算步骤如下：

（1）构建初始全局评价矩阵

假设有 m 个评价对象，每个评价对象包含 n 个评价指标，有 T 个年份，第 t 年第 i 个评价对象的第 j 个指标值为 x_{ij}^t，则构建初始全局评价矩阵 X 如公式（4-1）所示：

$$X = \left\{ x_{ij}^t \right\}_{mT \times n} \tag{4-1}$$

（2）指标正向化和数据无量纲化处理

由于各指标属性和数据量纲量级不同，为避免数据量纲和指标正负性质取向的干扰，采用极值标准差方法对原始数据矩阵进行无量纲化处理。为消除负数和零值的影响，同时进行数据平移处理。正向指标和负向指标的标准化公式分别如公式（4-2）和公式（4-3）所示：

$$y_{ij}^t = \frac{x_{ij}^t - x_{j\min}}{x_{j\max} - x_{j\min}} + 0.0001 \; , \quad i = 1, \; 2, \; \cdots, \; m \, ;$$
$$j = 1, \; 2, \; \cdots, \; n \, ; \quad t = 1, \; 2, \; \cdots, \; T \qquad (4-2)$$

$$y_{ij}^t = \frac{x_{j\max} - x_{ij}^t}{x_{j\max} - x_{j\min}} + 0.0001 \; , \quad i = 1, \; 2, \; \cdots, \; m \, ;$$
$$j = 1, \; 2, \; \cdots, \; n \, ; \quad t = 1, \; 2, \; \cdots, \; T \qquad (4-3)$$

（3）计算熵值，如公式（4-4）所示：

$$e_j = -k \sum_{t=1}^{T} \sum_{i=1}^{m} p_{ij}^t \ln p_{ij}^t \qquad (4-4)$$

其中，e_j 为第 j 项指标的熵值，$0 \leqslant e_j \leqslant 1$；$p_{ij}^t = \dfrac{y_{ij}^t}{\sum\limits_{t=1}^{T} \sum\limits_{i=1}^{m} y_{ij}^t}$，$p_{ij}^t$ 为第 t 年

第 i 个地区在第 j 项指标下所占比重；$k = \dfrac{1}{\ln(mT)}$。

（4）计算各指标的权重，如公式（4-5）所示：

$$w_j = (1 - e_j) \Big/ \sum_{j=1}^{n} (1 - e_j) \qquad (4-5)$$

其中，w_j 为第 j 项指标权重，$0 \leqslant w_j \leqslant 1$，且 $\sum\limits_{j=1}^{n} w_j = 1$。$(1 - e_j)$ 也被称为差异化系数，常记为 g_j，该值越大，表示指标越重要。

（5）计算综合评价得分，如公式（4-6）所示：

$$s_i = \sum_{j=1}^{n} w_j y_{ij}^t \qquad (4-6)$$

其中，s_i 为综合评价得分，w_j 为指标权重。

二、环境治理指数测算结果分析

基于上述长三角城市环境治理综合评价指标体系，运用全局熵值法

测算长三角城市环境治理指数，2003～2019 年长三角各城市环境治理指数测算结果如表 4 - 2 所示，并从中总结出以下几个动态变化趋势与特征。

表 4 - 2　　　　　　　　长三角城市环境治理指数测算结果

城市	2003 年	2006 年	2009 年	2012 年	2015 年	2017 年	2019 年
上海市	0.5132	0.5282	0.5017	0.5881	0.5835	0.6732	0.7083
常州市	0.4512	0.5285	0.5618	0.6351	0.6501	0.7339	0.7161
淮安市	0.3957	0.5435	0.5489	0.6142	0.6599	0.7165	0.7227
连云港市	0.4806	0.4927	0.5502	0.6081	0.6432	0.6964	0.7269
南京市	0.5048	0.5977	0.5779	0.6534	0.6671	0.7403	0.7589
南通市	0.4886	0.5552	0.5850	0.6888	0.7331	0.8505	0.8820
苏州市	0.5112	0.5624	0.6651	0.6991	0.6831	0.7373	0.7359
宿迁市	0.3985	0.4993	0.5515	0.5821	0.6710	0.6934	0.7165
泰州市	0.3649	0.5034	0.4965	0.5751	0.5716	0.7112	0.7454
无锡市	0.4249	0.5665	0.5983	0.6737	0.6686	0.7369	0.7670
徐州市	0.3889	0.4026	0.5180	0.5726	0.5916	0.6318	0.6514
盐城市	0.5062	0.5220	0.5962	0.6378	0.6742	0.7351	0.7666
扬州市	0.4993	0.6341	0.6788	0.7244	0.7307	0.7798	0.8117
镇江市	0.4406	0.5585	0.6115	0.7032	0.7161	0.7820	0.7769
杭州市	0.5577	0.6559	0.7355	0.7630	0.7546	0.7761	0.8217
湖州市	0.4647	0.5172	0.6264	0.7351	0.7508	0.8311	0.8710
嘉兴市	0.5005	0.4841	0.5615	0.6428	0.6460	0.7265	0.7887
金华市	0.5746	0.6245	0.6675	0.6972	0.7251	0.7581	0.8047
丽水市	0.5901	0.5916	0.6947	0.7490	0.7783	0.7937	0.8366
宁波市	0.5571	0.5654	0.6430	0.6981	0.7035	0.7587	0.8195
衢州市	0.4895	0.6311	0.6771	0.7328	0.7812	0.8055	0.8925
绍兴市	0.5966	0.6627	0.6926	0.7405	0.7184	0.7713	0.8393

城市	2003 年	2006 年	2009 年	2012 年	2015 年	2017 年	2019 年
台州市	0.4242	0.5144	0.6724	0.7373	0.7488	0.8022	0.8636
温州市	0.4789	0.5273	0.5593	0.7500	0.7805	0.8011	0.8358
舟山市	0.5194	0.5981	0.7839	0.8169	0.7850	0.8848	0.9003
安庆市	0.4169	0.5073	0.6020	0.6330	0.7211	0.7500	0.8340
蚌埠市	0.3297	0.3948	0.4433	0.5677	0.6330	0.6442	0.6904
亳州市	0.3355	0.3356	0.4962	0.5862	0.6357	0.6334	0.7161
池州市	0.5660	0.6203	0.7141	0.7771	0.8152	0.8357	0.8543
滁州市	0.3844	0.4158	0.4972	0.6698	0.6687	0.7122	0.8349
阜阳市	0.3545	0.3768	0.4459	0.5640	0.6017	0.6215	0.7595
合肥市	0.5097	0.5358	0.5935	0.6146	0.6434	0.6808	0.7041
淮北市	0.3185	0.4185	0.5038	0.6323	0.6609	0.6722	0.7102
淮南市	0.3305	0.4434	0.5284	0.6151	0.6219	0.6333	0.6765
黄山市	0.5661	0.7050	0.7787	0.7840	0.7973	0.8509	0.8719
六安市	0.3556	0.4846	0.5538	0.6709	0.7184	0.7711	0.8007
马鞍山市	0.5051	0.6023	0.5565	0.6970	0.6663	0.7271	0.7449
宿州市	0.2280	0.3226	0.4142	0.5097	0.5955	0.6409	0.6524
铜陵市	0.3992	0.5232	0.5093	0.6241	0.6789	0.7594	0.7344
芜湖市	0.3963	0.4126	0.4964	0.6432	0.6251	0.6746	0.6918
宣城市	0.4193	0.4907	0.5070	0.6642	0.7433	0.8084	0.8315

（一）长三角城市环境治理水平呈波动上升趋势

自 2003 年以来，长三角城市环境治理指数整体上呈现出不断提高的变化趋势（见图 4-1），长三角城市环境治理指数从 2003 年的 0.45 提升到 2019 年的 0.78，尤其是自 2015 年以来，长三角城市环境治理指数上升较快，出现了明显的加速提升趋势，表明自 2015 年史上最严新环境保护法实施以来，长三角区域环境治理取得了明显成效。

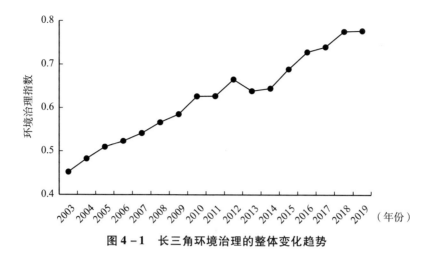

图 4-1 长三角环境治理的整体变化趋势

（二） 长三角城市环境治理进展不均衡

图 4-2 描绘了长三角 41 个地级以上城市环境治理指数的变化趋势，所有城市的环境治理水平均呈现出持续上升的变化趋势，但是不同城市环境治理进展不均衡。滁州市、六安市、台州市、宿州市、安庆市、宣城市、湖州市、阜阳市、衢州市、南通市、淮北市、舟山市、亳州市、泰州市、蚌埠市、温州市等城市环境治理水平有较大提升和改进，这些城市 2019 年的环境治理指数至少比 2003 年提高了 0.35 以上，其中滁州市环境治理指数提升最快，由 2003 年的 0.38 （第 33 位）上升至 2019 年的 0.84 （第 11 位），尽管少数城市现阶段环境治理水平不高，但是相对于过去而言有了很大改进，比如宿州市，2003 年环境治理指数只有 0.23，2019 年环境治理指数达到了 0.65，环境治理指数提高了 0.42。上海市、合肥市、马鞍山市、金华市、苏州市、南京市、丽水市、连云港市、绍兴市、杭州市、徐州市、宁波市、常州市、盐城市、池州市、嘉兴市等城市环境治理指数提升较慢，这与这些城市初始环境治理水平大多数居于较高水平有关，以上海市为例，该市环境治理指数由 2003 年的 0.51 上升至 2019 年的 0.71，城市环境治理指数仅提高了 0.2。总体上看，长三角城市环境治理进展不均衡，长三角外围区城市和扩展区城

市环境治理提升较快，而中心区城市环境治理提升较慢，即初始环境治理水平低的城市进展更快，反映了城市环境治理中"低悬的果实"更易被成功摘取的事实。

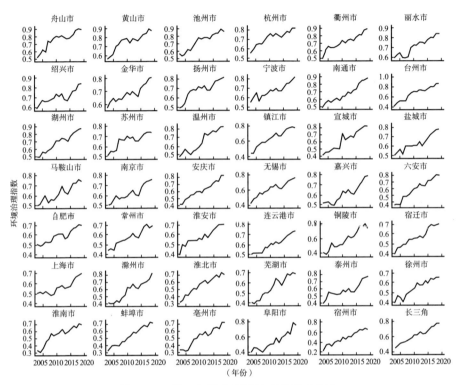

图4-2　长三角城市环境治理的动态变化

（三）长三角城市环境治理存在明显的地区差异

长三角三省一市环境治理指数的动态变化如图4-3所示，浙江省城市环境治理指数提升较快，明显高于上海市、江苏省和安徽省的城市环境治理指数；江苏省城市环境治理指数处于平稳上升态势，安徽省城市环境治理指数保持了较快的上升趋势，尤其是近几年来上升较快，不断缩小了与江苏省环境治理指数的差距；近几年城市环境治理指数也有了较快提升，上海市环境治理指数有较大波动，且提升速度缓慢，上海市环境治理指数相继被江苏省和安徽省城市环境治理指数超越。

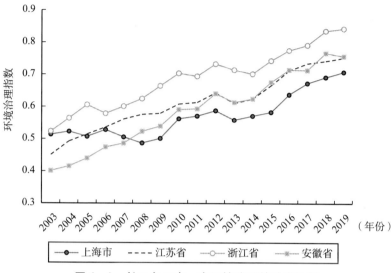

图 4 - 3　长三角三省一市环境治理的动态比较

长三角核心区、扩展区和外围区城市环境治理指数的动态变化如图4 - 4 所示，核心区、扩展区和外围区城市环境治理指数均有明显的提升趋势，外围区城市环境治理指数最低，扩展区与核心区城市环境治理指数的差距越来越小，尤其是2015 年以来，扩展区城市环境治理指数开始赶超核心区环境治理指数。

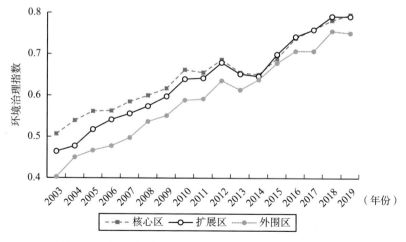

图 4 - 4　长三角核心区、扩展区和外围区环境治理比较

第三节　长三角环境治理的
空间演化特征

长三角环境治理空间分布动态的两个明显特点，一是随着时间的推移，着色加深的区域范围不断扩大，表明随着长三角一体化的推进，长三角城市环境治理水平不断提升并呈现出良性空间蔓延的趋势；二是长三角南部城市环境治理水平整体上高于长三角北部城市，长江沿岸城市环境治理水平虽然有所提升，但是与浙江省城市和皖西南城市相比，长江沿岸的一些核心城市环境治理仍有一定差距，这与长江沿岸城市工业集聚尤其是化工产业集聚有关。

一、长三角环境治理的空间相关性分析

（一）探索性空间统计分析

探索性空间数据分析（ESDA）是用来描述数据空间分布特征并加以可视化，以识别经济活动的空间关联性和空间聚集性（Anselin，1995），全局空间自相关和局部空间自相关是 ESDA 中最常用的两种方法。空间自相关是指样本的变量观测值与其空间滞后之间的相关性，一般使用全域莫兰指数（Global Moran's I）进行计算和检验，具体计算如公式（4-7）所示：

$$Global\ Moran'I = \frac{\sum_{i=1}^{n}\sum_{j=1}^{n}W_{ij}(y_i-\bar{y})(y_j-\bar{y})}{S^2\sum_{i=1}^{n}\sum_{j=1}^{n}W_{ij}} \quad (4-7)$$

其中，S^2 是样本方差，n 为地区总数，y_i 和 y_j 分别代表 i 城市和 j 城市的环境治理指数，$\bar{y}$ 为城市环境治理指数的算术平均值，W_{ij} 是空间权

重，本章使用空间邻接权重矩阵进行估计，如两个空间单元相邻，赋值为1，反之则赋值为0，一般来说，Moran's I指数的取值范围为［-1，1］，可运用P值或Z统计量进行显著性检验，如果指数显著为正，表示经济活动呈现正向空间自相关或具有空间集聚分布特征，如果指数显著为负，表示经济活动呈现负向空间自相关，即在空间上呈现离群分布或随机分布特征。

局部空间自相关可运用局域Moran散点图进行可视化识别，散点图将样本对象区分为四个象限的空间聚集模式，第一、第二、第三、第四象限分别代表H-H（高—高）集聚区、L-H（低—高）集聚区、L-L（低—低）集聚区、H-L（高—低）集聚区四种空间相关类型，位于第一、第三象限的城市存在空间相似聚集，位于第二、第四象限的城市存在异质性空间聚集，也可以将Moran散点图和局部空间关联指数（LISA）相结合，对研究对象的空间分布模式进行判断分析。局部Moran's I的计算如公式（4-8）所示：

$$Moran'I = \frac{(y_i - \bar{y})}{S^2} \sum_{j=1}^{n} W_{ij}(y_j - \bar{y}) \qquad (4-8)$$

（二）长三角环境治理的空间分布特征

首先，构建长三角城市邻接空间权重矩阵，计算2003~2019年长三角城市环境治理指数的全局Moran's I指数，计算结果如表4-3所示，各年Moran's I指数均显著为正，说明长三角城市环境治理整体上存在正向空间相关性，表现出明显的空间依赖性特征。

表4-3　　　　长三角环境治理指数的全局Moran's I指数

年份	Moran's I	E（I）	Sd（I）	Z	P-value
2003	0.522	-0.025	0.101	5.434	0.000
2004	0.609	-0.025	0.101	6.254	0.000

续表

年份	Moran's I	E (I)	Sd (I)	Z	P-value
2005	0.661	−0.025	0.101	6.771	0.000
2006	0.520	−0.025	0.101	5.421	0.000
2007	0.456	−0.025	0.101	4.780	0.000
2008	0.366	−0.025	0.100	3.892	0.000
2009	0.443	−0.025	0.101	4.645	0.000
2010	0.484	−0.025	0.101	5.030	0.000
2011	0.429	−0.025	0.100	4.524	0.000
2012	0.499	−0.025	0.101	5.186	0.000
2013	0.551	−0.025	0.101	5.688	0.000
2014	0.418	−0.025	0.101	4.381	0.000
2015	0.419	−0.025	0.101	4.379	0.000
2016	0.428	−0.025	0.102	4.457	0.000
2017	0.470	−0.025	0.101	4.894	0.000
2018	0.457	−0.025	0.102	4.750	0.000
2019	0.442	−0.025	0.102	4.598	0.000

　　下面结合 Moran 散点图进一步识别分析长三角城市环境治理的空间分布特征（见图 4 - 5），随着时间的推移，位于高—高象限区域和低—低象限区域的城市数量呈增加的趋势，位于高—低象限区域和低—高象限区域的城市数量呈下降的趋势，显示出大多数城市在环境治理水平上呈现空间集聚分布特征，即环境治理水平高（低）的城市与其他环境治理水平高（低）的城市空间相邻，表明长三角城市环境治理具有很强的空间依赖性。

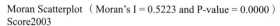

Moran Scatterplot （Moran's I = 0.5223 and P-value = 0.0000）
Score2003

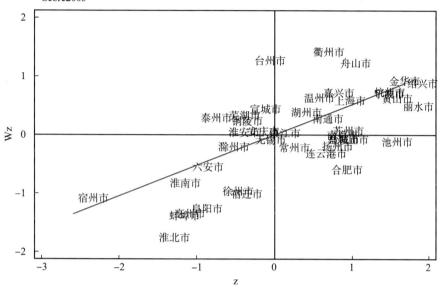

Moran Scatterplot （Moran's I = 0.4288 and P-value = 0.0000）
Score2011

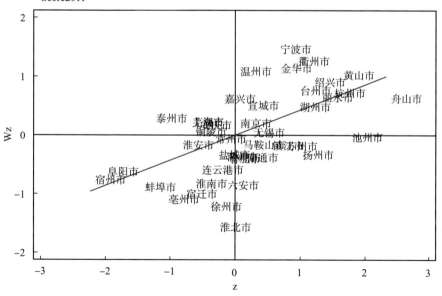

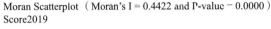

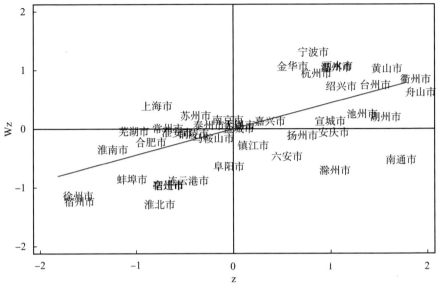

图 4-5 长三角环境治理莫兰散点图 (2003 年、2011 年和 2019 年)

二、长三角环境治理的空间差异来源分解

采用达古姆（Dagum，1997）提出的基尼系数分解方法，分析长三角城市环境治理水平的地区差异，并将总体差距分解为地区间差距、地区内差距和超变密度，分解结果如表 4-4 所示。长三角城市环境治理指数的总体基尼系数整体上呈现出不断下降趋势，从 2003 年的 0.107 下降至 2019 年的 0.051，表明长三角城市环境治理水平的地区差距有不断缩小的变化趋势。从长三角三省一市环境治理的地区差异来源分解来看，三省一市之间基尼系数对总体基尼系数的年贡献率为 51%，三省一市地区内基尼系数对总体基尼系数的年贡献率为 26%，超变密度对总体基尼系数的年贡献率为 23%，可见三省一市之间环境治理的差距是长三角城市环境治理空间差异的主要来源。从长三角核心区、扩展区与外围区城市环境治理的地区差异来源分解来看，地区间基尼系数对总体基尼系数的年均贡献率为 32%，地区间基尼系数的贡献率呈上升趋势，地区内基

尼系数对总体基尼系数的平均贡献率为29%，地区内基尼系数的贡献率呈下降趋势，超变密度对总体基尼系数的平均贡献率为39%，上述结果表明，按长三角核心区、扩展区与外围区进行划分，地区间差距仍然是长三角城市环境治理地区差异的主要来源。

表4－4　　　　　　　　长三角环境治理的地区差异来源分解

年份	总体基尼系数	贡献率Ⅰ（%）			贡献率Ⅱ（%）		
		地区间	地区内	超变密度	地区间	地区内	超变密度
2003	0.1068	0.5528	0.2625	0.1846	0.2957	0.4576	0.2467
2004	0.1022	0.6646	0.2266	0.1088	0.3138	0.3572	0.3290
2005	0.1032	0.6802	0.2190	0.1008	0.3080	0.3765	0.3155
2006	0.0948	0.4680	0.2837	0.2483	0.3097	0.3755	0.3148
2007	0.0942	0.5087	0.2719	0.2195	0.3141	0.3700	0.3159
2008	0.0814	0.5080	0.2657	0.2264	0.3251	0.2921	0.3828
2009	0.0858	0.5432	0.2523	0.2044	0.3227	0.2871	0.3902
2010	0.0782	0.4806	0.2625	0.2569	0.3169	0.3272	0.3558
2011	0.0669	0.5067	0.2650	0.2284	0.3214	0.3385	0.3400
2012	0.0601	0.4877	0.2563	0.2560	0.3191	0.2849	0.3960
2013	0.0686	0.4931	0.2524	0.2545	0.3245	0.2161	0.4594
2014	0.0560	0.4561	0.2590	0.2849	0.3400	0.0741	0.5859
2015	0.0522	0.4821	0.2601	0.2577	0.3340	0.1358	0.5301
2016	0.0459	0.4276	0.2693	0.3031	0.3233	0.2396	0.4371
2017	0.0512	0.4557	0.2763	0.2680	0.3099	0.3201	0.3700
2018	0.0498	0.5253	0.2629	0.2119	0.3298	0.2178	0.4524
2019	0.0505	0.4849	0.2568	0.2582	0.3237	0.2572	0.4191
平均	0.0734	0.5132	0.2590	0.2278	0.3195	0.2899	0.3906

注：贡献率Ⅰ是针对三省一市而言，贡献率Ⅱ是针对长三角核心区、扩展区和外围区而言。

第四节　长三角一体化与环境治理耦合协调度分析

一、耦合协调度模型

耦合在物理学中用来描述两个及以上子系统之间相互作用关系，耦合度（C）只是表示长三角环境治理（E）与长三角一体化（I）两个子系统之间相互作用程度的强弱，有可能出现两者均处于较低发展水平但是耦合度高的情况，因此为探讨长三角城市环境治理（E）与长三角一体化（I）两个子系统之间的耦合协调发展程度，引入能够衡量长三角城市环境治理（E）与长三角一体化（I）协调发展程度的耦合协调度模型，耦合协调度模型构建如公式（4-9）至公式（4-11）所示：

$$D = (C \times T)^{\frac{1}{2}} \tag{4-9}$$

$$C = \left[(E \times I) \Big/ \left(\frac{E+I}{2} \right)^2 \right]^{\frac{1}{2}} \tag{4-10}$$

$$T = \alpha \times E + \beta \times I \tag{4-11}$$

其中，D 为长三角一体化（I）与环境治理（E）之间耦合协调度，C 为两者耦合度，T 表示两个子系统的综合协调指数，且 $C \in [0, 1]$，α 和 β 为待定参数，通常根据各个子系统的重要性来确定，长三角环境治理（E）与一体化发展（I）对于长三角高质量发展而言，两者同样重要，因此本书取 $\alpha = \beta = 0.5$。参照赵文举和张曾莲（2022）的研究方法，采用均匀分布区间法将两个子系统之间的耦合协调度划分为 10 个等级，各等级的耦合协调度区间分布结果如表 4-5 所示。

表 4 – 5			耦合协调关系等级划分标准	
耦合协调度	耦合协调关系等级	耦合协调度	耦合协调关系等级
$0.0 < D \leq 0.1$	极度失调	$0.5 < D \leq 0.6$	勉强协调
$0.1 < D \leq 0.2$	严重失调	$0.6 < D \leq 0.7$	初级协调
$0.2 < D \leq 0.3$	中度失调	$0.7 < D \leq 0.8$	中级协调
$0.3 < D \leq 0.4$	轻度失调	$0.8 < D \leq 0.9$	良好协调
$0.4 < D \leq 0.5$	濒临失调	$0.9 < D \leq 1.0$	优质协调

二、长三角一体化与环境治理耦合协调演化

（一）长三角一体化与环境治理耦合协调的整体变化趋势

图 4 – 6 展示了长三角一体化与环境治理耦合协调度的整体变化趋势。长三角一体化与环境治理耦合协调度整体上呈现波动上升趋势，由 2003 年的 0.61 上升至 2019 年的 0.81，尤其是在 2018 年长三角一体化发展上升为国家战略后，长三角一体化与环境治理耦合协调度有了明显提升。

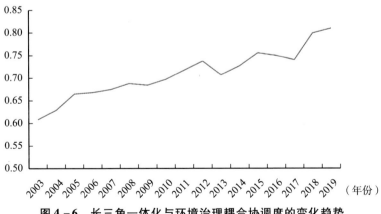

图 4 – 6　长三角一体化与环境治理耦合协调度的变化趋势

表 4 - 6 展示了 2003 ~ 2019 年长三角一体化与环境治理耦合协调度的演化趋势，从中可以看出，长三角一体化指数（I）、环境治理指数（E）及长三角一体化与环境治理耦合协调度（D）均呈现出不断上升的趋势。长三角一体化指数和环境治理指数值均较小，而耦合度（C）均大于 0.9，说明长三角一体化与环境治理具有明显的低发展、高耦合协调度的特点，但是由于长三角一体化水平偏低，长三角一体化指数长期滞后于环境治理指数，制约了系统耦合协调发展，导致长三角一体化与环境治理的综合协调指数（T）不高。随着长三角一体化水平不断提高，系统耦合协调度水平由初级协调上升到中级协调，2019 年长三角一体化与环境治理整体上进入良好耦合协调状态。

表 4 - 6   长三角一体化与环境治理耦合协调度的演化趋势

年份	长三角一体化（I）	环境治理（E）	耦合度（C）	综合协调指数（T）	耦合协调度（D）
2003	0.2446	0.4521	0.9775	0.3805	0.6086
2004	0.2493	0.4826	0.9795	0.4058	0.6290
2005	0.3676	0.5097	0.9857	0.4503	0.6650
2006	0.3475	0.5233	0.9845	0.4548	0.6681
2007	0.3292	0.5415	0.9819	0.4651	0.6747
2008	0.3695	0.5666	0.9811	0.4836	0.6880
2009	0.3695	0.5853	0.9731	0.4823	0.6842
2010	0.3848	0.6263	0.9670	0.5041	0.6973
2011	0.4134	0.6268	0.9799	0.5264	0.7174
2012	0.4305	0.6652	0.9783	0.5571	0.7377
2013	0.3103	0.6387	0.9683	0.5169	0.7068
2014	0.3753	0.6443	0.9789	0.5406	0.7270
2015	0.4664	0.6888	0.9813	0.5827	0.7558
2016	0.4449	0.7283	0.9666	0.5822	0.7498

续表

年份	长三角一体化（I）	环境治理（E）	耦合度（C）	综合协调指数（T）	耦合协调度（D）
2017	0.3891	0.7401	0.9557	0.5745	0.7405
2018	0.5841	0.7760	0.9801	0.6526	0.7994
2019	0.6209	0.7773	0.9838	0.6672	0.8098

（二）长三角城市一体化与环境治理耦合协调分析

表4-7展示了长三角各个城市市场一体化与环境治理耦合协调度，从中可以看出，2003年长三角城市市场一体化与环境治理基本上处于勉强协调和初级协调状态，到了2019年，长三角城市市场一体化与环境治理耦合协调关系大多提升到中级协调和良好协调状态，表明随着长三角一体化水平提高，长三角城市市场一体化与环境治理耦合协调发展得到了明显改善。

表4-7　　长三角城市一体化与环境治理耦合协调度的动态比较

城市	2003年	2006年	2009年	2012年	2015年	2017年	2019年
上海市	0.6357	0.6315	0.6747	0.7023	0.7087	0.6977	0.7494
南京市	0.6392	0.6781	0.6552	0.7387	0.7670	0.7288	0.7730
无锡市	0.6134	0.6735	0.7041	0.7112	0.7516	0.7053	0.8065
徐州市	0.6059	0.6356	0.6793	0.7211	0.7671	0.7031	0.8049
常州市	0.6183	0.6680	0.7074	0.7527	0.7397	0.7255	0.7846
苏州市	0.6287	0.6859	0.7084	0.7324	0.7381	0.7011	0.7906
南通市	0.6440	0.6938	0.6969	0.7543	0.7578	0.7650	0.8456
连云港市	0.6393	0.6663	0.6951	0.6923	0.7537	0.7263	0.8232
淮安市	0.5944	0.6879	0.6792	0.7223	0.7590	0.7157	0.7898
盐城市	0.5953	0.6927	0.6783	0.6946	0.7684	0.7462	0.8045
扬州市	0.6487	0.7194	0.7375	0.7895	0.7744	0.7298	0.8090

城市	2003 年	2006 年	2009 年	2012 年	2015 年	2017 年	2019 年
镇江市	0.6238	0.6991	0.6879	0.7406	0.7620	0.7834	0.8102
泰州市	0.5812	0.6935	0.6825	0.7029	0.7426	0.7271	0.8130
宿迁市	0.5682	0.6785	0.6754	0.7263	0.7540	0.7260	0.8014
杭州市	0.6255	0.7052	0.7329	0.7554	0.7798	0.7450	0.7954
宁波市	0.6539	0.6788	0.7051	0.7508	0.7560	0.7403	0.8114
温州市	0.6294	0.6594	0.6756	0.7562	0.7806	0.7465	0.8327
嘉兴市	0.6226	0.6341	0.6774	0.7287	0.7327	0.7412	0.8415
湖州市	0.5890	0.6750	0.6796	0.7509	0.7489	0.7696	0.8334
绍兴市	0.6383	0.7112	0.6907	0.7573	0.7288	0.7288	0.8051
金华市	0.6232	0.6845	0.6897	0.7428	0.7476	0.7607	0.8022
衢州市	0.6073	0.6983	0.6980	0.7409	0.7762	0.7741	0.8252
舟山市	0.6527	0.7095	0.7393	0.7718	0.7922	0.7787	0.8119
台州市	0.6133	0.6707	0.6795	0.7383	0.7530	0.7667	0.8228
丽水市	0.6513	0.6840	0.7121	0.7637	0.7673	0.7620	0.7993
合肥市	0.6413	0.6679	0.6884	0.7349	0.7707	0.7235	0.7938
芜湖市	0.5830	0.6269	0.6593	0.7439	0.7493	0.7143	0.7995
蚌埠市	0.5722	0.6279	0.6696	0.7156	0.7340	0.7170	0.7937
淮南市	0.5742	0.6273	0.6716	0.7375	0.7127	0.7576	0.8086
马鞍山市	0.6516	0.6713	0.6826	0.7510	0.7644	0.7452	0.8183
淮北市	0.5551	0.6186	0.6393	0.7346	0.7352	0.7465	0.8107
铜陵市	0.5921	0.6666	0.6773	0.6942	0.7336	0.7246	0.7894
安庆市	0.6003	0.6757	0.6742	0.7657	0.7748	0.7579	0.8465
黄山市	0.6106	0.7202	0.7342	0.7490	0.7873	0.7610	0.8109
滁州市	0.5855	0.6198	0.6494	0.7497	0.7743	0.7685	0.8278
阜阳市	0.5642	0.6172	0.6515	0.7414	0.7272	0.7180	0.8169
宿州市	0.5065	0.6069	0.6336	0.6557	0.7173	0.7187	0.7935
六安市	0.5813	0.6679	0.6615	0.7297	0.7701	0.7618	0.8056
亳州市	0.5461	0.6068	0.6739	0.7609	0.7571	0.7173	0.8057

续表

城市	2003 年	2006 年	2009 年	2012 年	2015 年	2017 年	2019 年
池州市	0.6432	0.7079	0.6953	0.8047	0.7972	0.7699	0.8537
宣城市	0.6011	0.6496	0.6493	0.7373	0.7765	0.7651	0.8423
平均	0.6086	0.6681	0.6842	0.7377	0.7558	0.7405	0.8098

　　为便于观察长三角城市市场一体化与环境治理耦合协调发展的进程，表4-8展示了2003~2019年长三角市场一体化与环境治理耦合协调度的城市分布情况，从表中可以发现，在样本研究期间，长三角地区没有出现市场一体化与环境治理濒临失调的城市，也没有出现优质协调的城市，多数城市处于初级协调和中级协调的状态，至2019年，长三角地区有29个城市市场一体化与环境治理耦合协调度等级上升到良好协调状态。

表4-8　　　　　　　　　长三角一体化与环境治理耦合协调发展进程

年份	濒临失调	勉强协调	初级协调	中级协调	良好协调	优质协调
2003	0	15	26	0	0	0
2004	0	9	32	0	0	0
2005	0	3	31	7	0	0
2006	0	0	35	6	0	0
2007	0	0	32	9	0	0
2008	0	0	28	13	0	0
2009	0	0	32	9	0	0
2010	0	0	23	18	0	0
2011	0	0	19	22	0	0
2012	0	0	4	36	1	0
2013	0	0	16	25	0	0
2014	0	0	7	34	0	0

年份	濒临失调	勉强协调	初级协调	中级协调	良好协调	优质协调
2015	0	0	0	41	0	0
2016	0	0	1	40	0	0
2017	0	0	1	40	0	0
2018	0	0	0	22	19	0
2019	0	0	0	12	29	0

注：表中耦合协调度等级下的数字表示相应等级的城市个数。

（三） 长三角一体化与环境治理耦合协调的地区比较分析

图 4-7 报告了长三角核心区、扩展区和外围区城市一体化与环境治理耦合协调度的发展走势。三个地区一体化与环境治理耦合协调度均呈上升趋势，且三个地区一体化与环境治理的耦合协调度差异越来越小。随着长三角一体化范围的扩大和一体化水平的提升，扩展区和外围区一体化与环境治理耦合协调度上升速度较快，相继赶上并超过核心区一体化与环境治理耦合协调度。

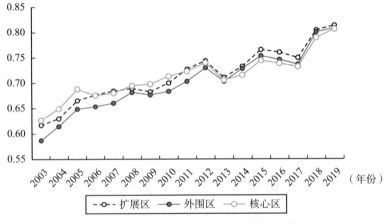

图 4-7　长三角一体化与环境治理耦合协调度的地区差异

（四）长三角子市场—体化与环境治理耦合协调度比较分析

表 4-9 展示了长三角商品市场—体化与环境治理耦合协调度的动态变化，从表中可以发现，长三角城市商品市场—体化与环境治理耦合协调度整体上呈现波动上升趋势，其平均值由 2003 年的 0.63 上升至 2019 年的 0.88。

表 4-9　　长三角城市商品市场—体化与环境治理耦合协调度

城市	2003 年	2006 年	2009 年	2012 年	2015 年	2017 年	2019 年
上海市	0.6590	0.6069	0.7009	0.8027	0.7959	0.7403	0.8049
南京市	0.6649	0.7131	0.6861	0.8168	0.9008	0.7545	0.8485
无锡市	0.6649	0.7331	0.7474	0.7756	0.8442	0.7339	0.9239
徐州市	0.6286	0.6672	0.7008	0.7801	0.8751	0.7006	0.8835
常州市	0.6542	0.6698	0.7222	0.8536	0.8461	0.7702	0.8705
苏州市	0.6597	0.7432	0.7425	0.8081	0.8294	0.7207	0.8810
南通市	0.6769	0.7126	0.7355	0.8222	0.8401	0.7869	0.9045
连云港市	0.6693	0.7150	0.6835	0.7485	0.8538	0.7301	0.9018
淮安市	0.6195	0.7430	0.6969	0.8224	0.8525	0.7262	0.8185
盐城市	0.6001	0.7258	0.7017	0.7381	0.8539	0.8042	0.8893
扬州市	0.6886	0.7441	0.7665	0.8478	0.8529	0.7491	0.8332
镇江市	0.6616	0.7582	0.6599	0.8187	0.8295	0.8429	0.9031
泰州市	0.5751	0.7278	0.7097	0.7938	0.8337	0.7805	0.8947
宿迁市	0.5926	0.7247	0.7267	0.8279	0.8186	0.7579	0.8615
杭州市	0.6233	0.7783	0.7909	0.8313	0.8862	0.7941	0.8363
宁波市	0.6623	0.7222	0.7445	0.8332	0.8485	0.7780	0.8726
温州市	0.6468	0.7157	0.7133	0.8533	0.8548	0.7492	0.8907
嘉兴市	0.6374	0.6533	0.7218	0.8240	0.8123	0.7637	0.9317
湖州市	0.6013	0.7078	0.7392	0.8382	0.8161	0.7988	0.9025
绍兴市	0.6455	0.7746	0.7525	0.8511	0.7703	0.6827	0.8441
金华市	0.6073	0.7527	0.7285	0.8453	0.8388	0.7725	0.8690

城市	2003 年	2006 年	2009 年	2012 年	2015 年	2017 年	2019 年
衢州市	0.5859	0.7624	0.7495	0.8237	0.8725	0.7970	0.8894
舟山市	0.6728	0.7496	0.7731	0.8069	0.8839	0.8035	0.8026
台州市	0.6260	0.7483	0.7197	0.7897	0.8156	0.7918	0.8615
丽水市	0.6802	0.7230	0.7330	0.8643	0.8468	0.7769	0.8376
合肥市	0.6854	0.7126	0.6879	0.7908	0.8686	0.7453	0.8620
芜湖市	0.6236	0.6553	0.6883	0.8294	0.8405	0.7259	0.8634
蚌埠市	0.5708	0.6511	0.6876	0.8166	0.8301	0.7744	0.8800
淮南市	0.5902	0.6849	0.7161	0.8017	0.8134	0.8013	0.8847
马鞍山市	0.6650	0.5993	0.7348	0.8598	0.8754	0.7675	0.9188
淮北市	0.5640	0.6527	0.6908	0.8108	0.8517	0.7912	0.9081
铜陵市	0.5748	0.7241	0.7021	0.7626	0.8355	0.7674	0.8999
安庆市	0.6111	0.7004	0.7062	0.8377	0.8591	0.7776	0.9281
黄山市	0.6271	0.7916	0.7338	0.8071	0.9028	0.7750	0.8887
滁州市	0.6105	0.6272	0.6426	0.8279	0.8756	0.8625	0.9020
阜阳市	0.6130	0.6743	0.7010	0.8248	0.8232	0.7819	0.9176
宿州市	0.5032	0.6369	0.6690	0.7075	0.8269	0.7543	0.8689
六安市	0.6328	0.7277	0.6308	0.8021	0.8734	0.7811	0.8724
亳州市	0.5752	0.6446	0.6638	0.8343	0.8536	0.7608	0.9081
池州市	0.6596	0.7365	0.7370	0.8873	0.8795	0.8151	0.9480
宣城市	0.6561	0.6906	0.7087	0.8071	0.8670	0.7999	0.9104
平均	0.6284	0.7069	0.7133	0.8152	0.8475	0.7704	0.8809

　　表 4－10 展示了长三角城市要素市场一体化与环境治理耦合协调度的动态变化，从表中可以发现，要素市场一体化与环境治理耦合协调度低于商品市场一体化与环境治理耦合协调度，长三角资本市场一体化与环境治理耦合协调度及劳动力市场一体化与环境治理耦合协调度整体上均呈现波动上升趋势，前者的平均值由 2003 年的 0.57 上升至 2019 年的 0.79，后者的平均值由 2003 年的 0.62 上升至 2019 年的 0.73。

表 4 – 10　　　长三角城市要素市场一体化与环境治理耦合协调度

城市	资本市场			劳动力市场		
	2003 年	2012 年	2019 年	2003 年	2012 年	2019 年
上海市	0.5820	0.6435	0.7269	0.6572	0.6152	0.7051
南京市	0.5973	0.7058	0.7571	0.6496	0.6687	0.6882
无锡市	0.5740	0.6858	0.7518	0.5893	0.6554	0.6859
徐州市	0.5465	0.7298	0.7847	0.6314	0.6298	0.7212
常州市	0.5667	0.7074	0.7578	0.6245	0.6528	0.6947
苏州市	0.6196	0.7020	0.7385	0.6029	0.6636	0.7224
南通市	0.5774	0.7534	0.8389	0.6644	0.6620	0.7797
连云港市	0.5759	0.6619	0.8030	0.6607	0.6545	0.7403
淮安市	0.5473	0.6523	0.8026	0.6090	0.6495	0.7424
盐城市	0.5797	0.6787	0.8016	0.6052	0.6595	0.6833
扬州市	0.5791	0.8086	0.8237	0.6636	0.6861	0.7654
镇江市	0.5611	0.7133	0.7412	0.6358	0.6638	0.7556
泰州市	0.5356	0.6491	0.8005	0.6230	0.6299	0.7139
宿迁市	0.5443	0.6683	0.8002	0.5647	0.6381	0.7251
杭州市	0.5995	0.7486	0.8073	0.6506	0.6560	0.7317
宁波市	0.5966	0.7171	0.7808	0.6921	0.6746	0.7687
温州市	0.5760	0.6910	0.8281	0.6564	0.6870	0.7650
嘉兴市	0.5908	0.6672	0.8026	0.6362	0.6572	0.7612
湖州市	0.5687	0.7026	0.8066	0.5954	0.6822	0.7748
绍兴市	0.6131	0.6990	0.7950	0.6541	0.6873	0.7711
金华市	0.6072	0.6784	0.8180	0.6519	0.6612	0.6883
衢州市	0.5779	0.7007	0.8118	0.6502	0.6710	0.7585
舟山市	0.5935	0.8022	0.8428	0.6814	0.6898	0.7874
台州市	0.5550	0.7375	0.8336	0.6476	0.6743	0.7642
丽水市	0.6058	0.6969	0.7877	0.6610	0.6898	0.7676
合肥市	0.5827	0.7471	0.7677	0.6434	0.6443	0.7348
芜湖市	0.5483	0.7095	0.7959	0.5691	0.6618	0.7199

城市	资本市场			劳动力市场		
	2003 年	2012 年	2019 年	2003 年	2012 年	2019 年
蚌埠市	0.5321	0.6406	0.7381	0.6065	0.6456	0.7363
淮南市	0.5158	0.7429	0.7862	0.6050	0.6419	0.7327
马鞍山市	0.6652	0.6788	0.8042	0.6219	0.6651	0.6805
淮北市	0.5217	0.7093	0.7529	0.5754	0.6586	0.7369
铜陵市	0.5575	0.6552	0.7374	0.6353	0.6459	0.6796
安庆市	0.5505	0.7681	0.8321	0.6309	0.6608	0.7516
黄山市	0.5827	0.7320	0.7991	0.6192	0.6944	0.7180
滁州市	0.5287	0.7243	0.8276	0.6066	0.6711	0.7260
阜阳市	0.5210	0.7333	0.7478	0.5463	0.6269	0.7486
宿州市	0.4770	0.6326	0.7706	0.5344	0.6157	0.7186
六安市	0.5304	0.7028	0.8247	0.5666	0.6624	0.6864
亳州市	0.5195	0.7655	0.7878	0.5391	0.6492	0.6679
池州市	0.5881	0.8203	0.8372	0.6725	0.6559	0.7365
宣城市	0.5391	0.7133	0.8298	0.5907	0.6717	0.7684
平均	0.5666	0.7092	0.7922	0.6225	0.6593	0.7318

第五节　本章小结

　　本章从工业污染治理、生活污染治理和生态环境建设三个维度构建了城市环境治理综合评价指标体系，运用全局熵值法测算了 2003 ～ 2019 年长三角 41 个地级以上城市环境治理指数，分析了长三角城市环境治理的动态趋势、地区差异及其空间演化特征，研究了长三角城市环境治理与一体化发展的耦合协调发展趋势与空间分异特征。

　　根据测算结果，主要得到以下研究发现：

　　一是在时间维度上，长三角城市环境治理指数整体上呈现出波动式上升的发展趋势，显示了长三角区域环境治理一体化建设的成效。其中，浙江省城市环境治理指数提升要快于上海市、江苏省和安徽省城市环境治理指数，外围区城市与核心区、扩展区城市环境治理指数的差距呈现不断缩小的趋势。

二是在空间维度上，长三角城市环境治理存在显著的空间相关性，同时又具有明显的空间差异性，三省一市的省级行政区之间，以及核心区、扩展区与外围区之间的城市环境治理差距是长三角环境治理空间差异的主要来源。

三是从长三角城市一体化与环境治理耦合协调关系的动态趋势看，长三角城市一体化与环境治理耦合协调关系得到明显改善，从细分市场一体化与环境治理耦合协调关系上看，长三角城市商品市场一体化与环境治理耦合协调关系优于资本市场一体化与环境治理耦合协调关系及劳动力市场一体化与环境治理耦合协调关系。

为进一步协同提升长三角城市一体化与环境治理水平，推进长三角区域一体化高质量发展，基于以上实证研究结论，提出以下几点政策建议：

第一，推进区域环境治理一体化体制机制创新，实现长三角全域一体化治理，重点推进省级行政区之间及核心区、扩展区与外围区之间的环境治理一体化建设，化解长三角城市环境治理空间分布不均衡和碎片化治理问题，实现区域环境质量同步提升。

第二，长三角城市环境治理存在梯度分布特征，不同城市环境治理有一定的共性问题，也有明显的地区差异性，要结合不同城市社会经济条件、地理地貌特征、产业分布和资源禀赋等特征，因地制宜探索区域环境协同治理模式和长效机制，实现区域环境质量的持续稳定改善。需要说明的是，本章只初步探索性研究了长三角一体化与环境治理之间的动态耦合协调关系，两者之间是否存在双向互动效应及其作用机制，有待后续章节开展进一步的计量实证研究加以验证。

第五章 长三角一体化对环境治理的影响效应研究

本章基于长三角全域 41 个地级以上城市面板数据，实证检验长三角一体化对城市环境治理的影响效应，并进一步考察产业结构升级、产业集聚和金融发展等因素在长三角一体化影响环境治理中的门槛效应特征。

第一节 引　言

党的二十大报告明确提出要深入推进环境污染防治工作，站在人与自然和谐共生的高度谋划发展，坚定不移走生产发展、生活富裕、生态良好的文明发展道路，实现中华民族永续发展。环境污染防治具有明显的外部性特征，必须突破地方行政边界壁垒，在更大的地理空间尺度上实施联防共治才是关键。但是，我国幅员辽阔，地区经济发展差异大，地方政府在市场化取向改革中形成较为严重的公司化倾向和"行政区经济"（刘志彪，2021），加剧了国内市场分割和碎片化环境治理。因此，必须突破行政区划壁垒和市场分割等限制，加快国内统一大市场建设，充分发挥国家级城市群的引领示范作用，大力促进区域经济与环境协调发展。

近年来，我国先后实施了京津冀协同发展、长江经济带发展、长三角一体化发展、粤港澳大湾区建设、黄河流域生态保护和高质量发展等区域重大发展战略，对推进环境质量提升和经济高质量发展发挥了重要的战略引领作用。从我国区域发展现状来看，京津冀、珠三角、长三角地区是我国经济最发达的三大区域，不同于珠江三角洲位于同一行政区域内，也不同于京津冀地区内部较低的一体化水平，长三角区域一体化起步早、范围广，横跨三省一市。但是，随着长三角一体化范围不断扩张，区域发展不平衡、不充分、不协调和资源环境承载力不足等瓶颈问题日益突出，区域性、流域性生态破坏和环境污染事件频发，严重制约了长三角一体化高质量发展，必须打破行政区划壁垒，才能有效提升区域环境质量。

2018 年 11 月，习近平总书记在首届中国国际进口博览会上宣布长三角一体化上升为国家战略。2019 年 10 月，国务院批复设立长三角生态绿色一体化发展示范区。2019 年 12 月，中共中央、国务院印发实施《长江三角洲区域生态环境共同保护规划》，旨在推动长三角区域环境协同治理。2022 年 3 月，中共中央、国务院发布《关于加快建设全国统一大市场的意见》指出，鼓励京津冀、长三角、粤港澳大湾区等区域，在维护全国统一大市场前提下，优先开展区域市场一体化建设工作，积极总结并复制推广典型经验和做法。在此背景下，评估长三角市场一体化的环境提升效应，健全市场一体化及区域环境治理机制，对推进长三角高质量一体化发展具有重要意义。

第二节　文　献　综　述

一、区域一体化的环境影响机制

区域一体化从多个方面影响环境治理。首先，区域一体化有利于减少市场分割和市场扭曲，促进生产要素和商品在区域内的自由流动，提高资源配置效率和能源效率。相关研究发现，劳动力和资本要素市场扭曲，以及资本错配会助推高污染企业发展，阻碍绿色技术进步，抑制能源效率提高，不利于绿色经济增长（阚大学和吕连菊，2016；占华，2020；卞元超等，2021），刘晨跃等（2022）研究认为，要素市场扭曲的行业偏向性通过产能低端化及结构黏滞效应加剧了雾霾污染。地区市场分割使企业污染排放显著增加，减少市场分割有利于发挥市场规模效应、技术进步效应和资源配置效应，促进企业污染排放下降（吕越和张昊天，2021）；市场分割会抑制环境福利绩效或能源效率提升（宋马林和金培振，2016；魏楚和郑新业，2017），陈等（Chen et al.，2021）基于中国省际面板数据研究发现，市场一体化有助于促进绿色全要素生产率提升，来等（Lai et al.，2022）研究发现，市场分割会通过碳泄漏而使区域碳排放量增加，导致产生绿色悖论。

其次，区域一体化有利于破解地区之间产业结构同构、低水平重复建设和资源错配等不合理现象，促进本地市场规模扩张和产业结构优化升级，从而有利于环境治理。陆铭和陈钊（2009）研究发现，市场分割虽然增强了对外贸易规模，但是抑制了本地市场规模。强永昌和杨航英（2021）实证研究结果表明，区域市场一体化对产品出口质量产生"U"型影响效应。张学良等（2021）将市场分割因素纳入梅里兹（Melitz，2003）构建的理论模型，实证研究结果显示市场分割导致低效率企业过早以出口替代内销，原因是为规避国内市场分割形成的高交易成本，企业在尚不具备国际化竞争优势时，不得不寻求以低成本和低价格优势增加出口，导致出口企业集中于全球价值链中低端环节，不利于产业结构升级和贸易结构优化，踪家峰和周亮（2013）、高宇（2016）、吴群锋等（2021）的文献也得出相似结论。可见，长三角统一大市场建设有利于扩大本地市场规模效应，减少出口贸易隐含的环境污染，降低全球价值链地位低端化导致的生态环境风险。

另外，区域市场一体化会有利于促进区域专业化分工和产业集聚，促进污染排放的空间集聚和集中治理，提高绿色创新水平和环境治理效率（陆铭和冯皓，2014；Rodriguez et al.，2016）。陈旭等（Chen et al.，

2021）基于中国省际面板数据研究发现，多中心集聚与绿色全要素生产率之间存在显著的倒"U"型关系，但是大多数省份的多中心集聚水平尚未超过拐点。袁等（Yuan et al.，2020）基于中国287个城市面板数据研究表明，制造业集聚与城市绿色经济效率之间存在显著的"U"型关系，产业结构升级在两者之间起到重要的中介作用。但是，区域市场一体化也可能加快污染密集型产业的空间转移，加重经济发展水平低和环境规制弱的城市环境污染。受地方政府竞争和地方保护主义影响，一些地方政府片面追求经济增长速度，降低环境规制门槛，不利于本地环境治理（Bai et al.，2019）。也有研究者发现，区域一体化建设有利于促进政府间环境规制策略良性互动，使环境规制竞争由"竞底效应"转向"标尺效应"，从而促进了区域环境治理水平的提升（张文彬等，2010；陆立军和陈丹波，2019）。

二、区域一体化的环境影响效应

梳理相关实证研究文献，从研究方法来看，有关区域一体化的环境影响效应研究主要有两篇文献。一篇文献是先使用相对价格法或综合指标评价等方法测算区域一体化指数，再将区域一体化指数作为核心解释变量纳入动态面板模型、空间计量模型或者面板门槛模型等传统计量模型进行回归分析，以验证区域一体化对环境的影响效应；另一篇文献主要是将长三角区域一体化看作一项准自然实验，运用合成控制法、双重差分模型、倾向得分匹配等方法，评估区域一体化政策的环境影响效应。

从研究结果来看，也可以分为两类不同的文献。一类文献研究认为区域一体化与环境污染存在非线性关系，比如，孙博文等（2018）基于动态面板模型研究发现，二氧化硫排放、工业废水排放与市场一体化水平均存在倒"U"型变化关系；张等（Zhang et al.，2020）使用空间动态杜宾模型和广义空间两阶段最小二乘法研究发现，市场一体化和污染

排放呈现倒 "U" 型曲线关系；邵等（Shao et al., 2019）研究发现，市场分割与二氧化碳排放之间存在 "U" 型曲线关系，这一结果实质上与张等（Zhang et al., 2020）的研究结论相似。长三角不同地区在经济发展水平、产业结构、资源禀赋等方面存在较大差异，长三角一体化的环境影响还受经济集聚、产业结构和金融发展等门槛因素的影响（王兵和聂欣，2016；李强，2017；胡宗义和李毅，2019；张建鹏和陈诗一，2021）。另一类文献研究认为，区域一体化对环境污染存在线性影响，端木等（Duanmu et al., 2018）研究认为，长三角一体化水平有利于促进技术交易、技术转让和技术外溢，促进区域技术进步，减少污染排放。黎文勇等（2019）通过空间计量方法研究发现，区域一体化显著促进碳排放效益提升；徐斌等（2023）实证研究表明区域一体化显著促进碳排放效率提升。但是，区域一体化也会伴随着拥堵效应、高污染产业转移、中心城市虹吸效应和府际环境规制策略竞争等问题，从而可能带来负面环境影响（何文举等，2019；尤济红和陈喜强，2019；卢洪友和张奔，2020；吕越和张昊天，2021）。

为克服传统计量模型中可能存在的内生性问题，一些文献基于准自然实验设想，从城市群扩容视角评估区域一体化的环境效应。大部分学者研究认为区域一体化有效改善了地区环境污染，比如，张可（2018）利用工具变量和双重差分模型研究发现，区域一体化显著促进城市间污染排放强度收敛并有利于区域减排。李和林（Li & Lin，2017）研究认为，中国区域一体化对二氧化碳排放绩效有显著的正面影响。周沂等（2022）基于地理断点回归方法研究发现区域一体化有显著的减霾效应。也有一些学者对此开展政策效应评估得出相反的研究结论，比如，赵领娣和徐乐（2019）利用合成控制法研究发现，长三角城市扩容显著提高了工业废水排放强度，对长三角城市整体上带来了负面的环境影响效应。卢洪友和张奔（2020）将长三角一体化视为一项准自然实验，研究发现长三角城市群扩容推动环境污染由区域中心城市向区域外围城市转移，污染产业转移导致区域整体环境污染水平提高。

三、简要总结

综上所述，长三角区域市场一体化对城市环境治理的影响机制如图5-1所示。虽然长三角区域市场一体化通过资源配置效应、市场规模效应、区域分工协作效应和技术创新效应等因素促进城市环境的提升，但是长三角区域市场一体化导致的要素拥堵效应、资源虹吸效应、污染转移效应和地方政府环保策略竞争等可能会抑制城市环境治理，长三角一体化对不同城市环境的影响还可能受地方产业结构、经济集聚和金融发展等门槛因素的影响，导致对长三角不同城市造成异质性环境效应，这些需要做进一步的实证检验。

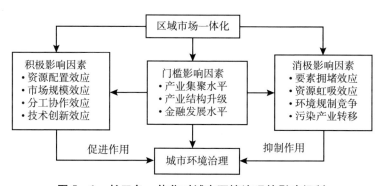

图5-1　长三角一体化对城市环境治理的影响机制

基于上述分析，区域一体化对城市环境既有积极影响，也有不利影响，区域一体化对城市环境影响效应取决于上述因素的综合作用，同时也与城市资源禀赋、产业结构等个体特征差异相关联。长三角城市在金融发展水平、产业结构、经济集聚等方面存在较大差异，本章借鉴张建鹏和陈诗一（2021）等相关文献的研究思路，运用相对价格法测算长三角市场一体化指数，实证检验长三角一体化的环境影响效应，同时运用面板门槛回归模型，研究经济集聚、产业结构升级和金融发展等因素的门槛效应。本书第八章将运用双重差分方法评估长三角一体化的环境效应。

第三节 长三角一体化的环境 治理效应实证分析

一、基准计量模型构建

首先建立基准回归模型，实证检验长三角区域市场一体化对城市环境治理的影响，模型构建如公式（5-1）所示：

$$en_{it} = c + \alpha_1 mi_{it} + \beta'_i X_{it} + \lambda'_i Z_{it} + \mu_i + \nu_t + \varepsilon_{it} \qquad (5-1)$$

其中，i 和 t 表示城市和年份；被解释变量 en 为城市环境治理绩效；核心解释变量 mi 为长三角一体化综合指数，从商品市场一体化、资本市场一体化和劳动力市场一体化三个方面进行综合评价；X 为门槛变量，包含城市金融发展水平（fin）、产业结构升级（ind）和产业集聚（ia）等，Z 为一组控制变量，包括城市交通基础设施（$infr$）、人口密度（pdn）、环境规制（er）、技术创新（$inno$）、经济开放（fdi）、市场化指数（mkt）等；μ_i、ν_t、ε_{it} 分别表示个体固定效应、时间固定效应和随机扰动项。

为了进一步检验商品市场一体化、资本市场一体化和劳动力市场一体化对环境治理的影响，构建的环境治理与商品市场一体化指数、资本市场一体化指数和劳动力市场一体化指数的回归模型如公式（5-2）至公式（5-5）所示：

$$en_{it} = c + \alpha_2 ci_{it} + \beta'_i X_{it} + \lambda'_i Z_{it} + \mu_i + \nu_t + \varepsilon_{it} \qquad (5-2)$$

$$en_{it} = c + \alpha_3 ki_{it} + \beta'_i X_{it} + \lambda'_i Z_{it} + \mu_i + \nu_t + \varepsilon_{it} \qquad (5-3)$$

$$en_{it} = c + \alpha_4 li_{it} + \beta'_i X_{it} + \lambda'_i Z_{it} + \mu_i + \nu_t + \varepsilon_{it} \qquad (5-4)$$

$$en_{it} = c + \alpha_2 ci_{it} + \alpha_3 ki_{it} + \alpha_4 li_{it} + \beta'_i X_{it} + \lambda'_i Z_{it} + \mu_i + \nu_t + \varepsilon_{it} \qquad (5-5)$$

其中，ci_{it}、ki_{it}、li_{it} 分别表示商品市场一体化指数、资本市场一体化指数和劳动力市场一体化指数。

在此基础上，下一节将构建面板门槛回归模型，实证检验产业集聚、产业结构升级和金融发展等因素在区域一体化对城市环境治理的影响中是否起到门槛作用。

二、变量定义与数据说明

被解释变量为城市环境治理水平（en），用环境治理指数表示，从工业污染治理、生活污染治理和生态环境建设三个维度构建综合评价指标体系，采用全局熵权法进行测度，具体测算方法及结果见本书第四章。

核心解释变量为市场一体化指数（mi），采用相对价格法（Parsley & Wei，2001），从商品市场一体化、资本市场一体化和劳动力市场一体化三个维度测算长三角市场一体化综合指数，同时测算商品市场一体化指数（cmi）、资本市场一体化指数（kmi）和劳动力市场一体化指数（lmi），各指数的具体测算方法及结果见本书第三章。

门槛变量 X_{it} 包括：金融发展水平（fin），用金融机构年末存贷款余额占地区生产总值的比值衡量；产业结构升级（ind），用第三产业增加值与第二产业增加值之比表示；产业集聚（ia），用各市工业增加值占长三角地区工业增加值总额的百分比来表示。

控制变量 Z_{it} 包括：城市交通基础设施（$infr$），用路网密度即各城市的公路里程数与城市土地面积的比值来表示；人口密度（pdn），用城市年末总人口数与土地面积之比来表示；环境规制强度（er），实证研究文献中测量环境规制强度的方法有多种（倪娟等，2020），为避免可能产生的多重共线性问题，以地方政府工作报告中与环境相关词汇出现频数及其比重来测量（陈诗一和陈登科，2018；邓慧慧和杨露鑫，2019）；技术创新（$inno$），用各城市当年专利授权量与单位从业人口数的比值表示，专利授权量是指报告期内各城市发明专利、实用新颖专利和外观设计专利三种专利授权数的总和；经济开放水平（fdi），用各城市当年实际利用外资额占当年地区生产总值的比值表示；市场化水平（mkt），借鉴孙作人等（2021）和樊纲等（2003）使用的方法构建城市市场化指数。

测量上述变量所需要的指标数据主要从国泰安数据库和 EPS 数据库中提取并进行整理，极少数缺失数据利用长三角城市统计年鉴及其官方统计信息网站所发布的相关数据进行查漏补缺，2003～2019 年长三角城市各变量的描述性统计分析结果如表 5 - 1 所示。

表 5 - 1　　　　　　　　　　　变量的描述性统计分析

变量类别	变量代码	平均值	标准差	最小值	最大值	样本量
因变量	en	0.622	0.125	0.228	0.911	697
核心自变量	ai	0.417	0.073	0.245	0.644	697
	ci	0.570	0.165	0.214	0.991	697
	ki	0.371	0.108	0.182	0.746	697
	li	0.308	0.087	0.144	0.567	697
门槛变量	fin	2.384	0.890	0.967	5.845	697
	ind	0.918	0.172	0.552	2.693	697
	ia	2.439	2.894	0.123	19.20	697
控制变量	$infr$	0.422	1.198	0.257	2.499	697
	pdn	0.653	0.338	0.144	2.317	697
	er	0.005	0.003	0.001	0.017	697
	$inno$	0.516	0.628	0.011	4.878	697
	fdi	2.184	2.206	0.001	12.11	697
	mkt	10.380	3.068	2.825	18.45	697

为了更为直观地观察长三角环境治理与市场一体化水平之间的动态变化关系，图 5 - 2 描绘了长三角环境治理与市场一体化综合指数、长三

角环境治理与三个子市场一体化指数之间关系的散点图，从图中可以看出，随着市场一体化水平提高，城市环境治理水平也在提升，其他三个子市场一体化指数与城市环境治理指数大体上也体现了这种正相关关系。后文将对此关系做进一步验证。

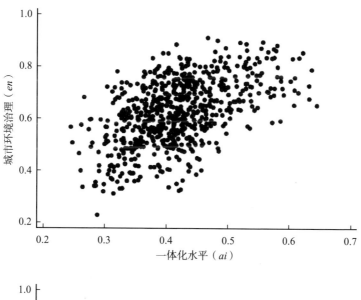

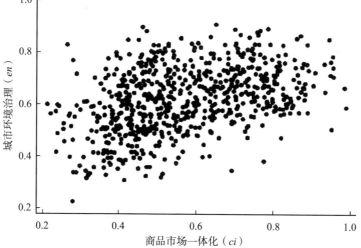

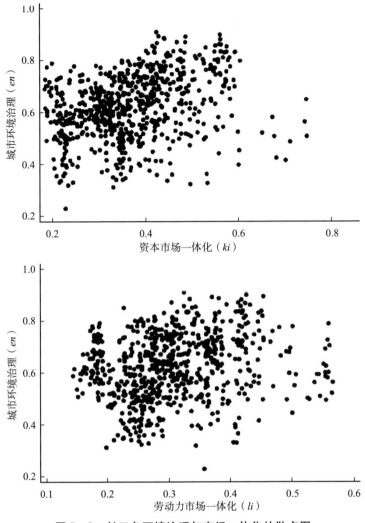

图 5 - 2 长三角环境治理与市场一体化的散点图

三、基准回归分析

传统的面板数据模型回归主要有固定效应（FE）和随机效应（RE）模型，为减少内生性问题的潜在影响，本节采用同时控制年度固定效应和城市固定效应的双向固定效应模型进行实证检验。表 5 - 2 展示了基准计量模型回归结果，为了观察回归结果的稳健性，选择将核心变量逐一加入回归的方式，从回归结果来看，随着核心变量的不断加入，回归方程的 R^2 也在增加，表明方程整体解释力增强，在一定程度上表明模型中核心变量的选择具有一定合理性。同时，随着更多控制变量的加入，模型中核心解释变量的系数估计结果及其显著性并没有发生重大变化，在一定程度上表明实证研究结论具有稳健性。回归结果表明，长三角一体化对城市环境治理有显著的正向促进作用，产业集聚、产业结构升级、金融发展水平和城市交通基础设施等对城市环境治理均有显著的促进作用，但是人口密度和外商直接投资等对城市环境治理的影响并不显著。

表 5 – 2　　　　　　　　　　　基准模型回归结果

变量及统计参数	被解释变量：en					
	（1）	（2）	（3）	（4）	（5）	（6）
mi	0.1194 *** (3.047)	0.0968 ** (2.488)	0.0837 ** (2.185)	0.0822 ** (2.171)	0.0818 ** (2.168)	0.0758 ** (2.018)
ia		0.0113 *** (4.509)	0.0143 *** (5.626)	0.0244 *** (6.979)	0.0234 *** (6.632)	0.0223 *** (6.125)
fin			0.0314 *** (4.970)	0.0309 *** (4.956)	0.0304 *** (4.876)	0.0298 *** (4.798)
ind				0.0929 *** (4.155)	0.0883 *** (3.936)	0.0835 *** (3.636)
infr					0.0220 ** (2.036)	0.0255 ** (2.359)
pdn						– 0.0642 （– 1.603）
er						2.3846 *** (2.643)
inno						0.0001 ** (2.006)
fdi						– 0.0006 （– 0.701）

变量及统计参数	被解释变量：en					
	（1）	（2）	（3）	（4）	（5）	（6）
mkt						−0.0044 （−1.390）
地区效应	控制	控制	控制	控制	控制	控制
年度效应	控制	控制	控制	控制	控制	控制
常数项	0.5722*** （34.927）	0.5539*** （33.290）	0.4774*** （21.257）	0.3691*** （10.785）	0.3510*** （9.950）	0.4635*** （8.089）
观测量	697	697	697	697	697	697
R-squared	0.916	0.918	0.921	0.923	0.924	0.926

注：括号内为 t 值，***、**、*分别表示在1%、5%、10%的显著性水平上显著。

三个子市场一体化指数对城市环境治理的回归结果如表5−3所示，从表中可以发现，商品市场一体化指数（cmi）和资本市场一体化指数（kmi）的回归系数值均为正值，并分别在10%和5%显著水平上显著，劳动力市场一体化指数（lmi）的回归系数为负值，并不显著，这一结果表明，随着长三角商品市场一体化和资本市场一体化水平的提高，显著促进了城市环境治理水平的提升，劳动力市场一体化对城市环境治理的作用不显著；将三个子市场一体化指数一起纳入计量模型，模型的回归结果也并没有显著变化。其他变量的回归结果与表5−2中的参数估计结果基本保持一致，进一步表明基准计量模型设定比较合理。

表5−3　　　　　三个子市场一体化指数基准回归结果

变量及统计参数	被解释变量：en			
	（1）	（2）	（3）	（4）
ci	0.0286* （1.742）			0.0284* （1.737）
ki		0.0523** （2.272）		0.0504** （2.191）

续表

变量及统计参数	被解释变量：en			
	（1）	（2）	（3）	（4）
li			−0.0478 （−1.445）	−0.0435 （−1.317）
ia	0.0224*** （6.172）	0.0224*** （6.194）	0.0229*** （6.317）	0.0220*** （6.055）
fin	0.0304*** （4.897）	0.0297*** （4.791）	0.0309*** （4.980）	0.0299*** （4.825）
ind	0.0822*** （3.569）	0.0855*** （3.723）	0.0832*** （3.612）	0.0828*** （3.608）
其他变量	控制	控制	控制	控制
地区效应	控制	控制	控制	控制
年度效应	控制	控制	控制	控制
常数项	0.4797*** （8.605）	0.4745*** （8.528）	0.5111*** （9.185）	0.4700*** （8.201）
观测量	697	697	697	697
R-squared	0.926	0.926	0.925	0.926

注：括号内为 t 值，***、**、* 分别表示在 1%、5%、10% 的显著性水平上显著。

四、内生性处理

在上述基准模型回归分析中，没有考虑长三角城市环境治理与区域市场一体化之间可能存在互相影响的关系，即区域市场一体化促进了城市环境治理，但是城市环境治理也可能反向推进区域市场一体化发展。因此，计量模型可能存在被解释变量与解释变量互为因果关系导致的内生性问题，鉴于此，下面分别采用工具变量法和动态面板模型估计以缓解内生性问题。

（一）工具变量法

内生性产生的根本原因是自变量与扰动项相关，解决内生性问题的基本逻辑是把内生变量分成两个部分，即一部分与扰动项不相关，另一部分与扰动项相关，借用工具变量将与扰动项不相关的那一部分分离出来。一个有效的工具变量需要同时满足相关性和外生性要求，即工具变量与内生解释变量相关但与扰动项不相关。由于扰动项是不可观测的，寻找一个严格意义上与扰动项无关却与内生变量高度相关的工具变量并不容易，理论上而言，内生变量的滞后项可以作为工具变量，因为内生变量的滞后项与当期内生变量在时间上有高度相关性，但是与当期扰动项不相关，能同时满足工具变量的相关性和外生性要求。下面使用两阶段最小二乘法（2SLS）进行一致性估计，先用内生解释变量对工具变量进行回归，模型中同时包含其他外生解释变量和控制变量，从而得到内生解释变量的拟合值，再用被解释变量对第一阶段回归得到的拟合值进行回归，从而得到一致估计量，工具变量回归结果如表 5-4 和表 5-5 所示。

表 5-4　　　　　　　　　工具变量回归结果（Ⅰ）

变量及统计参数	第一阶段	第二阶段	第一阶段	第二阶段
	mi	en	cmi	en
	(1)	(2)	(3)	(4)
$L. mi$	0.4088 *** (0.0415)			
mi		0.8414 *** (0.1290)		
$L. cmi$			0.3788 *** (0.0390)	
cmi				0.1836 *** (0.0523)
ia	-0.0039 *** (0.0013)	0.0044 *** (0.0016)	-0.0056 ** (0.0027)	0.0012 (0.0015)

续表

变量及 统计参数	第一阶段	第二阶段	第一阶段	第二阶段
	mi	en	cmi	en
	（1）	（2）	（3）	（4）
fin	0.0004 （0.0031）	0.0374 *** （0.0044）	0.0052 （0.0075）	0.0374 *** （0.0044）
ind	－0.0129 （0.0202）	0.1439 *** （0.0228）	－0.0154 （0.0431）	0.1354 *** （0.0216）
infr	0.0063 （0.0089）	0.0118 （0.0109）	0.0802 *** （0.0199）	0.0132 （0.0122）
pdn	0.0142 （0.0122）	－0.1914 *** （0.0155）	－0.0270 （0.0278）	－0.1784 *** （0.0157）
er	2.4701 ** （1.0652）	5.9346 *** （1.4406）	3.4152 （2.4841）	7.1465 *** （1.4342）
inno	0.0001 *** （0.0000）	0.0002 *** （0.0000）	0.0001 * （0.0000）	0.0028 *** （0.0015）
fdi	0.0019 * （0.0011）	0.0028 * （0.0015）	－0.0020 （0.0025）	0.0057 *** （0.0015）
mkt	0.0049 *** （0.0009）	0.0015 （0.0016）	0.0065 *** （0.0022）	0.0055 *** （0.0014）
常数项	0.1824 *** （0.0185）	0.0832 ** （0.0421）	0.2132 *** （0.0348）	0.2741 *** （0.0245）
观测量	656	656	656	656
F 值	97.26 ***		94.13 ***	
K － P LM 统计量	65.09 ***		72.17 ***	
C － D Wald F 统计量	107.01 ［16.38］		100.51 ［16.38］	

注：括号内为稳健标准误，***、**、*分别表示在1%、5%、10%的显著性水平上显著。方括号内为 Stock － Yogo 弱工具变量识别 F 检验在 10% 水平上的临界值。

表 5 -5　　　　　　　　　工具变量回归结果（Ⅱ）

变量及统计参数	第一阶段	第二阶段	第一阶段	第二阶段
	kmi	en	kmi	en
	(5)	(6)	(7)	(8)
L. kmi	0.4867 *** (0.0335)			
kmi		0.2547 *** (0.0561)		
L. lmi			0.3714 *** (0.0386)	
lmi				0.1512 * (0.0798)
ia	− 0.0061 *** (0.0023)	0.0016 (0.0015)	0.0002 (0.0017)	− 0.0005 (0.0015)
fin	− 0.0047 (0.0048)	0.0409 *** (0.0042)	0.0009 (0.0044)	0.0399 *** (0.0044)
ind	− 0.0327 (0.0264)	0.1444 *** (0.0208)	0.0118 (0.0244)	0.1303 *** (0.0218)
infr	− 0.0950 *** (0.0148)	0.0555 *** (0.0119)	0.0346 *** (0.0116)	0.0308 *** (0.0111)
pdn	0.0951 *** (0.0210)	− 0.2093 *** (0.0166)	− 0.0261 (0.0170)	− 0.1822 *** (0.0158)
er	2.7730 * (1.5278)	7.8258 *** (1.4230)	1.4050 (1.4568)	8.4423 *** (1.3891)
inno	0.0002 *** (0.0000)	0.0003 *** (0.0000)	0.0000 (0.0000)	0.0003 *** (0.0000)
fdi	0.0030 ** (0.0015)	0.0034 *** (0.0013)	0.0044 *** (0.0014)	0.0033 ** (0.0015)
mkt	0.0067 *** (0.0014)	0.0051 *** (0.0013)	0.0014 (0.0013)	0.0072 *** (0.0012)
常数项	0.2069 *** (0.0207)	0.2425 *** (0.0253)	0.1222 *** (0.0213)	0.2979 *** (0.0256)

续表

变量及 统计参数	第一阶段	第二阶段	第一阶段	第二阶段
	kmi	en	kmi	en
	(5)	(6)	(7)	(8)
观测量	656	656	656	656
F 值	210.94 ***		92.55 ***	
K - P LM 统计量	137.39 ***		63.93 ***	
C - D Wald F 统计量	205.02 [16.38]		100.36 [16.38]	

注：括号内为稳健标准误，***、**、* 分别表示在1%、5%、10%的显著性水平上显著。方括号内为 Stock - Yogo 弱工具变量识别 F 检验在10%水平上的临界值。

表5-4和表5-5列出了市场一体化综合指数（ai）以及商品市场一体化指数（ci）、资本市场一体化指数（ki）和劳动力市场一体化指数（li）的两阶段回归结果，并提供了工具变量有效性检验结果。根据第一阶段回归的F统计量检验来看，第一阶段回归的F值均显著大于经验值10，说明不存在弱工具变量。K-P LM统计量检验均在1%水平上显示拒绝原假设，表明工具变量是可识别的。C-D Wald F统计量值大于Stock-Yogo弱工具变量识别F检验在10%水平上的临界值16.38，表明本书选取的工具变量通过了弱工具变量的检验，上述检验结果表明所选取的工具变量是合理的。从系数估计结果来看，在第一阶段回归中，内生变量的滞后项都在1%水平上与内生变量的当期值显著正相关，表明使用内生变量的滞后项作为工具变量能满足相关性要求；在第二阶段回归中，内生变量的估计系数均显著为正，表明在考虑了内生性问题之后，所得结论与基准模型回归结论基本一致。

（二）动态面板模型

下面采用动态面板模型（SYS）估计以缓解内生性问题，同时检验城市环境治理是否具有时间滞后性和依赖性，即前期的城市环境治理质量是否会影响当期的城市环境治理质量，动态面板模型的构建如公式（5-6）所示：

$$en_{it} = c + \gamma\, en_{it-1} + \alpha_1 ai_{it} + \beta_i' X_{it} + \lambda_i' Z_{it} + \mu_i + \nu_t + \varepsilon_{it} \qquad (5-6)$$

此处构建的动态面板模型具有短面板特征，拟采用布伦德尔和邦德（Blundell & Bond，1998）提出的两步系统 GMM 方法进行估计。相对差分 GMM 方法而言，系统 GMM 方法将水平方程和差分方程作为一个方程系统进行估计，更具有效率。对于系统 GMM 方法的两步估计，需要进行工具变量的有效性检验，常用的是 Sargan 检验和 Hansen 检验，两种检验都接受"所选取的工具变量都有效"的原假设，即所选取的工具变量是合理的。AR（1）和 AR（2）检验分别用于残差的一阶与二阶序列相关性检验，一般要求存在一阶序列自相关，但是不存在二阶或更高阶序列自相关。

基于两步系统 GMM 方法的估计结果如表 5-6 所示，环境治理的滞后项系数在 1% 显著性水平上显著，表明环境治理具有显著的时间依赖性和历史累积性。市场一体化综合指数的系数估计值仍然显著为正，商品市场一体化指数在 10% 显著水平上显著为正，虽然是资本市场一体化指数与劳动力市场一体化指数对环境治理有正向影响，但是不显著。其他核心变量的参数估计值依然显著。从相关统计量的检验结果来看，Sargan 检验和 Hansen 检验均接受原假设，一阶序列相关 AR（1）检验的 P 值均远小于 0.01，说明一阶序列是高度相关的，一阶序列相关 AR（2）检验的 P 值均远大于 0.1，表明残差二阶序列高度不相关，符合系统 GMM 方法估计的要求。

表 5-6　　　　　　　　　动态面板模型回归结果

变量及统计参数	被解释变量：en			
	（1）	（2）	（3）	（4）
L. en	0.6802 *** （13.133）	0.6524 *** （12.289）	0.7204 *** （14.675）	0.7458 *** （14.441）

续表

变量及统计参数	被解释变量：*en*			
	（1）	（2）	（3）	（4）
mi	0.1768 ** （2.469）			
ci		0.0650 * （1.678）		
ki			0.0205 （0.720）	
li				0.1841 （0.957）
ia	0.0019 ** （2.460）	0.0018 ** （2.363）	0.0010 （1.312）	0.0012 （1.417）
fin	0.0087 ** （2.553）	0.0109 *** （3.090）	0.0094 *** （3.452）	0.0057 * （1.818）
ind	0.0407 *** （2.713）	0.0231 * （1.693）	0.0255 ** （2.126）	0.0336 ** （2.422）
其他变量	控制	控制	控制	控制
常数项	0.1087 *** （3.863）	0.1795 *** （8.853）	0.2072 *** （5.277）	0.1508 （1.550）
观测量	656	656	656	656
工具变量个数	36	36	36	36
AR（1）检验	−4.55 *** ［0.000］	−4.53 *** ［0.000］	−4.67 *** ［0.000］	−4.41 *** ［0.000］
AR（2）检验	0.87 ［0.386］	0.86 ［0.389］	1.01 ［0.310］	1.10 ［0.272］
Sargan 检验	11.47 ［0.245］	11.36 ［0.252］	15.10 ［0.088］	10.02 ［0.349］
Hansen 检验	10.86 ［0.285］	12.47 ［0.188］	11.60 ［0.237］	11.27 ［0.257］

　　注：括号内为 t 值，方括号内为 P 值，*** 、** 、* 分别表示在 1%、5%、10% 的显著性水平上显著，SYS 表示系统 GMM 方法的两步估计结果。

第四节　长三角一体化环境治理
效应的门槛特征分析

一、面板门槛模型设定

在上述计量模型设定中，暗含假设区域一体化对城市环境治理的作用均是线性的，根据经验观察和相关文献的研究成果可知，区域一体化对城市环境治理可能存在非线性影响，需要进一步检验非线性影响的存在性。在实证研究中，对非线性关系的检验通常有两种做法：一种是在计量模型中引进平方项或高次项来检验非线性关系，由于模型中同一变量的一次项与平方项或高次项之间存在高度相关，因此多重共线性问题会影响参数估计结果。另一种是采用外生性分组回归方法，对核心变量人为进行区间划分并依次将样本分成若干子样本，然后针对子样本进行分组回归，对分组回归估计系数的差异进行显著性检验，但是检验结果对人为分组的划分标准较为敏感。面板门槛回归模型可自动搜索结构变化点，也不需要预先设定方程形式，从而克服了传统方法的局限性。因此，本节借鉴汉森（Hansen，1999）的面板门槛模型回归方法，实证检验了区域一体化对城市环境治理的异质性影响。构建的单一门槛模型如公式（5-7）所示：

$$en_{it} = \mu_i + \beta_1 mi_{it} I(q_{it} \le \theta) + \beta_2 mi_{it} I(\theta < q_{it}) + \alpha_i Z_{it} + \varepsilon_{it} \qquad (5-7)$$

其中，en_{it} 为因变量即城市环境治理指数，q_{it} 为门槛变量，初步设定待检验的门槛变量为城市金融发展水平（fin）、产业结构升级（ind）和产业集聚（ia），mi_{it} 为门槛依赖变量，$I(\cdot)$ 为指示性函数，当括号内条件为真时，$I(\cdot)$ 取值为1，否则取值为0，Z_{it} 为一组控制变量，θ 为待估门槛值，ε_{it} 为服从独立同分布的随机扰动项。

先采用去均值法进行组内变换以消除个体效应，从而得到方程 $en_{it}^* = \beta_1 ai_{it}^*(\theta) + \varepsilon_{it}^*$，采用 OLS 估计，最小化面板残差平方和 $S_1(\theta) = \hat{\varepsilon}^*(\theta)'\hat{\varepsilon}^*(\theta)$，可得门槛估计值即 $\hat{\theta} = argmin S_1(\theta)$。估计出门槛值后，再检验门槛效应的显著性和真实门槛值。对于上述单门槛模型而言，检验门槛效应显著性的原假设为 $H_0: \beta_1 = \beta_2$，备择假设为 $H_1: \beta_1 \neq \beta_2$，构造检验统计量 $F_1 = [S_0 - S_1(\hat{\theta})]/\hat{\sigma}^2$，其中，$s_0$ 为在原假设成立时的残差平方和，$\hat{\sigma}^2 = S_1(\theta)/n(T-1)$。若原假设成立，门限值无法识别，由于未知参数的存在使得检验统计量服从非标准分布，采用 Bootstrap 方法来模拟似然比检验的渐进分布，基于此构造的 p 值也是渐近有效的，根据得到的 p 值来判定是否存在门槛效应。在确认存在门槛效应的情况下，门槛值 θ 的真实值是 θ_0，检验门槛估计值真实性的原假设为 $H_0: \theta = \theta_0$，相应的似然比检验统计量为 $LR_1(\theta) = [S_1(\theta) - S_1(\hat{\theta})]/\hat{\sigma}^2$。

由于该似然比检验统计量仍服从非标准分布，汉森（Hansen，1999）引入"非拒绝域"的概念，在 $1 - \alpha$ 置信水平上的非拒绝域是满足不等式 $LR_1(\theta) \leq c(\alpha)$ 的所有 θ 值，其中，$c(a) = -2\ln(1 - \sqrt{1-a})$，$\alpha$ 为显著水平。如果 $LR_1(\theta_0)$ 的值大于 $c(\alpha)$，表示在 α 显著水平上拒绝原假设为 $H_0: \theta = \theta_0$。为便于直观判断，可在以 θ 为横坐标轴、$LR_1(\theta)$ 为纵坐标轴的坐标图中，在 $c(\alpha)$ 处画一条水平线，依据 $LR_1(\theta) \leq c(\alpha)$ 确定置信区间。

二、门槛效应存在性检验及门槛值估计

在进行面板数据门槛模型回归分析之前，需要确定模型是否存在门槛效应及门槛值个数，为此需要进行相关检验，门槛效应检验和门槛值估计结果如表 5 - 7 所示。从表中可以看出，金融发展水平（fin）、产业结构升级（ind）和产业集聚（ia）这几个门槛变量的一重门槛效应和双重门槛效应的检验结果都是显著的，三重门槛效应检验结果是

不显著的，因此这三个门槛变量均存在双重门槛值。产业结构升级（ind）的双重门槛值分别为 0.714 和 0.774，产业集聚（ia）的双重门槛值分别为 0.447 和 0.597，金融发展水平（fin）的双重门槛值分别为 1.673 和 2.081。

表 5-7　　　　　　　　　门槛效应检验和门槛值估计结果

门槛变量	门槛数	F 值	临界值			门槛估计值	95% 置信区间
			10%	5%	1%		
产业结构升级	一重	33.43**	25.592	28.475	41.285	0.714 0.774	(0.696, 0.716) (0.764, 0.778)
	双重	22.90*	22.105	27.143	37.883		
	三重	16.85	34.038	41.107	57.407		
工业集聚	一重	74.73***	28.887	31.777	36.129	0.447 0.597	(0.433, 0.448) (0.585, 0.599)
	双重	31.00**	26.668	30.487	43.969		
	三重	23.59	37.087	43.343	53.447		
金融发展水平	一重	39.47***	25.953	29.576	36.571	1.673 2.081	(1.661, 1.687) (2.050, 2.081)
	双重	23.82*	21.231	23.908	31.727		
	三重	12.96	27.566	30.372	42.749		

注：***、**、* 分别表示在 1%、5%、10% 的显著性水平上显著，P 值和临界值是采用 Bootstrap 法反复抽样 400 次得到。

为了更清晰地理解门槛值估计和置信区间的构造过程，分别绘制上述三个门槛变量的似然比函数图（见图 5-3），图 5-3 中水平虚线是 LR 在 5% 显著性水平下的临界值 7.35，似然比统计量 LR 值均小于 5% 显著性水平下的临界值，处于原假设接受域内，满足原假设，说明门槛回归模型的门槛值等同于实际门槛值，这与前面的显著性检验结果相一致。

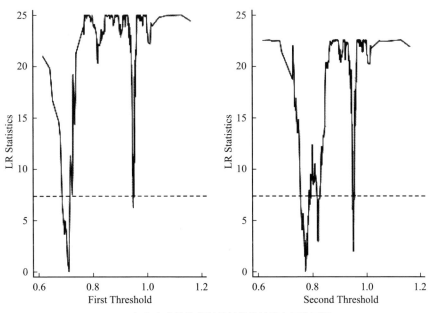

（a）产业结构升级的门槛估计值和置信区间

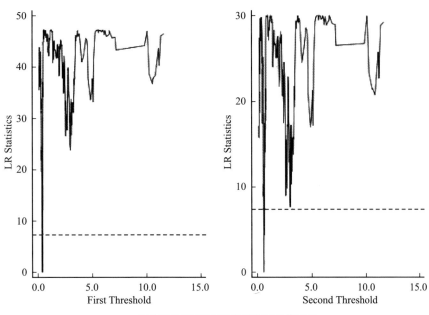

（b）工业集聚的门槛估计值和置信区间

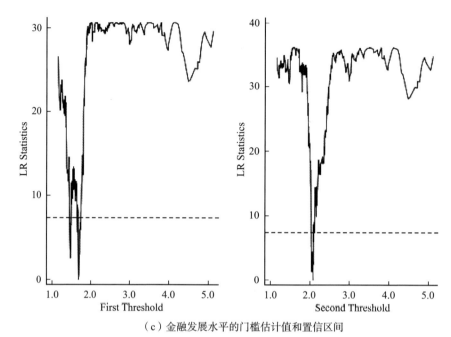

（c）金融发展水平的门槛估计值和置信区间

图 5 - 3　双门槛的估计值及 95% 的置信区间

三、面板门槛模型回归结果分析

在通过门槛效应存在性及门槛值真实性检验后，利用面板门槛模型进行回归分析，门槛回归模型参数估计结果如表 5 - 8 所示。

表 5 - 8　　　　　　　　门槛回归模型参数估计结果

变量及统计参数	门槛变量		
	产业结构升级	工业集聚	金融发展水平
ia	0. 0091 *** （2. 99）		0. 0210 *** （5. 15）
fin	0. 0265 *** （4. 19）	0. 0252 *** （4. 16）	
ind		0. 0205 （1. 12）	0. 1213 *** （4. 72）

续表

变量及统计参数	门槛变量		
	产业结构升级	工业集聚	金融发展水平
mi_1	− 0.0906 * (− 1.92)	− 0.0349 (− 0.94)	0.0568 * (1.67)
mi_2	0.0637 * (1.68)	0.1079 *** (3.26)	0.1242 *** (3.85)
mi_3	0.1570 *** (5.04)	0.1937 *** (6.33)	0.1990 *** (6.25)
inno	0.0001 *** (2.73)	0.0001 *** (2.96)	0.0001 *** (2.13)
infr	0.0389 *** (4.68)	0.0396 *** (4.86)	0.0361 *** (4.34)
er	0.1841 (0.20)	0.4730 (0.52)	0.0190 (0.02)
pdn	− 0.1313 *** (− 2.86)	− 0.1896 *** (− 4.32)	− 0.0887 ** (− 2.02)
fdi	0.0013 * (1.78)	0.0025 *** (3.40)	0.0018 ** (2.34)
mkt	0.0251 *** (16.17)	0.0237 *** (15.48)	0.0258 *** (17.57)
常数项	0.2443 *** (6.55)	0.2910 *** (9.45)	0.1309 *** (3.23)
样本量	697	697	697
R-squared	0.8606	0.8659	0.8601

注：括号内为 t 值，***、**、* 分别表示在 1%、5%、10% 的显著性水平上显著。

从以产业结构升级为门槛变量的模型回归结果来看，长三角一体化对城市环境治理的影响存在显著的产业结构升级双门槛效应。当第三产业增加值与第二产业增加的比值小于 0.714 时，产业结构升级抑制了长三角一体化的环境治理效应，这可能是因为在产业结构升级的早期，由于第三产业不够发达，主要以劳动密集型的第三产业为主，且工业所占比重依然较大，因此早期产业结构升级对一体化发展的城市环境治理有不利影响。但是，当产业结构升级超过这一门槛值后，产业结构升级会显著增强长三角一体化的环境治理效应，并且产业结构升级水平越高，产业结构升级对长三角一体化的环境治理效应促进作用越强。

从以工业集聚为门槛变量的模型回归结果来看，在工业集聚的初始阶段，工业集聚对长三角一体化的环境治理效应具有抑制作用，只是在工业集聚未达到第一门槛值时，这种抑制作用还不显著，这可能是因为早期工业主要以低技术密集型的加工业为主，集聚产业规模经济和协作水平不高；但是当工业集聚超过第一门槛值后，市场一体化发展会导致低端工业转移到其他地方，从而显著促进本地城市环境治理提升，且随着工业集聚水平的进一步提高，能够发挥更大的规模效应和集聚效应，推动长三角一体化的环境治理效应不断增强。

从以金融发展水平为门槛变量的模型回归结果来看，在金融发展水平较低时，由于环保具有显著的外部性和空间溢出性特征，企业将有限的金融资源用于环保领域的内生动力不足，金融资源用于环保领域的比重很低，金融集聚对市场一体化的环境治理效应的促进作用较弱，随着金融发展水平的进一步提高，生态一体化建设会得到更多的金融支持，金融发展对市场一体化的环境治理效应得到加强，并且在1%的水平上显著。

由此可见，在长三角市场一体化的环境影响中，产业结构升级、产业集聚和金融发展均呈现出了显著的双重门槛效应特征，在没有超过第一门槛值时不利于城市环境治理，超过第一门槛值后，其门槛效应均为正值并呈现出不断加强的趋势。因此，伴随长三角统一大市场的建设和完善，产业结构升级、产业集聚和金融发展成为长三角市场一体化促进城市环境质量提升的三条重要渠道，但是需要引起注意的是，在产业结构升级的早期和产业集聚水平较低时，要注意防范和缓解市场一体化对城市环境质量的负面影响。

四、门槛因素拓展分析

上面的实证研究主要检验了在长三角一体化环境效应中产业结构升

级、产业集聚和金融发展的门槛效应特征，本小节将进一步检验其他可能存在的门槛因素及其在长三角一体化环境效应中的门槛效应特征。

表5-9展示了人均地方生产总值、人均财政收入和资本深化三个门槛变量的检验结果，其中经济密度用非农生产总值与城市总面积的比值来度量（亿元/平方公里），资本深化用固定资本存量与年平均就业人员数（万元/人）来表示，固定资本存量用永续盘存法进行估算。从表中可以看出，人均地方生产总值、人均财政收入和资本深化分别有两个门槛值，其他没有通过门槛效应检验的变量不在此处展示相关门槛效应检验结果。

表5-9　　　　　　　　　　门槛效应检验和门槛值估计结果

门槛变量	门槛数	F值	临界值			门槛估计值	95%置信区间
			10%	5%	1%		
人均GRP	一重	91.71***	27.547	31.427	46.886	0.654 1.042	(0.573，0.666) (1.029，1.055)
	双重	37.89**	23.225	27.640	39.397		
	三重	10.24	31.244	39.817	51.524		
人均财政收入	一重	80.76***	31.435	37.521	48.887	0.021 0.064	(0.018，0.022) (0.062，0.066)
	双重	37.14***	24.815	29.104	36.050		
	三重	20.65	45.376	52.710	67.979		
资本深化	一重	93.34***	29.3122	36.0811	46.3892	1.993 7.106	(1.956，2.113) (6.749，7.211)
	双重	69.84***	22.9498	25.8871	39.1528		
	三重	21.86	42.1836	55.8734	79.9136		

注：***、**、*分别表示在1%、5%、10%的显著性水平上显著，P值和临界值是采用Bootstrap法反复抽样400次得到。

绘制上述门槛变量的似然比函数图（见图5-4），图5-4中水平虚线是LR在5%显著性水平下的临界值7.35，似然比统计量LR值均小于5%显著性水平下的临界值，处于原假设接受域内，满足原假设，说明门槛回归模型的门槛值等同于实际门槛值，这与前面的显著性检验结果相一致。

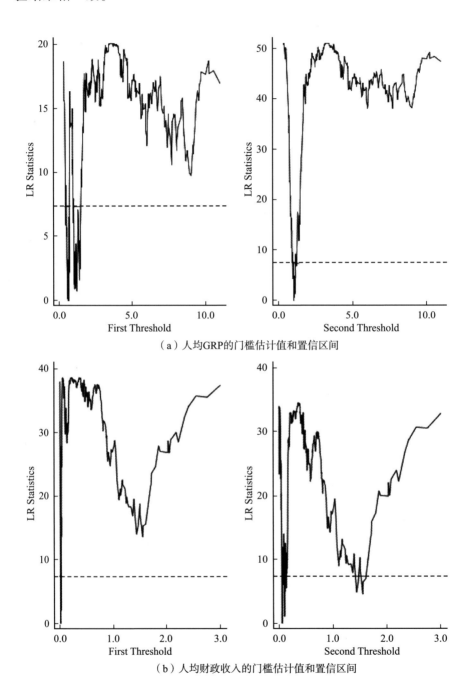

（a）人均GRP的门槛估计值和置信区间

（b）人均财政收入的门槛估计值和置信区间

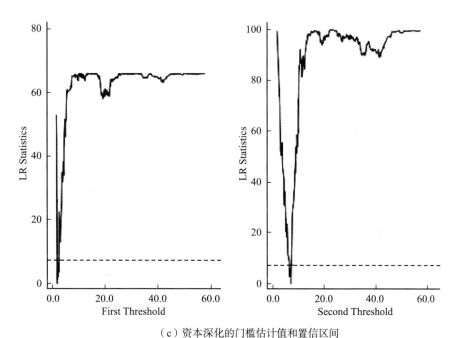

（c）资本深化的门槛估计值和置信区间

图 5 - 4　门槛值的估计结果及 95% 的置信区间

在检验了门槛效应的存在性及门槛值的真实性后，再利用面板门槛模型进行回归分析，门槛回归模型参数估计结果如表 5 - 10 所示。

表 5 - 10　　　　　　　　门槛回归模型参数估计结果

变量及统计参数	门槛变量		
	人均地方生产总值	人均财政收入	资本深化
mi_1	-0.1335 *** (-3.56)	-0.1633 *** (-3.52)	-0.2602 *** (-5.32)
mi_2	0.0293 (0.82)	0.0282 (0.79)	-0.0120 (-0.34)
mi_3	0.1553 *** (5.08)	0.1609 *** (5.22)	0.1551 *** (5.15)
其他变量	控制	控制	控制

变量及统计参数	门槛变量		
	人均地方生产总值	人均财政收入	资本深化
常数项	0.3742 *** (12.33)	0.3737 *** (12.14)	0.3619 *** (12.26)
样本量	697	697	697
R-squared	0.8649	0.8625	0.8687

注：括号内为 t 值，*** 、 ** 、 * 分别表示在 1%、5%、10% 的显著性水平上显著。

从表 5-10 中可以发现，人均地方生产总值低于第一个门槛值时，市场一体化对城市环境治理的影响效应为负，当人均地方生产总值越过第一个门槛值后，市场一体化的环境治理效应由负转正，刚开始正向效应不显著，此后有显著增强的趋势，并呈现出"U"型的变化轨迹。人均财政收入对市场一体化的环境治理效应也具有类似的门槛效应，说明在人均财政收入对市场一体化的环境治理效应有瓶颈作用，只有突破了人均财政收入的瓶颈约束，市场一体化的环境治理效应才有不断加强的效果。资本深化显示了一个城市的资源禀赋特征，也能显示出一个城市的生产率水平，当资本深化水平小于第一个门槛值时，市场一体化对城市环境治理的影响效应显著为负，原因在于资本深化水平不足的城市只能承接低技术密集型产品生产和产业转移，从而不利于促进城市环境治理水平的提升。此后，随着资本深化水平的提高，市场一体化对城市环境治理的损害逐渐减轻，直到超过第二个门槛值后，市场一体化对城市环境治理的影响效应才由负转正，这也表明，资本深化水平低的城市在长三角一体化进程中面临的城市环境治理压力较大。

第五节 本 章 小 结

本章在本书第二章提供的相关理论分析的基础上，利用面板数据模型实证检验了长三角市场一体化对城市环境治理的影响效应，实证研究结果显示，市场一体化整体上对城市环境治理有显著的积极作用，其中资本市场一体化对城市环境治理的促进作用最强，其次是商品市场一体化对城市环境治理的促进作用，劳动力市场一体化对城市环境治理的促进作用不显著，运用工具变量法和动态面板数据模型处理内生性问题后，此结论依然稳健。针对长三角市场一体化对城市环境门槛效应的实证研究结果显示，在长三角市场一体化影响城市环境治理的作用中，城市产业结构升级、产业集聚、金融发展、人均地方生产总值、人均财政收入和资本深化等均是具有显著的门槛效应特征，其中金融发展显示出递增的正向门槛效应特征，其他门槛变量都显示出先负后正的门槛效应特征，即在没有超过门槛值时不利于城市环境治理，超过门槛值后对环境治理有显著的促进作用，且这种促进作用大多具有递增效应。

上述实证研究结论可以为我们带来以下几点政策启示：第一，要进一步打破长三角区域行政壁垒和市场分割，以市场一体化为核心，推进长三角区域市场一体化建设，深化要素市场一体化改革，尤其要推进资本、人才、知识产权和技术等关键高级生产要素市场一体化体系建设，充分发挥长三角统一大市场优势，利用市场一体化推进城市环境质量提升；第二，建立和完善长三角地区金融合作框架，促进金融要素有序流动和金融资源高效配置，加强长三角资本市场一体化对城市环境治理绩效提升的支持力度，尤其是要减少"银政壁垒"对资本跨区域流动的限制，更好地发挥长三角资本市场一体化对城市环境治理绩效的促进作用；第三，考虑到产业结构升级、产业集聚、人均地方生产总值、人均财政收入和资本深化等均有先负后正的门槛效应特征，因此长三角外围区城市或新进城市要尽快越过第一门槛值，在越过门槛值之前，要努力防范并减轻一体化早期对本地经济发展可能带来的环境治理压力。

第六章 长三角一体化与环境治理的空间交互影响

本章基于空间联立方程模型进行系统估计，实证研究了长三角一体化与环境治理的双向互动效应，进一步回答了长三角一体化与环境治理是否存在交互影响的关系，同时关注环境治理与长三角一体化的空间溢出效应，为当前长三角一体化与环境协同治理提供了科学决策依据和实证结果支撑。

第一节 引 言

根据生态环境部发布的《2021 生态环境公报》中披露的信息，2020年长三角区域 41 个地级以上城市优良天数比例范围为 74.8%～99.7%，最低比例仅为 74.8%，平均为 86.7%。长三角地区秋冬季节气象条件整体偏差，不利于大气污染物扩散，进一步加大了区域大气污染治理压力。由于长三角地区水系发达，河网密集分布，紧密关联着长三角许多地区的县市，水域治理"牵一发而动全身"，仅靠单一地区治理无法取得预期效果，需要多地区协同治理。近年来，随着快递业、外卖行业迅猛发展，衍生出纸板包装盒、胶带、一次性餐具等大量生活固废垃圾，这也对长三角区域环境治理带来了新的挑战。

长三角地区包含江苏省、浙江省、上海市、安徽省所有 41 个地级以上城市，地处亚热带季风气候，河网密集，湖泊棋布，总人口约为 2.3

亿人,区域面积 35.9 万平方千米。长三角地理位置特殊,污染源复杂,使生态环境污染极易出现连锁反应和外溢影响,增加了区域性环境污染和环境突发事件的发生风险和不确定性。自然生态环境的相似性使长三角地区的环境问题趋向共性,"一荣俱荣、一损俱损"的流域生态特点极易导致长三角地区环境污染事件的连锁效应,区域性、流域性生态破坏和环境污染事件频发,加大了长三角区域环境污染治理的难度,严重制约了长三角一体化高质量发展,从而对长三角一体化与环境治理协同发展提出了更高的要求。

长三角更高层次一体化发展离不开环境协同治理,环境协同治理提升需要市场一体化支撑,推进长三角一体化大市场建设,可以充分释放大规模市场潜力,消除区域市场分割导致区域产业结构同构和低水平重复建设带来的资源低效配置和资源浪费,避免区域环境污染碎片化治理,从而促进环境要素市场形成,促进城市环境治理改进。当前,长三角生态绿色一体化发展示范区已经正式揭牌运行,正积极探索更加有效的生态绿色一体化发展制度体系,示范引领长三角更高质量一体化发展。长三角生态绿色一体化发展示范区不破行政隶属又要打破行政边界,探索区域一体化生态友好型发展模式。那么,长三角一体化是否促进了地区环境治理,环境治理是否反向推动长三角一体化发展,对这些问题进行理论与实证研究很有现实意义,相关结论可以为当前长三角生态绿色一体化发展示范区建设提供必要的决策参考和实证支持。

本章将长三角一体化与环境治理统一纳入空间联立方程模型,采用广义空间三阶段最小二乘方法(GS3SLS)进行估计,验证长三角一体化与环境治理之间的交互关系及空间溢出效应,试图在以下几个方面作出边际贡献:一是系统揭示长三角一体化与环境治理之间相互影响、相互促进的双向互动机制,以克服现有文献集中关注长三角一体化对环境治理的单向作用研究而对两者之间双向互动机制研究不足的问题;二是运用空间面板联立方程模型和 GS3SLS 方法,对长三角一体化与环境治理之间的双向互动关系及空间溢出效应进行实证研究,以缓解单方程计量模型可能存在的内生性问题，同时克服忽视空间因素可能导致的模型估计偏误。

第二节　区域一体化与环境治理交互影响机制

一、区域市场一体化对环境治理的作用机制

区域市场一体化主要通过污染性产业转移、产业集聚、产业结构高级化、经济开放水平提高、环境规制协同等渠道对城市环境治理形成影响。

第一，市场一体化会促进区域内城市之间基于专业化分工的产业合作（范剑勇，2004），有利于提高生产效率和资源利用率，同时也有可能出现污染密集型产业的空间转移和扩散。一般而言，经济发展水平高的城市对企业环境规制压力大，迫使环境敏感性企业加强污染治理，一些企业为减少污染治理成本，将污染密集型产业转移到环境成本低的城市，从而导致污染密集型产业和污染排放的空间转移，有利于中心城市环境质量提升，但是加大了外围城市环境治理的压力。

第二，区域市场一体化会促进生产要素和商品在区域内自由流动，导致经济活动在区域内的空间集聚。经济活动的空间集聚虽然一方面因为产能增加导致污染排放增加和空间拥堵，不利于环境治理，但是另一方面也可能带来污染治理的规模效应、污染治理的专业化分工优势、绿色创新技术开发和扩散等，从而有利于促进减排（陆铭和冯浩，2014；豆建民和张可，2015）。吕越和张昊天（2021）利用企业合并微观数据进行实证研究发现，区域市场一体化有利于构建一体化统一大市场，减少"行政区经济"导致的市场壁垒，有助于通过规模效应、技术效应、配置效应三个渠道促进企业污染排放下降。

第三，区域市场一体化会促进市场开放水平提高，降低贸易壁垒和贸易成本。本地企业和居民根据比较优势原则，更愿意从环境要素成本低的市场购买环境敏感性产品，从而产生对本地污染密集型产品生产和消费的替代，有利于促进本地环境改善。赵惠和吴金希（2020）使用环境库兹涅茨曲线和向量自回归模型进行测度分析，认为北京市和河北省之间存在污染物排放转移。相反，国内市场分割则会提高企业在国内的交易成本，为规避国内市场较高的交易成本，本土企业在其尚不具备国际化竞争优势时，也不得不倾向于寻找出口机会，并以低成本和低价格优势加大出口替代内销，从而加大了国内企业对国际市场的依赖，导致低效率生产企业过早地形成以出口替代内销的成长模式（高宇，2016；吴群锋等，2021；张学良等，2021），大量出口企业挤在全球价值链中低端环节，加大了国内能源消费和生态环境治理的压力。张可（2020）研究认为长三角市场一体化与环境污染之间存在倒"U"型关系，即市场一体化达到一定水平后能显著降低环境污染。

第四，区域市场一体化会推进区域环境规制协同，提升城市环境治理水平。早期文献通常假设环境规制是一外生变量，并认为地方政府之间的环境规制是相互独立的行为，没有考虑地方政府之间的环境规制策略互动。环境规制一旦成为地方政府之间的竞争手段，就有可能出现竞相降低环境规制（Race to the bottom）的环境竞次行为，从而不利于环境治理（Barrett，1994）。区域市场一体化有利于改良政府之间的环境规制策略互动行为，促进地方政府之间的环境规制竞争由"竞底效应"转向"标尺效应"（张文彬等，2010；陆立军和陈丹波，2019），促进城市环境污染协同治理。

第五，区域市场一体化自身存在空间溢出效应，区域一体化发展会产生空间外溢效应，即区域市场范围不断突破原有的边界而向外扩张，促进区域范围以外的其他城市融入区域市场一体化，从而有利于在更大范围促进资源的有效配置和环境治理的改进（龚新蜀等，2021）。周文通等（2017）研究结果表明，城市市场一体化对周边区县经济存在"阴影效应"。叶作义和江千文（2020）利用多区域投入产出模型进行研究发现，长三角省级行政地区间的产业关联效应和溢出效应均较弱。

另外，也有一些文献将区域一体化视作一次准自然实验，运用双重差分模型评估区域一体化政策的环境效应及其作用机制。李和林（Li & Lin，2017）研究认为中国的区域一体化对能源和二氧化碳排放绩效产生了显著的积极影响，促进了区域环境质量改善。尤济红和陈喜强（2019）运用双重差分法研究认为，长三角城市群扩容有显著的减排效应，促进了原位城市的污染密集度下降，同时并未增加新加入城市的排污密度。郭艺（2022）运用双重差分模型研究发现，长三角区域一体化整体上降低了城市碳排放。

二、环境治理对区域市场一体化的反作用机制

目前，有关区域市场一体化对城市环境治理影响的研究文献较丰富，相对而言，有关环境治理对区域市场一体化反向影响的研究文献较少。事实上，区域市场一体化影响环境治理，环境治理又会反作用于区域市场一体化，即通过健全环境治理参与区域市场一体化的方式、手段和途径，可以实现区域市场一体化和环境治理协同共进。梳理相关文献，环境治理对区域市场一体化的影响表现在以下几个方面：

第一，美好的生态环境是一种公共产品，依据单个城市开展环境治理无法保障公众享有高质量的环境保障，为避免"公共地悲剧"的发生，必须推动区域内相关城市开展环境协同治理。我国区域环境协同治理试点及推广实践为此提供了鲜活的例证，比如京津冀地区协同发展上升为国家战略，这与三地协作探索大气污染区域联防联控有很大关系，长江经济带战略的实施也与协同治理长江流域水环境污染有密切关系。粤港澳大湾区、黄河流域和长三角地区环境污染协同治理实践表明，地方政府之间为减少集体行动困境，形成了多种形式的环境治理合作机制，有利于实现区域性环境协同治理（蔡岚，2019；司林波和张盼，2022；

吴建南等，2020）。除了地方政府协作外，我国还积极运用排放权交易制度和生态保护补偿制度等市场化手段，努力构建以政府为主导、企业为主体、社会组织和公众共同参与的现代环境治理体系，有利于打破行政区划壁垒和市场分割，加快形成环境治理推进区域市场一体化的社会共治局面（余泳泽和尹立平，2022）。

第二，城市环境治理的数字化、信息化和市场化，有利于促进环境要素市场一体化的形成。党的十八大以来，党和国家高度重视生态文明建设，充分运用市场化手段推进生态环境治理，如吸引更多社会资本进入生态环境保护领域、健全资源环境要素价格形成和实现机制、优化排放权交易制度和生态补偿制度、推行企业环境信息披露制度和绿色金融制度，不仅促进了环境治理，也加快了环境要素市场一体化。目前，以大数据和人工智能为代表的环保数字化和信息化建设，为创新环境治理参与区域市场一体化提供了有效的技术支持，缓解了环境信息不对称问题，加强企业环保信用意识，提高企业参与环境治理和环境要素市场交易的自主性，有利于促进环境要素市场一体化的形成（申明浩和谭伟杰，2022）。

第三，环境治理的系统性和整体性，也有利于促进区域市场一体化建设。习近平总书记强调："山水林田湖草是生命共同体，要统筹兼顾、整体施策、多措并举，全方位、全地域、全过程开展生态文明建设。"因此，践行生态文明系统观，必须积极推进区域环境治理合作。另外，城市环境治理本质上需要推进城市绿色转型，促进城市产业结构升级和绿色技术创新，以避免不同城市之间产业同构和重复建设，这也要求不同城市之间需要加强专业化分工与市场一体化协作。

三、区域市场一体化与环境治理的空间交互机制

基于上述分析，区域市场一体化有利于推进城市环境协同治理，同时，现代环境治理体系和市场化环境治理也会推进区域市场一体化发展，

两者之间相互影响、相互促进。另外，区域市场一体化本身具有空间溢出性影响，本地市场一体化会影响并带动其相邻城市和周边城市的市场联动，从而有利于促进区域市场一体化扩张；周边城市市场一体化发展会带动产业转移和产业协作，从而对其他城市环境治理产生空间交互影响效应。环境治理也具有显著的外部性和空间相关性，本地城市环境治理不仅取决于其自身的环保努力，还与周边城市的环保策略行为有很大关联，在环境保护已被纳入地方政府政绩考核的背景下，本地环境规制的提高，迫使周边城市采取跟随战略，也加强环境规制，以吸引高端产业和人才的进入；周边城市环境质量提升，会影响劳动力和资源向环境质量好的城市流动和集聚，也有可能产生城市极化效应，从而不利于其他城市一体化。因此，区域市场一体化与环境治理两者之间不仅存在双向互动影响，还存在空间外溢影响，两者之间的空间交互影响机制如图 6-1 所示。

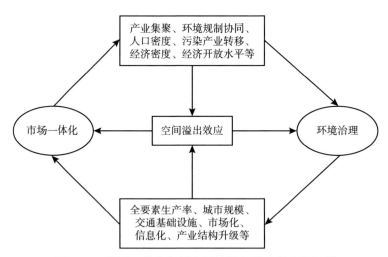

图 6-1　区域一体化与城市环境治理的空间交互机制

如图 6-1 所示，区域市场一体化通过产业转移、产业集聚、产业结构升级、污染排放空间分布和经济开放水平等影响城市环境治理，但是城市环境治理反过来也对区域市场一体化提出了更高的环保要求，并通

过市化、信息化、交通设施网络化建设、产业一体化协作、绿色创新
等促进城市环境治理。现有文献更多地关注区域一体化对环境治理的单
向作用机制，对区域一体化与环境治理之间的双向互动机制研究不足。
本书在现有文献研究基础上，进一步对区域一体化与环境治理的交互影
响开展了实证研究。

第三节　模型、方法与数据

一、空间联立方程模型设定

由于传统的面板数据联立方程模型忽略了变量之间可能存在的空间
溢出效应，而诸如空间滞后模型（SLM）、空间误差模型（SEM）和空间
杜宾模型（SDM）等传统空间计量模型无法对被解释变量与解释变量之
间的互动关系进行系统刻画。空间联立方程模型不仅能够刻画核心变量
的空间相关性，并且还能刻画被解释变量与解释变量之间的交互影响效
应。因此，本节将长三角市场一体化指数与环境治理指数统一纳入空间
联立方程模型，采用广义空间三阶段最小二乘（Generalized Spatial Three-
stage Least Square，GS3SLS）方法进行估计（Kelejian & Prucha，2004），
验证长三角市场一体化与环境治理之间的交互关系及空间溢出效应，同
时还进一步考察商品市场、资本市场和劳动力市场三个子市场一体化与
环境治理之间的交互关系及空间溢出效应，基于上述思路，构建空间面
板联立方程模型如公式（6-1）和公式（6-2）所示：

$$en_{it} = \alpha_0 + \alpha_1 \sum_{j \neq i}^{n} W_{ij} en_{jt} + \alpha_2 \sum_{j \neq i}^{n} W_{ij} mi_{jt} + \alpha_3 mi_{it} + \alpha X_{it} + \varepsilon_{it} \qquad (6-1)$$

$$mi_{it} = \beta_0 + \beta_1 \sum_{j \neq i}^{n} W_{ij} mi_{jt} + \beta_2 \sum_{j \neq i}^{n} W_{ij} en_{jt} + \beta_3 en_{it} + \beta Z_{it} + \mu_{it} \qquad (6-2)$$

其中，en_{it} 和 mi_{it} 分别表示 i 城市第 t 年的环境治理指数和市场一体化

指数，X_{it} 和 Z_{it} 分别表示影响城市环境治理和市场一体化水平的一组控制变量，α_0 和 β_0 为常数项，ε_{it} 和 μ_{it} 为随机误差项；α_1 和 β_1 分别表示周边城市环境治理和市场一体化水平的空间溢出估计系数；α_2 和 β_2 分别用来检验城市环境治理和市场一体化的空间交互影响效应；α_3 和 β_3 分别用来刻画城市环境治理和市场一体化的内生关系，该数值显著为正（负）则表示市场一体化（城市环境治理）对城市环境治理（市场一体化）具有促进（抑制）作用；W 为空间邻接权重矩阵。在对三个子市场一体化与环境治理之间的交互关系及空间溢出效应进行实证研究时，将公式（6-1）和公式（6-2）中的市场一体化指数（mi）分别替换为商品市场一体化指数（cmi）、资本市场一体化指数（kmi）和劳动力市场一体化指数（lmi）。

二、变量、指标与数据

考虑到相关统计数据可得性、统计口径一致性和统计数据的完整性要求，根据区域一体化与城市环境治理的空间交互影响机制的论述，分别选取影响城市一体化与城市环境治理的系列控制变量，对空间联立方程模型中相关变量的含义、测量指标及其数据来源说明如下：

（一）内生变量

空间联立方程模型含有两个内生变量：一是城市环境治理指数（en），从工业污染治理、生活污染治理和生态环境建设三个维度进行综合评价，采取全局熵权法进行测度，具体测算方法及结果见本书第四章；二是市场一体化指数（mi），采用相对价格法，从商品市场、资本市场和劳动力市场三个维度测算长三角市场一体化综合指数，具体测算方法及结果见本书第三章。

（二）控制变量

影响环境治理的控制变量 X 包括：金融发展水平（fin），用金融机构年末存贷款余额占地区生产总值的比值衡量；全要素生产率（tfp），基于超越对数生产函数，使用随机前沿分析方法（SFA）进行测算，要素投入包括资本和劳动投入，资本投入以固定资本存量表示，采用永续盘存法进行估算，劳动投入采用年末从业人员数，产出指标是用价格指数平减后的实际GDP；城市规模（scl），用城市年末人口数（万人）表示，取其自然对数值；工业集聚（ia），用各城市工业增加值占长三角地区工业增加值总量的百分比（％）表示；产业结构（is），用第三产业增加值与地区生产总值的比值表示；环境规制强度（er），借鉴陈诗一和陈登科（2018）、邓慧慧和杨露鑫（2019）使用的文本分析方法，以地方政府工作报告中与环境相关词汇出现频数及其比重来表示；人均财政预算收入（bp），用财政预算收入与城市人口的比值（万元/人）来表示；人口密度（pdn），用城市年末总人口数/土地面积（千人/km²）来表示；经济开放水平（fdi），用当年实际利用外资额占地区生产总值的比值表示，其中实际利用外资额使用当年人民币兑美元汇率将其换算成人民币单位；工业二氧化硫排放集中度（pa），用污染排放强度的区位熵指数来表示，分子是某城市工业二氧化硫排放量与长三角地区工业二氧化硫排放总量的比值，分母是该城市工业增加值与长三角地区工业增加值总量的比值；经济密度（edn），用非农生产总值与城市总面积的比值来度量（亿元/km²）。

影响市场一体化水平的控制变量 Z 包括：金融发展水平（fin），计算方法同上；全要素生产率（tfp），计算方法同上；城市规模（scl），计算方法同上；工业集聚度（ia），用各城市工业增加值占长三角地区工业增加值总和的百分比（％）表示；产业结构升级（ind），用各城市第三产业增加值与第二产业增加值之比来表示；市场化水平（mkt），借鉴孙作人等（2021）和樊纲等（2003）的方法构建城市市场化指数；经济发展水平（pgdp），用实际人均GDP（万元/人）表示；互联网宽带普及率（net），用城市互联网用户数占城市常住人口总数的百分比（％）表示；城市交通基础设施（infr），用各城市公路里程数与土地面积的比值（千米/km^2）表示。

（三）变量的描述性统计

选取 2003~2019 年长三角全域 41 个地级以上城市作为研究样本，相关变量对应的指标数据主要从国泰安和 EPS 数据库中提取并整理，部分缺失数据根据各城市统计年鉴补齐，各变量的描述性统计分析结果如表 6-1 所示。

表6-1   相关变量的描述性统计分析

变量	平均值	标准差	最小值	最大值	变量	平均值	标准差	最小值	最大值
en	0.622	0.125	0.228	0.911	bp	0.516	0.628	0.011	4.878
mi	0.417	0.073	0.245	0.644	pdn	0.653	0.338	0.144	2.317
cmi	0.570	0.165	0.214	0.992	fdi	2.184	2.206	0.001	12.108
kmi	0.371	0.108	0.182	0.746	pa	1.494	1.307	0.152	9.852
lmi	0.308	0.087	0.144	0.567	edn	0.401	0.638	0.007	5.999
fin	2.384	0.890	0.967	5.845	ind	0.918	0.172	0.552	2.693
tfp	0.933	0.021	0.876	0.974	mkt	10.385	3.068	2.826	18.449
scl	6.039	0.619	4.261	7.293	pgdp	3.794	2.593	0.246	14.615
ia	2.439	2.894	0.123	19.204	net	17.345	14.632	0.317	125.868
is	0.407	0.079	0.234	0.727	infr	1.198	0.422	0.2571	2.499
er	0.005	0.003	0.001	0.017					

第四节   实证结果分析

一、空间联立方程模型估计结果分析

（一）市场一体化综合指数回归结果分析

在运用空间联立方程模型进行实证研究之前，使用全域莫兰指数

（Global Moran's I）与莫兰散点图来测度核心变量 *en* 和 *ai* 空间自相关性，结果显示，核心变量具有明显的空间自相关性和空间依赖性，因此后文将基于邻近空间权重矩阵，采用空间联立方程模型对市场一体化与环境治理之间的相互关系进行研究。

为了考察 GS3SLS 在空间联立方程估计上的表现，本书同时采用三阶段最小二乘法（3SLS）进行估计，表 6 - 2 同时报告了联立方程模型 3SLS 和 GS3SLS 的回归结果，从表中可以发现，模型中所有变量系数估计值的正负号没有显著差异，只是个别变量系数估计值的显著性略有变化。由于 GS3SLS 估计考虑了空间相关性，整体表现要优于 3SLS，下面主要针对 GS3SLS 的估计结果进行分析。

表 6 - 2　　　　　市场一体化综合指数 3SLS 和 GS3SLS 估计结果

解释变量	3SLS		GS3SLS	
	en	*mi*	*en*	*mi*
en		0. 1232 *** （0. 0408）		0. 3009 *** （0. 0318）
mi	1. 3087 *** （0. 1005）		1. 4667 *** （0. 0687）	
$W \times en$			0. 0708 *** （0. 0149）	- 0. 0175 * （0. 0108）
$W \times mi$			- 0. 1139 *** （0. 0206）	0. 0316 ** （0. 0150）
fin	0. 0371 *** （0. 0051）	- 0. 0215 *** （0. 0034）	0. 0352 *** （0. 0045）	- 0. 0232 *** （0. 0032）
tfp	1. 0481 *** （0. 2508）	- 0. 1241 （0. 1907）	0. 6652 ** （0. 2681）	- 0. 2681 （0. 2088）
scl	- 0. 0443 *** （0. 0068）	0. 0254 *** （0. 0041）	- 0. 0524 *** （0. 0057）	0. 0288 *** （0. 0040）
ia	0. 0078 *** （0. 0024）	- 0. 0025 * （0. 0014）	0. 0094 *** （0. 0023）	- 0. 0016 （0. 0016）

解释变量	3SLS		GS3SLS	
	en	*mi*	*en*	*mi*
is	0. 1374 *** (0. 0504)		0. 1281 *** (0. 0449)	
er	5. 4280 *** (1. 2656)		2. 5829 ** (1. 0434)	
bp	− 0. 0271 * (0. 0142)		− 0. 0341 *** (0. 0124)	
pdns	− 0. 1564 *** (0. 0164)		− 0. 1403 *** (0. 0138)	
fdi	0. 0021 ** (0. 0010)		0. 0007 (0. 0009)	
pa	− 0. 0028 (0. 0021)		− 0. 0049 *** (0. 0019)	
edns	0. 0251 (0. 0155)		0. 0372 *** (0. 0136)	
ind		0. 0779 *** (0. 0134)		0. 0638 *** (0. 0132)
mrkt		0. 0062 *** (0. 0008)		0. 0046 *** (0. 0007)
pgdp		− 0. 0029 * (0. 0015)		− 0. 0029 * (0. 0016)
net		0. 0016 *** (0. 0002)		0. 0009 *** (0. 0002)
infr		0. 0018 *** (0. 0002)		0. 0013 *** (0. 0002)
常数项	− 0. 7176 *** (0. 2344)	0. 1690 (0. 1691)	− 0. 3491 (0. 2504)	− 0. 2162 (0. 1887)
样本量 N	697	697	697	697
调整后 R^2	0. 5672	0. 4695	0. 6596	0. 5368

注：***、**、* 分别表示在1%、5%、10%的显著性水平上显著，括号中为标准误，W 是邻接空间权重矩阵。

先分析 en 方程的估计结果，从 GS3SLS 回归结果来看：（1）市场一体化（mi）对环境治理的影响系数为 1.47 且通过 1% 显著性水平检验，表明市场一体化显著促进了城市环境治理；（2）从城市空间互动效应来看，周边城市环境治理对本地城市环境治理的影响显著为正，表明城市环境治理有明显的正向空间溢出效应，但是周边城市市场一体化对本地城市环境治理的空间交互影响效应显著为负，这可能与市场一体化带来的污染产业空间转移有关，市场一体化水平提高，使污染产业更容易转移到经济发展水平低的城市，对这些产业承接城市而言，周边城市市场一体化水平越高，本地城市因污染产业转移带来的环境治理压力就越大；（3）金融发展水平（fin）显著促进城市环境治理水平的提高，这是因为城市金融发展水平高，可以为城市绿色金融和环保产业发展提供更多的资金支持；（4）全要素生产率（tfp）通过效率改进和技术进步提高资源使用效率和生产技术进步，显著促进了城市环境治理水平的提高；（5）城市规模（scl）不利于环境治理提升，长三角城市正处于城市化快速发展时期，城市规模扩大伴随着人口城市化和土地城市化的双重扩张，加大城市空间"拥堵效应"，能源消耗和土地用途变更导致污染排放增加，对城市环境治理有负面影响；（6）工业集聚（ia）对城市环境治理有显著的积极影响，工业集聚通过规模效应、技术溢出效应和外部效应，能提升城市环境污染治理效率；（7）产业结构升级（is）对城市环境治理有显著的正面影响；（8）政府环境规制强度（er）显著促进城市环境治理水平提高；（9）人均财政预算收入（bp）对城市环境治理有显著的不利影响，说明地方政府预算支出的环保导向效应不显著；（10）人口密度（$pdns$）对城市环境治理有显著的负面影响，城市人口密度提高会产生资源和要素的"拥挤效应"和污染集中排放，加大城市环境治理压力，从而对城市环境治理能力提出更高要求；（11）经济开放水平（fdi）对城市环境治理有正向影响但不显著，外商投资对城市环境治理提升的促进作用有待进一步加强；（12）工业二氧化硫排放集中度（pa）对城市环境治理有显著的负向影响，随着污染产业空间转移，工业二氧化硫排放集中度呈下降趋势,有利于减轻城市环境治理压力;(13)经济密度($edns$)显著促进城市环境治理,经济密度反映了城市经济增长的集约化程度,有利于减少城市污染排放。

再看市场一体化指数(mi)方程回归结果:(1)环境治理对市场一体化的影响系数为0.3且通过1%显著性水平检验,表明环境治理水平的提升,有利于促进市场一体化,这可能是因为环境污染具有明显的外部性,不同城市之间只有加强产业协作和市场机制,才能实现污染有效治理,城市间在环境治理上的互动协作有利于促进市场一体化发展;(2)从城市空间互动效应来看,周边城市市场一体化对本地城市市场一体化的影响显著为正,表明周边城市市场一体化有明显的正向空间溢出效应,但是周边城市环境治理对本地城市市场一体化的空间交互影响效应显著为负,原因可能在于城市环境作为一种公共产品,对人口流动和产业投资具有强大的吸引力,劳动力和资源倾向于流向环境治理好的城市,会导致环境治理水平高的城市趋于极化发展模式,对周边城市劳动力和资源形成虹吸效应,从而不利于周边城市市场一体化发展,显然,周边城市要减少这种负面影响,应该采取标杆式环境规制策略而不能采取逐底式环境规制竞争策略;(3)金融发展水平(fin)对市场一体化有负面影响,因为金融集聚不利于支持市场一体化发展;(4)全要素生产率(tfp)对市场一体化无显著影响;(5)城市规模(scl)对市场一体化有显著的积极影响,规模大的城市更容易与周边城市形成产业协作和经济合作;(6)工业集聚(ia)对市场一体化有负面影响,工业集聚在一定条件下存在"本地市场效应",从而加剧市场分割;(7)产业结构升级(ind)显示了第三产业的增长趋势,第三产业具有天然的产业黏合性,第三产业的发展有利于推进不同城市间产业分工和协作,从而有利于推进市场一体化;(8)市场化水平($mrkt$)提高有利于促进商品和生产要素的跨区域流动,从而促进区域市场一体化发展;(9)实际人均GDP($pgdp$)对市场一体化有不利影响,并在10%显著性水平上显著;(10)互联网宽带普及率(net)显示了城市信息化水平,对市场一体化有显著的促进作用；（11）交通基础设施（$infr$）为市场一体化提供了空间连接支持，对市场一体化有显著的正向影响。

综合上述空间联立方程模型的 GS3SLS 估计结果发现，本地市场一体化与本地环境治理之间存在相互促进、相互影响的正向互动关系，周边城市市场一体化对本地市场一体化具有显著地正向空间溢出效应，周边城市环境治理对本地城市环境治理也有显著地正向空间溢出效应，但是周边城市市场一体化对本地城市环境治理具有显著地负向空间溢出效应，周边城市环境治理对本地城市市场一体化也同样具有显著地负向空间溢出效应，这些实证研究结论对如何推进区域市场一体化和环境治理协调发展提供了丰富的启示。

（二）三个子市场一体化指数回归结果分析

三个子市场一体化指数空间联立方程模型的 GS3SLS 回归结果如表 6-3 所示，同市场一体化综合指数的空间联立方程模型的 GS3SLS 回归结果相比较，模型中核心解释变量系数估计值的正负号及其显著性没有显著变化，前述实证研究结论仍然成立。实证研究结果显示，商品市场一体化（cmi）、资本市场一体化（kmi）和劳动力市场一体化（lmi）对城市环境治理的促进作用依次递增。

表 6-3　　　　　　　三个子市场一体化指数 GS3SLS 回归结果

解释变量	空间联立方程模型 I		空间联立方程模型 II		空间联立方程模型 III	
	en	cmi	en	kmi	en	lmi
en		0.5384 *** （0.0634）		0.3790 *** （0.0453）		0.2872 *** （0.0351）
$W \times en$	0.1183 *** （0.0144）	-0.1338 *** （0.0158）	0.1421 *** （0.0113）	-0.0869 *** （0.0088）	0.1496 *** （0.0130）	-0.0622 *** （0.0071）
cmi	0.8789 *** （0.0425）					

续表

解释变量	空间联立方程模型 I		空间联立方程模型 II		空间联立方程模型 III	
	en	cmi	en	kmi	en	lmi
kmi			1.4713 *** (0.0668)			
lmi					2.2209 *** (0.1329)	
$W \times cmi$	−0.1278 *** (0.0143)	0.1399 *** (0.0154)				
$W \times kmi$			−0.2448 *** (0.0172)	0.1492 *** (0.0128)		
$W \times lmi$					−0.3117 *** (0.0244)	0.1288 *** (0.0131)
fin	0.0313 *** (0.0053)	−0.0347 *** (0.0067)	0.0405 *** (0.0054)	−0.0256 *** (0.0047)	0.0280 *** (0.0065)	0.0120 *** (0.0036)
tfp	0.3080 (0.3144)	0.2656 (0.4241)	0.0031 (0.3194)	0.3677 (0.2882)	0.5699 (0.3733)	−0.1188 (0.2195)
$scale$	−0.0545 *** (0.0069)	0.0537 *** (0.0082)	−0.0587 *** (0.0070)	0.0362 *** (0.0058)	−0.0366 *** (0.0084)	0.0153 *** (0.0046)
ia	0.0112 *** (0.0026)	−0.0085 *** (0.0030)	0.0125 *** (0.0027)	−0.0051 ** (0.0021)	0.0029 (0.0032)	−0.0007 (0.0017)
is	0.1671 *** (0.0475)		0.0984 ** (0.0478)		0.0554 (0.0496)	
er	2.7568 ** (1.1892)		2.7322 *** (1.0564)		2.2812 ** (1.1246)	
bg	−0.0254 * (0.0135)		−0.0331 ** (0.0132)		−0.0228 (0.0139)	
$pdns$	−0.1242 *** (0.0151)		−0.1381 *** (0.0162)		−0.1051 *** (0.0174)	
fdi	0.0017 (0.0011)		0.0001 (0.0009)		−0.0006 (0.0012)	
pa	−0.0062 *** (0.0021)		−0.0026 (0.0019)		−0.0025 (0.0020)	

续表

解释变量	空间联立方程模型 I		空间联立方程模型 II		空间联立方程模型 III	
	en	cmi	en	kmi	en	lmi
edns	0.0221 (0.0146)		0.0573 *** (0.0153)		0.0248 (0.0154)	
ind		0.1001 *** (0.0265)		0.0275 (0.0174)		0.0334 *** (0.0128)
mrkt		0.0061 *** (0.0014)		0.0030 *** (0.0008)		0.0013 ** (0.0006)
pgrp		−0.0020 (0.0030)		−0.0043 ** (0.0019)		−0.0011 (0.0014)
net		0.0013 *** (0.0004)		0.0008 *** (0.0002)		0.0004 ** (0.0002)
infr		0.0023 *** (0.0004)		0.0010 *** (0.0002)		0.0006 *** (0.0002)
常数项	0.0649 (0.2906)	−0.4339 (0.3763)	0.3501 (0.2965)	−0.4349 * (0.2593)	−0.3918 (0.3480)	0.1103 (0.1990)
样本量 N	697	697	697	697	697	697
调整后 R^2	0.3359	0.5624	0.3805	0.4991	0.3302	0.5043

注：***、**、* 分别表示在 1%、5%、10% 的显著性水平上显著，括号中为标准误。W 为邻接空间权重矩阵。

二、空间联立方程模型稳健性检验

（一）基于反距离空间权重矩阵的稳健性检验

在上述实证研究中，同时运用 3SLS 和 GS3SLS 方法对空间联立方程模型进行估计，然后将模型中的市场一体化综合指数（mi）分别替换成商品市场一体化指数（cmi）、资本市场一体化指数（kmi）和劳动力市场一体化指数（lmi）后进行再估计，模型中核心变量的参数估计结果并无显著差异，这也在一定程度上表明模型估计结果是稳健的。考虑到不同的空间权重矩阵设定可能会对模型估计结果产生影响，下面运用反距离空间权重矩阵对空间联立方程模型进行估计，反距离空间权重矩阵设定如公式（6-3）所示：

$$W_{ij} = \begin{cases} 1/d_{ij}, & i \neq j \\ 0, & i = j \end{cases} \quad (6-3)$$

其中，$d_{i,j}$ 为城市间地理距离，回归时将对其进行标准化处理。表6-4展示了引入反距离空间权重矩阵的空间联立方程模型的 GS3SLS 稳健性检验结果，核心变量的系数估计值的正负号均与前述结果保持一致，显著性水平略有差异，但是上述研究结论整体上依然成立。

表6-4　　　　　基于反距离空间权重矩阵的稳健性检验结果

方程（1）		方程（2）	
解释变量	被解释变量：en	解释变量	被解释变量：mi
mi	1.7601 *** (0.0653)	en	0.4781 *** (0.0237)
W2 × en	0.0677 *** (0.0041)	W2 × en	-0.0365 *** (0.0033)
W2 × mi	-0.1202 *** (0.0071)	W2 × mi	0.0649 *** (0.0046)
fin	0.0189 *** (0.0044)	fin	-0.0118 *** (0.0028)
tfp	0.8479 *** (0.2266)	tfp	-0.4375 *** (0.1501)
scl	-0.0607 *** (0.0057)	scl	0.0343 *** (0.0033)
ia	0.0067 *** (0.0019)	ia	-0.0022 ** (0.0011)
is	0.0467 (0.0317)	ind	0.0286 *** (0.0093)

续表

	方程（1）		方程（2）
解释变量	被解释变量：en	解释变量	被解释变量：mi
er	0.0962 (0.7432)	mrkt	0.0012 *** (0.0004)
bp	−0.0213 ** (0.0092)	pgdp	−0.0003 (0.0011)
pdns	−0.0580 *** (0.0108)	net	0.0003 *** (0.0001)
fdi	−0.0001 (0.0006)	infr	0.0004 *** (0.0001)
pa	−0.0013 (0.0013)		
edns	0.0162 (0.0103)		
常数项	−0.4279 ** (0.2086)	常数项	0.2241 * (0.1348)
样本量	697	样本量	697
调整后 R^2	0.6797	调整后 R^2	0.6403

注：***、**、* 分别表示在 1%、5%、10% 的显著性水平上显著，括号中为标准误，W_2 是反距离空间权重矩阵。

（二）调整样本后的稳健性检验

在长三角地区 41 个地级以上城市中，由于上海市是直辖市，且上海市在长三角城市处于领先地位，因此后文将上海市这一特殊城市从长三角城市样本中排除，利用余下的 40 个城市面板数据，运用 GS3SLS 方法进行空间联立方程模型稳健性检验，回归结果如表 6-5 所示。结果显示，无论是采用邻接空间权重矩阵还是反距离空间权重矩阵进行估计，核心变量的回归结果均没有发生显著变化。

表 6 - 5   调整样本后的稳健性检验结果

解释变量	邻接空间权重矩阵		反距离空间权重矩阵	
	en	*mi*	*en*	*mi*
en		0.5203 *** (0.0235)		0.4839 *** (0.0228)
mi	1.6912 *** (0.0611)		1.7983 *** (0.0654)	
W × en	0.1676 *** (0.0125)	− 0.0989 *** (0.0078)	0.0681 *** (0.0047)	− 0.0371 *** (0.0031)
W × mi	− 0.2674 *** (0.0188)	0.1555 *** (0.0118)	− 0.1218 *** (0.0069)	0.0659 *** (0.0043)
fin	0.0175 *** (0.0048)	− 0.0105 *** (0.0029)	0.0217 *** (0.0045)	− 0.0127 *** (0.0027)
tfp	− 0.1537 (0.2565)	0.1295 (0.1642)	0.4096 * (0.2487)	− 0.1832 (0.1565)
scl	− 0.0426 *** (0.0061)	0.0277 *** (0.0036)	− 0.0645 *** (0.0059)	0.0376 *** (0.0033)
ia	0.0098 *** (0.0026)	− 0.0062 *** (0.0015)	0.0129 *** (0.0025)	− 0.0074 *** (0.0014)
is	0.0092 (0.0303)		0.0306 (0.0301)	
er	0.0157 (1.1272)		− 0.3242 (0.6887)	
bp	− 0.0118 (0.0089)		− 0.0214 ** (0.0089)	
pdns	− 0.0449 *** (0.0128)		− 0.0535 *** (0.0112)	
fdi	0.0001 (0.0006)		− 0.0001 (0.0006)	
pa	0.0001 (0.0013)		− 0.0007 (0.0012)	

续表

解释变量	邻接空间权重矩阵		反距离空间权重矩阵	
	en	*mi*	*en*	*mi*
edns	0.0094 (0.0111)		0.0176 (0.0113)	
ind		0.0289 * (0.0172)		0.0269 * (0.0158)
mrkt		0.0011 ** (0.0004)		0.0009 ** (0.0004)
pgdp		0.0010 (0.0011)		0.0013 (0.0011)
net		0.0002 (0.0001)		0.0002 *** (0.0001)
infr		0.0002 *** (0.0001)		0.0003 *** (0.0001)
常数项	0.3180 (0.2389)	− 0.2218 (0.1479)	− 0.0233 (0.2301)	− 0.0201 (0.1401)
样本量	680	680	680	680
调整后 R^2	0.5460	0.5565	0.5357	0.5938

注：*** 、** 、* 分别表示在1%、5%、10%的显著性水平上显著，括号中为标准误。

第五节　结论与启示

一、研究结论

在长三角更高质量一体化发展背景下，选取2003～2019年长三角地区41个地级以上城市面板数据作为研究样本，将长三角市场一体化指数与环境治理指数统一纳入空间联立方程模型，采用广义空间三阶段最小二乘（GS3SLS）方法进行估计，以检验长三角市场一体化与环境治理之间的交互关系及空间溢出效应，并得到了以下研究结论：

第一，长三角市场一体化与环境治理之间存在相互影响、相互促进的互动关系。长三角市场一体化显著促进了城市环境治理，城市环境治理反过来也显著促进长三角市场一体化，相对而言，长三角市场一体化对城市环境治理的促进作用更大。

第二，周边城市市场一体化对本地城市市场一体化具有显著的正向空间溢出效应，在一定程度上证实了长三角市场一体化的空间蔓延演化特征，但是周边城市市场一体化会对本地城市环境治理产生显著的负向空间交互溢出效应，即周边城市市场一体化对本地城市环境治理有负面影响。

第三，周边城市环境治理对本地城市环境治理有显著的正向空间溢出效应，在一定程度上支持了长三角环境治理存在显著的正外部性特征，但是周边城市环境治理对本地城市市场一体化具有显著的负向空间交互溢出效应，即周边城市环境治理改善对本地城市市场一体化会产生不利影响。

二、政策启示

本章的实证研究结论对如何推进长三角市场一体化与环境治理协同发展提供了有益的启示：

第一，加快长三角统一大市场建设，形成高效规范、公平竞争、充分开放的区域性统一大市场，以克服传统行政区划治理下的市场分割和环境污染碎片化治理问题。做大长三角区域市场容量，以超大规模的区域市场优势，推进区域产业分工协作和产业空间集聚，集聚利用各类优势资源和要素，提高资源配置效率，实现规模经济优势和专业化分工优势，促进产业结构升级和技术进步，从规模效应、结构效应、技术进步和环境规制策略互动四个方面，全面推进区域环境治理水平的提升。

第二，推进长三角市场一体化与环境治理协同发展。在长三角市场一体化发展进程中，要防止区域产业转移导致污染性产业重新布局而带来的新的环境污染问题，产业承接地要在抓好产业升级的同时和环境治理进行协同发展。在现代城市竞争中，优良的生态环境本身就是一种优质的城市资产，而不是城市经济发展的包袱，防止地方政府之间采用逐底式环境竞争策略带来新的环境问题，引导地方政府之间采取标杆式环境规制策略互动，促进长三角市场一体化与环境治理协调发展。

第三，创新环境治理参与区域市场一体化的方式、手段和途径，推进区域市场一体化和环境保护协同共进。从地方政府绩效考核制度改革、排污权交易制度、用能权交易制度、企业环境信息公开和企业环境信用评价制度、跨地区环境规制协同、跨地区产业合作及成果共享、跨地区环保信用合作、跨地区环境污染赔偿、跨地区科技创新或科创带建设、跨地区生态保护补偿等方面，健全和完善长三角环境协同治理的制度体系和市场机制，协同推进区域市场一体化与环境治理协同发展。

第七章　长三角一体化对环境治理的政策效应评估

随着长三角一体化范围的不断扩大，融入长三角一体化的城市数量不断增加，因此对区域环境协同治理提出了更高要求。本章将长三角城市群扩容视为一项准自然实验，利用双重差分法评估长三角一体化对城市环境治理的影响。

第一节　引　　言

长三角地区是我国经济密度最大的区域，也是我国探索经济与环境协同发展、实现现代化的先导地区。随着长三角一体化上升为国家战略，长三角一体化进入全面深化和高质量发展阶段，其产业集聚和经济辐射能力也在进一步加强，但是长三角经济发展面临的资源环境承载力不足、生态安全屏障脆弱、环境协同治理机制不健全等问题也日益凸显，局部生态破坏和环境污染事件频发，如何推进长三角一体化与环境治理协同提升摆上日程。地区行政壁垒和市场分割阻碍了跨界环境治理，长三角城市亟待突破行政壁垒、市场分割、地方利益和地方政府博弈的掣肘，实现区域环境协同治理。

在此背景下，2020年7月生态环境部审议通过了《长江三角洲区域生态环境共同保护规划》，提出要夯实长三角地区绿色发展基础，建设美丽中国的先行示范区，探索出一条区域一体化协同治理的新路径。

《中华人民共和国国民经济和社会发展第十四个五年规划和2035年远景目标纲要》强调，要提升长三角一体化发展水平，推进生态环境共保联治，高水平建设长三角生态绿色一体化发展示范区。党的二十大报告概括提出并深入阐述中国式现代化理论，人与自然和谐共生的现代化是中国式现代化的五大特色之一。因此，长三角一体化高质量发展离不开高质量环境治理，评估长三角区域一体化的环境治理效应，健全长三角城市环境共保联治的长效机制，对推进长三角一体化高质量发展有重要意义。

近年来，长三角地区环境治理取得了一定的成就，长三角一体化带来怎样的环境治理效应引发研究者关注。相关研究可以归纳为以下两类：第一类文献是运用生产法（Young，2000）、贸易流量法（Poncet，2003）、经济周期法（Xu，2002）、问卷调查法（李善同等，2004）、相对价格法（Parsley & Wei，2001）和综合指标评价（胡艳和张安伟，2020）等对区域一体化进行定量测度，基于空间计量模型、面板门槛模型等实证研究区域一体化的环境治理效应；第二类文献是将城市群扩容作为推动区域一体化的外生政策冲出，通过双重差分法（DID）、倾向得分匹配－双重差分（PSM－DID）及合成控制法等方法评估区域一体化的环境治理效应（赵领娣和徐乐，2019；尤济红和陈喜强，2019；卢洪友和张奔，2020）。

本章运用2003～2019年225个地级以上城市面板数据，利用双重差分法评估长三角一体化的环境治理效应，可能存在的边际贡献有：（1）在长三角一体化背景下，以长三角城市扩容作为政策切入点，研究长三角一体化的环境治理效应，缓解传统计量模型估计的内生性偏误；（2）不仅从长三角城市群整体层面上进行区域一体化政策的环境效应评估，还检验和比较城市群扩容对长三角区域原位城市、新进城市及整体城市环境治理影响效应的差异，深入探讨区域一体化环境治理效应的地区异质性，为不同类型城市实施环境协同治理提供了参考和借鉴。（3）实证检验长三角一体化影响城市环境治理的传导机制和空间溢出效应,为建立健全长三角区域环境污染联防联治机制提供经验证据。

第二节 模型、变量与数据

一、相关政策背景

为推动长三角区域协同发展,多年来相关各方一直在进行区域一体化探索。1982 年,国务院设立上海经济区,促进上海国有企业与江浙乡镇企业合作,这是国家在战略层面推进长三角一体化发展的第一次尝试,1988 年 6 月上海经济区规划办被撤销。1992 年,为对接上海浦东开发开放的机遇,长三角地方政府经济技术协作部门自发倡议成立长江三角洲城市协作办(委)主任联席会,1997 年该联席会议升格为长三角城市经济协调会,一共包括上海市、苏州市、无锡市、常州市、南通市、杭州市、嘉兴市、湖州市、宁波市、绍兴市、舟山市、扬州市、南京市、镇江市、泰州市 15 个城市;2003 年,台州市加入,至此形成了 16 个原位核心城市。2010 年,盐城市、淮安市、金华市、衢州市、合肥市和马鞍山市 6 个城市加入,这也是安徽省地级城市首次融入长三角一体化,标志着长三角城市群的首次大规模扩容;2013 年长三角城市经济协调会正式吸收徐州市、芜湖市、滁州市、淮南市、丽水市、温州市、宿迁市、连云港市 8 个城市,协调会会员城市扩容至 30 个;2018 年,长三角经济协调会吸纳铜陵市、安庆市、池州市、宣城市加入,长三角协调会成员达到 34 个。2019 年 5 月,《长江三角洲区域一体化发展规划纲要》正式发布,长三角一体化范围扩大至上海市、江苏省、浙江省和安徽省全域 41 个地级以上城市。2019 年 10 月,为贯彻落实长三角一体化发展国家战略,推动长三角更高质量一体化发展，长三角城市经济协调会审议通过安徽省蚌埠市、黄山市、六安市、淮北市、宿州市、亳州市和阜阳市 7 个城市加入申请，历经 5 次扩容，沪苏浙皖一市三省 41 个地级以上城市全部加入长三角城市经济协调会。同年 10 月，国务院批复设立长三角生态绿色一体化发展示范区。长三角区域作为探索区域一体化协同治理的"排头兵"，其多年来不断扩容与升级为实证研究区域一体化的环境治理效应提供了良好的样本和机会。

二、模型设定

本章以长三角一体化城市扩容作为一次准自然实验，具体以 2010 年长三角城市经济协调会成员扩容为外生事件，采用双重差分法来评估长三角一体化扩容政策对原位城市及扩容城市带来的环境治理效应，基准回归模型设定如公式（7-1）所示：

$$Y_{it} = \alpha_0 + \beta treat_{it} \times post_{it} + \gamma X_{it} + \lambda_i + \lambda_t + \varepsilon_{it} \qquad (7-1)$$

其中，i 表示城市，t 表示年份。Y_{it} 为被解释变量，用各城市污染排放强度来表示，衡量地区 i 在第 t 年的环境治理水平，$treat_{it}$ 为地区虚拟变量，2010 年受扩容政策影响的城市为处理组，赋值为 1，反之为 0，$post_{it}$ 为时间虚拟变量，此处设定扩容政策延后一年发挥作用，即 2010 年及以前为 0，2011 年及之后为 1，两者的交乘项系数 β 度量了长三角城市扩容对环境治理的净影响，这是本章重点关注的对象，若参数估计值 $\beta > 0$，说明城市群扩容加剧了城市污染排放强度，$\beta < 0$，表明城市群扩容促进了污染排放强度下降，$\beta = 0$ 则表示城市群扩容对环境没有明显影响。X_{it} 为一系列控制变量，包括经济发展水平、对外开放度、产业结构、研发强度、交通便利程度。α_0 为常数项，λ_i 表示城市固定效应，用于控制城市层面不随时间变化的因素，λ_t 表示时间固定效应，用于控制时间层面不随城市变化的因素，ε_{it} 为随机误差项。

为深入探究 2010 年长三角城市群扩容对于城市群内不同城市环境治

理影响的异质性，本书进一步将处理组分为三组。第一个处理组为长三角整体 22 个城市，该回归系数主要体现了在周边新城市加入之后，是否有利于降低城市群整体的环境污染排放强度；第二个处理组为长三角原位 16 个城市，主要考察原位核心城市在加强与新进外围城市一体化经济联系的同时，是否有利于促进自身污染排放强度下降；第三个处理组为 2010 年新加入的 6 个城市，检验新进外围城市加入城市群以后是否导致自身污染排放强度增加了。

三、变量与数据

被解释变量是污染排放强度（lnpe），环境污染排放主要包括空气污染、水污染和固体废物污染等方面，相关文献选取某种污染排放指标（盛斌和吕越，2012；陈林和肖倩冰，2020）或构建综合污染排放指标（胡宗义和李毅，2019）来衡量。本章借鉴盛斌和吕越（2012）的做法，选取工业二氧化硫排放来衡量城市环境污染，并在此基础上利用工业二氧化硫排放强度来表征环境治理效果，以消除城市规模因素的影响，工业二氧化硫排放强度越低，表明城市环境治理水平越高。

核心解释变量是区域一体化政策虚拟变量（$treat \times post$）。该变量为地区虚拟变量 $treat$ 与时间虚拟变量 $post$ 的交乘项，衡量长三角城市群扩容对长三角城市环境污染的影响。

控制变量主要有：（1）经济发展水平（lngdp），以人均地区生产总值来衡量；（2）对外开放度（lnopen），关于外商投资对东道国的环境影响，相关文献有两种不同观点，即污染天堂假说和污染光环假说，需要对此进行验证，采用外商直接投资额占地区生产总值的比重来衡量；（3）产业结构（lnind），相较第一产业和第三产业来说，第二产业是环境污染最严重的产业，采用第二产业增加值占地区生产总值的比重来衡量；（4）研发强度（lnrd），选取各城市科研、技术服务和地质勘查业从业人员数占年末单位从业人员数的比重来表示；（5）交通基础设施

（lntraff），选取年末实有城市道路面积来衡量城市交通状况。

在样本观测期间，由于存在一些地级城市涉及行政区划调整、一些城市少数统计指标数据严重缺失等情况，考虑数据的可得性、可比性与连贯性，删除少数行政区划调整的地级城市及数据缺失严重且难以补齐的城市，最终选取 225 个地级以上城市作为观测样本。上述变量对应的指标数据主要从国泰安和 EPS 数据库中提取后整理，少数缺失数据根据各地区城市统计年鉴和统计公报查找后补齐，2003～2019 年上述城市相关变量描述性统计分析结果如表 7-1 所示。

表 7-1　　　　　　　　　主要变量的描述性统计分析

变量名称	变量代码	样本量	平均值	标准差	最小值	最大值
环境治理	lnpe	3 825	4.189	1.432	-3.606	8.177
经济发展水平	lngdp	3 825	10.230	0.830	4.595	13.06
对外开放度	lnopen	3 825	0.152	1.324	-6.877	3.626
产业结构	lnind	3 825	3.841	0.243	2.370	4.453
交通基础设施	lntraff	3 825	6.913	1.052	3.714	10.01
研发强度	lnrd	3 825	0.176	0.650	-2.113	2.497

四、典型事实特征

为进一步描述长三角区域环境治理的动态变化特征，对二氧化硫排放强度取自然对数后绘制核密度图（见图 7-1），在政策实施之前，核密度曲线峰值位置并没有明显变化，政策实施后波峰中心逐渐向左移动，表明长三角地区二氧化硫排放强度逐渐降低；同时，波峰宽度变大，说明二氧化硫排放强度下降的城市也有所增加，长三角地区二氧化硫排放治理水平有所提升。

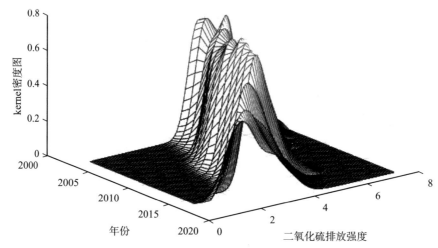

图7-1　长三角地区二氧化硫排放强度的核密度估计

第三节　实证结果分析

一、DID 基准回归结果

基准回归结果如表7-2所示，列（1）以2010年长三角城市经济协调会扩容后的22个城市为处理组，其他城市为对照组，列（2）和列（3）分别以长三角16个原位核心城市和2010年新进的6个城市为处理组。从基准回归结果来看，整体城市和原位城市在城市群扩容之后，二氧化硫排放强度均有显著变化，而新进城市的二氧化硫排放强度变化则并不显著。具体地说，城市群扩容促进长三角城市整体污染排放强度显著下降，而城市群扩容对原位城市污染排放强度下降的促进作用更大，长三角城市群扩容对于长三角整体污染排放强度下降作用主要来源于原位城市污染排放强度的降低，而新进城市在加入长三角城市群后反而在一定程度上导致了污染排放强度的增加，但是增加效应在统计学意义上并不显著，可能原因在于，通过城市群扩容，各城市加强了彼此间的经济联系和协调，也促进了城市间产业分工与产业转移，由于经济发展水平的差异，新加入城市在承接原位城市产业转移时，引入了部分污染密集型或环境敏感型产业，在促进当地经济增长的同时也承担了部分污染转移。

表 7 - 2　　　　　　　　　　　　基准回归结果

变量	（1）	（2）	（3）
	整体城市	原位城市	新进城市
$treat \times post$	- 0. 257 *** （ - 2. 715）	- 0. 392 *** （ - 3. 983）	0. 091 （0. 908）
$\ln gdp$	- 0. 392 *** （ - 2. 874）	- 0. 397 *** （ - 2. 838）	- 0. 402 *** （ - 2. 757）
$\ln open$	- 0. 067 *** （ - 3. 192）	- 0. 068 *** （ - 3. 203）	- 0. 069 *** （ - 3. 258）
$\ln ind$	- 0. 816 *** （ - 3. 239）	- 0. 822 *** （ - 3. 230）	- 0. 856 *** （ - 3. 275）
$\ln traff$	0. 228 *** （3. 379）	0. 228 *** （3. 358）	0. 230 *** （3. 268）
$\ln rd$	- 0. 119 ** （ - 2. 215）	- 0. 115 ** （ - 2. 099）	- 0. 129 ** （ - 2. 304）
$\_cons$	10. 779 *** （9. 707）	10. 849 *** （9. 573）	11. 014 *** （9. 499）
时间固定效应	Yes	Yes	Yes
地区固定效应	Yes	Yes	Yes
N	3 825	3 723	3 553
$adj. R^2$	0. 802	0. 800	0. 793

注：括号内为 t 值，*** 、** 、* 分别表示在1% 、5% 、10% 的显著性水平上显著。

二、平行趋势与动态效应检验

使用双重差分法进行政策效应评估的前提条件是处理组和控制组满足平行趋势假设。为了进行平行趋势检验，同时，也为了便于观察区域一体化对城市环境治理的长期动态效应，模型中引入政策生效前七年及以上年份和政策生效后年份的时间虚拟变量 *post* 和分组虚拟变量 *treat* 的交互项，分别记为 d_7、d_6、d_5、d_4、d_3、d_2、d_1、d1、d2、d3、d4、d5、d6、d7、d8，同时将政策生效当年作为基期并予以剔除，以避免多重共线性，平行趋势与动态效应检验结果如图 7 - 2 所示。

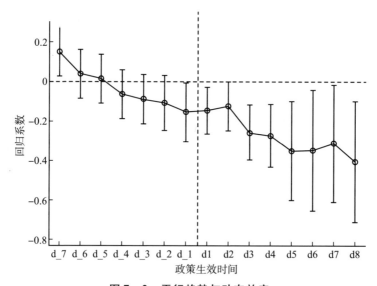

图 7 - 2　平行趋势与动态效应

根据平行趋势检验结果可以发现，政策实施前的回归系数值虽然一直呈下降趋势，但是基本不显著，表明研究样本满足平行趋势假设。同时，根据其动态效应结果可以发现，长三角城市扩容政策实施后，整体污染排放强度呈显著的持续下降趋势，表明长三角城市扩容政策对处理组城市环境治理水平提升有显著的促进作用。

三、稳健性检验

为了检验上述实证研究结论的严谨性和可靠性，本章在公式（7－1）的双重差分模型的基础上，分别使用安慰剂检验、替换被解释变量、更换控制组等方法和措施，进行一系列稳健性检验。

（一）安慰剂检验

上述研究中虽然同时控制了个体层面和时间层面的固定效应，但是仍然可能会有部分无法观测的城市特征随时间而变化，进而对模型估计结果产生影响，因此本书借鉴蔡等（Cai et al.，2016）、周茂等（2018）的处理方法，对这些无法观测的因素进行一个间接的安慰剂检验。根据公式（7－1），$treat_{it} \times post_{it}$ 系数 β 估计值如公式（7－2）所示：

$$\hat{\beta} = \beta + \gamma \times \frac{cov(treat_{it} \times post_{i,t}, \ \varepsilon_{it} \mid w)}{var(treat_{it} \times post_{it} \mid w)} \tag{7－2}$$

其中，w 为其他所有涉及的控制变量和固定效应，若 $\gamma = 0$，则其他未观测因素不会对估计结果产生干扰，$\hat{\beta}$ 是无偏的，但是这一点往往无法直接进行检验，因此我们只能通过间接手段来验证其是否为 0。其逻辑是找到一个从理论上来说不会对结果变量产生影响的错误变量来代替原来的 $treat_{it}$，由于这一变量是随机产生的，其实际政策效应 $\beta = 0$，在基础上，如果得出的 $\hat{\beta} = 0$，则可以推出 $\gamma = 0$，即未观测到的特征不会影响估计结果，若 $\hat{\beta} \neq 0$，则说明模型的估计结果是有偏的。具体来说，让扩容政策对城市的冲击变成随机的，使这个随机过程重复 500 次，即产生500 个 $\hat{\beta}^{random}$。$\hat{\beta}^{random}$ 的分布如图 7－3 所示，可以发现，$\hat{\beta}^{random}$ 的值集中分布在零附近且接近于正态分布，因此可以逆推出 $\gamma = 0$，表明长三角一体化城市扩容的环境治理作用不是由其他不可观测因素造成的，基准回归结果是稳健的，符合安慰剂检验的预期。

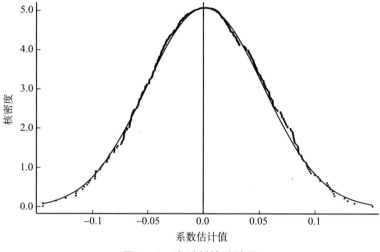

图7-3　安慰剂检验结果

（二）替换被解释变量

本章选取了工业二氧化硫作为环境污染的代表物，因为我国目前是二氧化硫排放最多的国家，并且二氧化硫也是目前主要的大气污染物。前文实证分析中，作为被解释变量的工业二氧化硫排放强度是以单位工业增加值来计算的，以往研究在使用单一指标衡量环境污染时，大多采用工业污染排放总量、人均排放量及排放强度三项指标来衡量环境污染排放，由于排放总量在一定程度上会受到城市规模的影响，因此后文选取人均工业二氧化硫排放量、单位GDP的工业二氧化硫排放强度作为稳健性检验。回归结果如表7-3所示，可以发现，更换被解释变量后，整体城市和原位城市的污染排放强度仍然显著降低，对新进城市则没有显著影响，但是交互项系数为正，表现为污染排放强度增加，这与前文的实证结果一致，进一步验证了结果的稳健性。

表7-3 更换被解释变量后的回归结果

变量	单位 GDP 工业二氧化硫排放量			人均工业二氧化硫排放量		
	整体城市	原位城市	新进城市	整体城市	原位城市	新进城市
$treat \times post$	-0.236** (-2.496)	-0.367*** (-3.771)	0.104 (0.972)	-0.175** (-2.001)	-0.281*** (-3.007)	0.097 (0.977)
lngdp	-0.448*** (-3.016)	-0.454*** (-2.976)	-0.462*** (-2.896)	0.083 (0.725)	0.072 (0.621)	0.082 (0.679)
lnopen	-0.060*** (-2.773)	-0.060*** (-2.770)	-0.062*** (-2.830)	-0.065*** (-3.036)	-0.065*** (-2.993)	-0.067*** (-3.076)
lnind	0.376 (1.383)	0.370 (1.348)	0.340 (1.203)	0.558** (2.272)	0.558** (2.254)	0.521** (2.054)
lntraff	0.214*** (3.132)	0.214*** (3.113)	0.214*** (3.010)	0.237*** (3.510)	0.238*** (3.482)	0.240*** (3.399)
lnrd	-0.114** (-2.132)	-0.111** (-2.023)	-0.125** (-2.235)	-0.113** (-2.131)	-0.109** (-2.017)	-0.125** (-2.272)
_cons	5.846*** (5.077)	5.926*** (5.038)	6.100*** (5.062)	0.080 (0.075)	0.178 (0.167)	0.179 (0.163)
时间固定效应	Yes	Yes	Yes	Yes	Yes	Yes
地区固定效应	Yes	Yes	Yes	Yes	Yes	Yes
N	3 825	3 723	3 553	3 825	3 723	3 553
$adj. R^2$	0.812	0.810	0.802	0.596	0.593	0.577

注:括号内为 t 值,***、**、*分别表示在1%、5%、10%的显著性水平上显著。

(三) 更换控制组

长三角城市群及其周边城市在地理位置上相互为邻,在经济联系上也日益密切,因此与长三角核心城市群相邻近的周边城市,可能会受到事件的外溢影响,并交错影响处理组地区,从而使政策的处理效应出现偏差(丁焕峰等,2020)。为检验并排除邻近地区的潜在影响,后文在控制组地区样本中剔除了长三角三省一市下辖的非处理组城市,并重新进行双重差分检验,结果如表7-4所示。由表中可以发现,三个样本分组的回归系数估计值正负号与显著性同基准回归结果保持一致，且回归系数数值的绝对值整体增大了，这进一步证明了结果的稳健性。

表 7 – 4　　　　　　　　　更换控制组后的回归结果

变量	(1) 整体城市	(2) 原位城市	(3) 新进城市
$treat \times post$	-0.262 *** (-2.707)	-0.403 *** (-4.059)	0.102 (1.027)
lngdp	-0.414 *** (-2.767)	-0.421 *** (-2.730)	-0.426 *** (-2.640)
lnopen	-0.083 *** (-4.062)	-0.084 *** (-4.079)	-0.086 *** (-4.156)
lnind	-0.961 *** (-3.707)	-0.969 *** (-3.694)	-1.013 *** (-3.750)
lntraff	0.226 *** (3.095)	0.226 *** (3.067)	0.227 *** (2.969)
lnrd	-0.117 ** (-1.983)	-0.114 * (-1.876)	-0.130 ** (-2.097)
_cons	11.578 *** (9.776)	11.674 *** (9.623)	11.874 *** (9.551)
时间固定效应	Yes	Yes	Yes
地区固定效应	Yes	Yes	Yes
N	3 502	3 400	3 230
adj. R^2	0.800	0.798	0.791

注：括号内为 t 值，***、**、* 分别表示在 1%、5%、10% 的显著性水平上显著。

四、异质性效应分析

前文实证研究发现，长三角城市扩容政策使长三角地区城市污染排放强度整体降低，接下来将进一步检验城市群扩容所带来的这一环境效应是否具有城市异质性，拟从城市资源禀赋、城市规模及城市等级三个

角度进行考察。在检验策略与方法上，可在原回归模型中引入城市特征
虚拟变量及其与长三角城市群扩容这一外生冲击变量的交互项，模型设
定如公式（7－3）所示：

$$\ln pe_{it} = \alpha_0 + \beta treat_{it} \times post_{it} \times M_{it} + \beta_1 treat_{it} \times post_{it} + \gamma X_{it} + \lambda_i + \lambda_t + \varepsilon_{it}$$

$$(7-3)$$

其中，M_{it} 为城市特征虚拟变量，分别以城市资源禀赋、城市规模及
城市等级来表示。对于城市资源禀赋，依据 2013 年印发的《全国资源型
城市可持续发展规划（2013～2020 年）》，将样本城市分为资源型城市和
非资源型城市两类，构建城市资源禀赋虚拟变量 resource，资源型城市赋
值为 1，非资源型城市赋值为 0。在城市规模上，参照国务院 2014 年印
发的《关于调整城市规模划分标准的通知》，以 2014 年末各城市市辖区
总人口来划分，将样本城市分为中小型城市和大型及以上规模城市两大
类①，构建城市规模虚拟变量 scale，设定中小型城市 scale = 1，大型及以
上规模城市 scale = 0。在城市等级上，将直辖市、副省级城市及省会城市
认定为高等级城市，采用虚拟变量 type = 1 来进行衡量，将一般地级市认
定为低等级城市，采用虚拟变量 type = 0 来衡量。

异质性检验结果如表 7－5 所示，表 7－5 中列（1）的回归结果显
示，长三角城市扩容政策的交互项 treat × post 的系数显著为负，而 treat ×
post × resource 的系数显著为正，说明长三角城市群扩容的环境治理效应
受到城市资源禀赋类型的影响，且扩容政策对资源型城市的环境治理效
果明显低于非资源型城市，长三角城市群扩容提高了资源型城市的污染
排放强度。相较于非资源型城市而言，大多数资源型城市产业结构较为
单一、人才缺失、资金匮乏，在长期粗放型发展中形成了对资源开采利

① 根据国务院 2014 年印发的《关于调整城市规模划分标准的通知》，以城区常住人口为
统计口径，将城市划分为五类七档。城区常住人口 50 万以下的城市为小城市，其中 20 万以上
50 万以下的城市为Ⅰ型小城市，20 万以下的城市为Ⅱ型小城市；城区常住人口 50 万以上 100
万以下的城市为中等城市；城区常住人口 100 万以上 500 万以下的城市为大城市，其中 300 万
以上 500 万以下的城市为Ⅰ型大城市，100 万以上 300 万以下的城市为Ⅱ型大城市；城区常住人
口 500 万以上 1 000 万以下的城市为特大城市；城区常住人口 1 000 万以上的城市为超大城市。

用的路径依赖，城市产业结构升级和产业接续困难，导致环境治理投入少，制约了城市环境质量提升，因此区域一体化对资源型城市的环境治理效应不明显。

表 7 - 5　　　　　　　　　　异质性检验回归结果

变量	（1）城市资源禀赋	（2）城市规模	（3）城市等级
$treat \times post$	-0.284 *** (-2.850)	-0.300 *** (-3.518)	-0.179 * (-1.749)
$treat \times post \times resource$	0.295 *** (2.873)		
$treat \times post \times scale$		0.186 (0.712)	
$treat \times post \times type$			-0.346 ** (-2.588)
$\ln gdp$	-0.386 *** (-2.838)	-0.387 *** (-2.844)	-0.398 *** (-2.902)
$\ln open$	-0.068 *** (-3.235)	-0.068 *** (-3.230)	-0.067 *** (-3.168)
$\ln ind$	-0.822 *** (-3.261)	-0.822 *** (-3.257)	-0.817 *** (-3.242)
$\ln traff$	0.229 *** (3.398)	0.228 *** (3.384)	0.223 *** (3.331)
$\ln rd$	-0.118 ** (-2.195)	-0.118 ** (-2.203)	-0.121 ** (-2.256)
$\_cons$	10.740 *** (9.690)	10.755 *** (9.696)	10.866 *** (9.786)
时间固定效应	Yes	Yes	Yes
地区固定效应	Yes	Yes	Yes
N	3 825	3 825	3 825
$adj. R^2$	0.802	0.802	0.802

注：括号内为 t 值，*** 、** 、* 分别表示在 1%、5%、10% 的显著性水平上显著。

表 7 - 5 中列（2）的回归结果显示，交互项 *treat* × *post* 在 1% 的显著性水平上显著为负，而 *treat* × *post* × *scale* 系数虽然为正，但是并不显著，意味着长三角扩容政策对于中小型城市的环境改善作用与大型及以上规模城市并没有显著差异。从传统的城市规模角度而言，大型城市的经济集聚效应和规模经济效应可以降低城市的环境污染程度，但是在区域一体化合作进程中，小规模城市可以通过资源配置和技术创新溢出来改善自身的环境污染，使长三角城市扩容政策对不同规模城市环境治理并无显著差异。

表 7 - 5 中列（3）的回归结果显示，扩容政策的交互项系数显著为负，且城市等级虚拟变量与扩容政策的交互项 *treat* × *post* × *type* 系数也在 1% 的显著性水平上显著为负，表明城市行政等级对于扩容政策的环境治理效应具有显著影响。与一般地级城市相比，长三角扩容机制下的区域一体化发展对于高等级城市的环境改善作用更大。在我国现有的城市行政等级体系下，行政等级高的城市经济发展基础较好，在区域资源配置中拥有更大的选择权，可以吸引更多高级要素和高端产业流入，更有利于降低环境污染。

第四节 长三角一体化对环境治理的影响机制

一、长三角一体化对环境治理的传导机制

长三角一体化的环境影响机制较为复杂，一方面长三角一体化会推进地区间生产要素流动、产业集聚和产业转移，优化生产资源配置和专业化生产，通过规模经济、范围经济和技术溢出等促进城市环境治理水平的提升（Li & Lin, 2017）；另一方面，因地区经济发展、资源禀赋、环境规制和对外开放等方面存在差异，长三角一体化也伴随着拥堵效应、

污染转移效应、中心城市虹吸效应和政治晋升锦标赛下府际竞争博弈，可能对区域环境治理带来负面影响，从而导致长三角一体化对环境治理影响效应的地区差异性。从作用路径和渠道上看，长三角一体化大体上通过经济集聚传导机制、技术创新传导机制、产业结构升级传导机制和空间溢出传导机制影响城市环境治理。

（一） 经济集聚传导机制

新经济地理学认为，区域一体化发展会促进产业和经济集聚，减少市场分割和地方壁垒，促进区域统一大市场的形成和市场容量的扩大，有利于提高资源配置效率，经济活动的空间集聚本身又具有外部性，并通过产业关联、知识外溢和规模经济等途径促进了污染排放强度的下降（Krugman，1991；陆铭和冯皓，2014）。另外，经济活动的空间集聚因产能扩张而在短期内会导致本地污染排放总量增加和空间拥堵，对城市环境治理产生负面影响（王兵和聂欣，2016）。因此，长三角一体化通过经济集聚对城市环境治理的影响结果是由上述两个方面的因素共同决定的。

（二） 技术创新传导机制

区域一体化有助于区域内城市协同创新发展及创新要素配置的优化（董春风和何骏，2021）。区域一体化一方面可以推动城市之间科研人才、创新资源的流通，促进创新创业水平提高，并带动生产性服务业集聚与分工，在区域间形成技术研发的正向空间溢出作用，提高企业的技术创新水平；另一方面，随着地方保护主义的破除，有利于形成区域技术交易大市场（刘乃全和吴友，2017），也会加大企业间竞争，倒逼企业加大科研投入力度，提高技术创新水平，采用更先进和更绿色的生产技术（邵汉华等，2020）。企业创新水平的提高及绿色创新技术的推广应用，有助于企业从生产源头上降低污染排放，促进城市环境水平的提高。

（三）产业结构升级传导机制

市场分割会导致地区资源要素错配，使部分落后的高耗能产业和产能无法被及时淘汰（张德钢和陆远权，2017），会加大本地环境污染。区域一体化发展会促进生产要素在区域间充分流动，促进区域内产业分工、产业转移和产业结构升级，减少不同地区重复投资和产业同构化，打破区域内城市对低端生产要素的结构性依赖和路径依赖，有利于降低能源消耗和资源浪费，提高生产效率，促进城市环境治理质量提升（余泳泽和刘凤娟，2017；郑军等，2021）。另外，随着区域一体化范围扩大，区域市场范围不断突破原有的边界而向外扩张，促进了更多城市融入区域一体化，从而有利于在更大范围内寻求资源的有效配置、产业协作和环境治理改进（龚新蜀等，2021）。

（四）空间溢出传导机制

空间溢出效应是指区域一体化发展不仅对本地区的环境污染产生影响，还会影响周边邻近地区的环境治理。环境污染排放尤其是空气污染排放具有很强的流动性和外部性，使区域内各城市之间的环境污染排放具有明显的空间关联性，相邻城市之间相互影响更为显著。区域一体化使城市群内各城市之间的经济关联活动加强，从而加剧了区域内城市环境污染排放的空间溢出效应。区域一体化驱动劳动力、资本等各类生产要素自由流动，促进城市之间绿色技术溢出，改善环境污染质量（陈瑶和吴婧，2021），但是环境敏感性产业转移和生产规模扩张又会加大周边地区的环境压力，区域一体化对周边地区产生怎样的空间溢出效应取决于正向溢出和负溢出之和。

二、基于中介效应模型的传导机制检验

（一）中介效应模型设定

综合前文的传导机制分析，区域一体化通过经济集聚、技术创新和

产业结构升级等渠道影响城市环境治理质量，此处分别选取经济密度、绿色技术创新、产业结构升级作为相应的中介变量，借鉴温忠麟和叶宝娟（2014）提出的中介效应检验方法，对长三角一体化的污染减排传导机制进行中介效应检验，中介效应模型构建如公式（7－4）至公式（7－6）所示：

$$\ln pe_{it} = \alpha_0 + \alpha_1 DID_{it} + \gamma X_{it} + \lambda_i + \lambda_t + \varepsilon_{it} \qquad (7-4)$$

$$dgdp_{it}, \ struc_{it}, \ grte_{it} = \beta_0 + \beta_1 DID_{it} + \gamma X_{it} + \lambda_i + \lambda_t + \varepsilon_{it} \qquad (7-5)$$

$$\ln pe_{it} = \gamma_0 + \gamma_1 DID_{it} + \gamma_2 (dgdp_{it}, \ struc_{it}, \ grte_{it}) + \gamma X_{it} + \lambda_i + \lambda_t + \varepsilon_{it}$$
$$\qquad (7-6)$$

其中，DID_{it}是政策交互项（$DID_{it} = treat_{it} \times post_{it}$），$dgdp_{it}$为经济集聚中介变量，用经济密度即GDP与城市行政区域面积的比值衡量，$struc_{it}$为产业结构中介变量，用产业结构升级即第三产业增加值占GDP的比重衡量，$grte_{it}$为技术创新中介变量，用绿色技术创新即地区当年申请的绿色发明专利与绿色实用新型专利之和衡量，其余变量与基准模型一致。α_1为外生冲击变量DID_{it}的系数值，β_1表示长三角一体化对中介变量的影响效应，γ_2为中介变量对城市污染排放强度的影响效应。

中介效应模型检验分为三步：第一步，检验长三角一体化对城市环境治理的影响，这一影响效应已经在前文得到验证；第二步，检验长三角一体化对中介变量的影响，如果系数β_1和γ都是显著的，则长三角一体化对中介变量有显著影响，可以进行下一步检验；第三步，将政策交互项与中介变量共同放入回归模型，若α_1、β_1和γ_1均显著，且γ_1相比α_1变小或者显著性下降或者β_1和γ_2估计结果显著，则说明存在部分中介效应，中介效应占比可由间接效应（$\beta_1 \times \gamma_2$）与总效应α_1的比值计算得到；若γ_1不显著，而其他两个模型的政策变量DID_{it}均显著，说明中介变量发挥了完全中介效应。

（二）中介效应检验结果

中介效应检验结果如表7－6所示，从表中第（1）列的回归结果可以发现，长三角一体化显著促进了城市污染排放强度下降。表中第（3）列的回归结果显示，中介变量经济集聚（*dgdp*）的系数在1%显著性水平上显著为负，表明经济集聚对于城市污染排放强度具有显著的抑制作用，经济集聚没有导致污染排放强度提高，很有可能是通过规模经济和知识溢出等正外部性促进了污染排放强度下降，长三角一体化通过经济集聚产生的中介效应占比为50.8%，即 [0.299 × (- 0.437)]/(- 0.257)。综合表中第（4）列和第（5）列的回归结果可知，长三角一体化带动了地区绿色技术创新水平提高，并以其为中介促进了污染排放强度下降，长三角一体化通过经济集聚产生的中介效应占比达到71.4%，即 [0.168 × (- 1.092)]/(- 0.257)。根据表中第（7）列的回归结果可知，产业结构升级对于污染排放强度的影响系数虽然为负，但是其影响并不显著，表明长三角一体化通过产业结构升级对城市环境治理的中介效应并不显著，长三角一体化引致产业结构升级并没有显著促进污染排放强度下降，长三角城市产业结构升级的环境效应还有待提升。

表 7 - 6　　　　　　　　　　　中介效应检验结果

变量	基准回归	经济集聚		技术创新		产业结构升级	
	（1）	（2）	（3）	（4）	（5）	（6）	（7）
	lnpe	dgdp	lnpe	grte	lnpe	struc	lnpe
DID	- 0.257 *** (- 2.715)	0.299 *** (2.768)	- 0.126 (- 1.366)	0.168 *** (3.466)	- 0.074 (- 0.789)	1.162 ** (2.472)	- 0.256 *** (- 2.667)
dgdp			- 0.437 *** (- 3.413)				
grte					- 1.092 *** (- 7.644)		
struc							- 0.001 (- 0.061)
控制变量	Yes	Yes	Yes	Yes	Yes	Yes	Yes
时间效应	Yes	Yes	Yes	Yes	Yes	Yes	Yes

变量	基准回归	经济集聚		技术创新		产业结构升级	
	（1）	（2）	（3）	（4）	（5）	（6）	（7）
	lnpe	dgdp	lnpe	grte	lnpe	struc	lnpe
城市效应	Yes	Yes	Yes	Yes	Yes	Yes	Yes
N	3 825	3 825	3 825	3 825	3 825	3 825	3 825
adj. R^2	0.802	0.231	0.813	0.237	0.813	0.813	0.802

注：括号内为 t 值，***、**、* 分别表示在 1%、5%、10% 的显著性水平上显著。

三、空间溢出效应检验

（一）空间计量模型设定

借鉴查加斯等（Chagas et al.，2016）、李政和杨思莹（2019）的建模思路，设置空间杜宾双重差分模型如公式（7-7）所示：

$$Y_{it} = \rho WY_{it} + \beta DID_{it} + \theta WDID_{it} + \gamma X_{it} + \psi WX_{it} + \mu_i + \sigma_i + \varepsilon_{it} \quad (7-7)$$

其中，被解释变量 Y 及控制变量 X 的含义与基准回归模型一致，DID 为核心解释变量，表示政策交互项（$DID = treat \times post$），ρ 为空间相关系数，反映环境污染的空间溢出效应。β 和 θ 是本模型中重点关注的参数，其中 β 衡量的是区域一体化政策对所在地区的影响，θ 衡量的则是区域一体化政策冲击所带来的空间溢出效应。$W_{i,j}$ 为空间权重矩阵，本章将同时采用邻接空间权重矩阵和反距离空间权重矩阵进行实证研究。

邻接空间权重矩阵如公式（7-8）所示：

$$W_{ij} = \begin{cases} 1, & 城市\ i\ 与城市\ j\ 相邻 \\ 0, & 城市\ i\ 与城市\ j\ 不相邻 \end{cases} \quad (7-8)$$

反距离空间权重矩阵如公式（7-9）所示：

$$W_{i,j} = \begin{cases} 1/d_{i,j}, & i \neq j \\ 0, & i = j \end{cases} \quad (7-9)$$

其中，$d_{i,j}$ 为城市间地理距离，回归时将对其进行标准化处理，考虑到空间计量模型对于空间权重矩阵的敏感性，进一步构建空间邻接 0 - 1 矩阵，即当 i 和 j 两市相邻时，$W_{i,j}$ 为 1，否则为 0。

（二）空间相关性检验

在使用空间双重差分模型之前，需要对城市环境污染是否存在空间依赖性进行考察，本书采用全局莫兰指数考察城市环境污染强度的空间相关性和空间溢出效应。表 7 - 7 展示了基于反距离空间权重矩阵和邻接空间权重矩阵的莫兰指数，在两种空间权重矩阵下，环境污染排放强度的莫兰指数均为正值且在 1% 的显著性水平上显著，说明城市之间的环境污染排放存在显著的空间正相关，因此在基准模型中加入环境污染的空间滞后项非常有必要。

表 7 - 7　　　　　　2003 ~ 2019 年环境污染排放强度莫兰指数

年份	反距离空间权重矩阵			邻接空间权重矩阵		
	Moran's I	Z	P-value	Moran's I	Z	P-value
2003	0.091	14.808	0.000	0.367	7.836	0.000
2004	0.074	12.245	0.000	0.332	7.117	0.000
2005	0.085	13.905	0.000	0.405	8.685	0.000
2006	0.088	14.340	0.000	0.447	9.511	0.000
2007	0.078	12.726	0.000	0.412	8.789	0.000
2008	0.071	11.682	0.000	0.420	8.965	0.000
2009	0.065	10.751	0.000	0.369	7.888	0.000
2010	0.063	10.451	0.000	0.428	9.197	0.000
2011	0.051	8.949	0.000	0.297	6.587	0.000
2012	0.049	8.655	0.000	0.315	7.014	0.000
2013	0.055	9.373	0.000	0.324	7.026	0.000
2014	0.072	11.940	0.000	0.358	7.750	0.000
2015	0.080	12.997	0.000	0.352	7.516	0.000
2016	0.075	12.298	0.000	0.345	7.355	0.000

续表

年份	反距离空间权重矩阵			邻接空间权重矩阵		
	Moran's I	Z	P-value	Moran's I	Z	P-value
2017	0.066	10.872	0.000	0.314	6.704	0.000
2018	0.065	10.669	0.000	0.326	6.960	0.000
2019	0.085	13.856	0.000	0.360	7.663	0.000

（三）空间计量回归结果分析

Hausman 检验结果在 1% 的显著性水平上拒绝了原假设，因此选择固定效应模型进行空间计量分析。对于三种模型的回归结果，随机误差项标准差平方都在 1% 显著性水平上显著，说明模型结果均可接受，可以进一步分析。其中，表 7-8 中的前两列为基于反距离空间权重矩阵的 SAR 和 SEM 模型的回归结果，空间相关系数 ρ 显著为正，说明环境污染在地区之间确实存在正向溢出效应和扩散效应，即一个地区的环境污染程度会影响其周边地区的环境污染，核心解释变量 DID 的系数显著为负，这进一步验证了前文的结论，即区域一体化可以改善长三角整体城市群的环境污染水平，同时 LM 检验和稳健的 LM 检验均通过 1% 的显著性检验，因此可以进一步对运用空间杜宾模型进行实证分析。

表 7-8   空间 DID 回归结果

变量	反距离空间权重矩阵			邻接空间权重矩阵		
	SAR	SEM	SDM	SAR	SEM	SDM
DID	-0.167*** (-3.01)	-0.262*** (-3.78)	-0.323*** (-3.79)	0.029 (0.32)	-0.399*** (-4.391)	-1.067*** (-7.01)
$W \times DID$			0.655** (2.42)			0.308*** (8.86)
ρ	0.931*** (70.07)		0.932*** (71.15)	0.297*** (1 169.95)		0.297*** (1 170.22)

续表

变量	反距离空间权重矩阵			邻接空间权重矩阵		
	SAR	SEM	SDM	SAR	SEM	SDM
λ		0.952 *** (130.87)			0.112 *** (35.027)	
sigma2_e	0.259 *** (43.61)	0.257 *** (43.66)	0.259 *** (43.60)	0.682 *** (43.65)	0.311 *** (42.71)	0.668 *** (43.65)
LM	1 641.06 ***	6 795.11 ***		41.29 ***	1 087.52 ***	
Robust – LM	279.98 ***	5 434.03 ***		37.01 ***	1 083.23 ***	
控制变量	YES	YES	YES	YES	YES	YES
固定效应	YES	YES	YES	YES	YES	YES
N	3 825	3 825	3 825	3 825	3 825	3 825
$adj.\ R^2$	0.253	0.385	0.240	0.010	0.686	0.013

注：括号内为 t 值，*** 、 ** 、 * 分别表示在 1%、5%、10% 的显著性水平上显著。

SDM 模型的回归结果如表 7 – 8 中的第三列所示，区域一体化政策变量 DID 的系数在 1% 的显著性水平上显著为负，这表明在考虑空间溢出效应后，区域一体化对于本地区的环境改善作用仍然存在，但在对其他城市的影响上，$W \times DID$ 的系数在 5% 的显著性水平上显著为正，说明区域一体化在一定程度上加重了邻近地区的环境污染，即区域一体化存在污染转移效应，加剧了周边城市环境污染治理的压力。这一结果表明在长三角地区环境污染治理中，空气污染治理尚未形成有效的区域联动效果，在接下来的区域一体化进程中，长三角各城市之间应加强环境治理的协调，避免各自为政，提高区域环境协同治理能力。

由于空间计量模型对于空间权重矩阵比较敏感，本书进一步构建邻接空间权重矩阵对模型重新进行估计，结果如表 7 – 8 中的后三列所示，除了在 SAR 模型中，区域一体化政策交互项系数估计不显著，其他结果均与反距离空间权重矩阵下的估计结果相一致，因此前文中得出的长三角一体化对城市环境治理的空间溢出效应基本是稳健的。

第五节　结论与启示

　　本章基于2003~2019年中国225个城市面板数据，运用双重差分法评估长三角一体化的环境治理效应，主要得到以下几个研究发现：一是长三角城市群扩容总体上有利于改善城市群整体环境质量，具体而言，长三角城市群扩容整体上促进污染排放强度下降，这种污染排放强度下降作用主要来源于原位城市污染排放强度的显著降低，长三角扩容对于新进城市的污染排放强度影响并不显著，在进行平行趋势及稳健性检验后，该结论依然有效；二是异质性检验发现，长三角城市扩容机制下的区域一体化对于不同规模城市的环境治理效应没有显著差异，长三角城市扩容对非资源型城市的环境改善作用优于资源型城市，对高行政等级城市的环境改善作用优于低等级城市；三是机制分析表明，长三角一体化主要通过经济集聚和技术创新影响城市环境治理，同时存在反向空间溢出效应，即在提升本地环境治理的同时，加重了周边城市环境治理压力。

　　基于上述实证研究结论，本书得到以下几点政策启示：

　　第一，加强长三角区域环境治理的系统观和整体观，发挥中心城市的带头示范作用。在长三角一体化进程中，虽然原位中心城市不可避免地获得了更多的发展红利，但是区域协调发展不可独善其身，中心城市应该发挥自己的辐射带动能力和示范作用，加强与周边地区合作，推进生产要素流动和技术外溢，促进城市群的协调发展。同时，新进城市在承接原位城市产业转移时，一方面应该坚决抵制高能耗高污染产业，避免走"先污染后治理"的老路，不以牺牲环境换取短期经济增长，科学布局与自身优势相匹配的产业项目；另一方面，应完善自身产业承接的配套设施与基础建设，尤其是污染治理设施，有效对接产业合作，促进区域间产业创新衔接和机制联动，利用区域一体化合作发展优势，完善自身资源配置，淘汰落后产能，从源头上有效控制环境污染的产生，最终在不牺牲新进外围城市环境质量的基础上实现整体城市群的污染减排目标。

第二，构建长三角一体化通过经济集聚、技术创新和产业结构升级促进城市环境治理的长效机制。鼓励长三角城市加强产业协作，结合当地主导产业和资源禀赋情况，因地制宜采取环境治理措施，加大对绿色创新技术的投入和研发，充分发挥经济集聚效应及技术溢出效应；优化区域产业结构布局，进一步增强长三角一体化产业结构升级的环境治理效应，推动要素向高技术、高附加值、低污染的产业集聚，优化区域产业结构布局，实现区域经济与环境的协调发展。对资源型城市要通过推进清洁能源使用、优化城市环保基础设施、严格环境违法惩罚力度以环境规制倒逼企业清洁技术创新、重视高污染高能耗的传统产业转型升级等，实现城市经济与环境的协调发展；对于低等级城市及经济欠发达地区，政府应该适当增强政策扶持，有序引导资源要素向此类边缘城市流动，加强人才引进与技术创新，从整体上规划好其经济发展路径，优化区域内的产业结构布局，协调推进经济发展与环保能力的提升。

第三，全面提升区域一体化环境协同治理效能。区域环境治理不可仅着眼于自身区域，需加强各城市在区域一体化进程中的联防联控。一方面，要尽快打破长三角区域行政壁垒和市场分割，以市场一体化为核心推进长三角区域一体化建设，充分发挥长三角区域统一大市场优势，利用市场一体化推进城市环境治理提升。另一方面，加强环境污染协同治理，加强城市之间污染治理和技术减排的交流合作，推进环保设施建设的有效联动和共享，充分利用区域一体化的合作平台，联手攻克污染治理难关，提升长三角区域环境协同治理水平。

第八章 长三角一体化与城市绿色发展效率

本章从节约要素有效投入、经济增长和节能减排的高质量发展视角，综合评估长三角城市绿色发展效率的动态变化，在此基础上，进一步验证长三角一体化对城市绿色发展效率的影响效应及其地区差异，为推进长三角一体化高质量发展提供了实证支持和对策建议。

第一节 引言与文献评述

当前，我国经济已由高速增长阶段转入高质量发展阶段，推动经济社会发展绿色化、低碳化是实现高质量发展的关键环节，因此必须将资源环境因素纳入经济发展效率分析框架，不少文献将这种兼顾要素投入节约、环境污染治理及经济增长等因素的效率称为绿色发展效率（王兵等，2014；陈影等，2022；周杰琦等，2023）。考虑资源环境约束下的绿色发展效率评价主流方法主要有参数法与非参数法两种，前者以随机前沿方法（stochastic frontier analysis，SFA）为代表，后者以数据包络分析方法（data envelopment analysis，DEA）为代表。同 DEA 方法相比较而言，在使用 SFA 方法测算绿色发展效率时，需要对潜在的生产技术预设函数形式，还要利用相关投入产出的价格信息，因此在利用包含环境污染等非期望产出的多投入多产出数据测算绿色发展效率时，基于 DEA 的非参数方法在实证研究中得到了广泛应用。

　　基于 DEA 方法评估绿色发展效率，需要用到方向性距离函数（directional distance function，DDF）这一关键的建模工具。在早期使用较多的是谢泼德（Shephard，1970）提出的谢泼德距离函数（distance function，DF），它可以处理环境污染物，但是需要将期望产出和非期望产出同比例同方向扩张至生产前沿，没有正确处理非期望产出的负外部性，存在明显的不足。钱伯斯等（Chambers et al.，1996）为此提出方向性距离函数（DDF）的概念，即在允许期望产出扩张的同时，可以实现生产要素投入减少和非期望产出减少，这一处理技术更符合现代节能减排的绿色发展理念。钟等（Chung et al.，1997）首次将方向性距离函数（DDF）运用到环境效率和环境全要素生产率评价研究中。在此基础上，法尔等（Färe et al.，2001）将 DDF 与 Malmquist 指数相结合，进一步对绿色全要素生产率指数进行分解测算，有力推进了 DDF 与 Malmquist 指数在绿色发展效率测算研究中的广泛应用。

　　但是，这种测算方法是基于径向和角度来进行的，存在一些缺陷与不足：一是基于径向的 DDF 测算模型要求生产要素投入、期望产出和非期望产出的变动比例相同，没有考虑潜在松弛变量的影响，当存在非零松弛变量时，传统的 DDF 测算模型可能高估环境效率值（Fukuyama & Weber，2009）；二是从投入最小化或产出最大化单一角度出发，也会影响测算结果的准确性；三是这种测算方法得到的是考虑环境约束的综合技术效率，无法将环境效率从中有效分离出来（Sueyoshi & Goto，2011）。

　　为了解决环境效率和生产率测算中的径向和角度问题，不少学者进行了开拓性研究。托恩等（Tone，2001）构造了基于非角度、非径向的考虑松弛变量（slacks）的效率测度模型（slacks-based measure，SBM），法尔和格罗斯科夫（Färe & Grosskopf，2010；Fukuyama & Weber，2009）在此基础上，提出了更加一般化的非径向、非角度方向性距离函数。周等（Zhou et al.，2012）开创性提出具有理想数学性质的考虑松弛变量的非径向方向性距离函数（non-radial directional distance function，ND-DF），可赋予期望产出和非期望产出不同变化比例，能区分投入要素和两类不同产出的无效率值，从而能将污染排放效率从环境技术效率中分离出来。此后，不少文献在此基础上做了拓展研究，王等（Wang et al.，2013）运用这一 NDDF 模型测算基于不同场景的能源效率和生产率，张等（Zhang et al.，2014）运用 NDDF 模型测算比较中国 252 家火电厂能源效率和碳排放效率，王等（Wang et al.，2020）运用改进的 NDDF 模型测算研究 OECD 国家绿色全要素生产率增长来源。

运用 DEA 模型和 Malmquist 指数测算效率和生产率，需要利用足够多的生产决策单元（decision making unit，DMU）构造生产前沿，进而对构造的线性规划模型求解。基于当期生产前沿求解，由于生产前沿和技术进步具有不连续性，可能得出技术退步的反常结论。为此，塔尔肯和埃考特（Tulkens & Eeckaut，1995）提出基于序列参比的 Malmquist 指数分解方法，即以当期及其以前所有时期的投入产出数据确定参考技术集，这虽然能有效避免技术退步，但是并不能彻底地消除跨期不可行解问题，即在求解跨期方向性距离函数时，若本期的投入产出在上一期的技术下不可行时，仍然会出现无可行性解的情形。对此，帕斯特（Pastor et al.，2011）提出两期技术（biennial technology）来解决非可行解的方案，欧（Oh，2010）提出 Global Malmquist - Luenberger（GML）指数方法，即以全部投入产出数据构造生产技术集作为共同生产前沿，GML 指数测算模型可避免因几何平均形式导致 ML 指数的不可传递性缺点，又可避免无可行解问题。

随着我国生态文明建设的加强和高质量发展的深入推进，不少学者运用上述模型与方法对我国绿色发展绩效进行评价研究，从整体上看，现有文献较多将 SBM 模型、径向方向性距离函数（DDF）与 Malmquist - Luenberger 指数相结合，测算环境效率和环境全要素生产率，而运用非径向方向性距离函数（NDDF）的研究相对不足。陈芳（2016）基于非径向方向性距离函数（NDDF），分别测算存在要素替代的长江经济带省级全要素能源环境效率和不存在要素替代情况下的能源绩效效率。王兵和侯冰清（2017）构建全局非径向方向性距离函数（NDDF），测算中国不同省区的全要素绿色效率和全要素绿色生产率。李江龙和徐斌（2018）利用地级市面板数据，采用非径向方向距离函数构造绿色经济效率指标。刘海英和刘晴晴（2020）运用基于共同前沿的非径向方向性距离函数（NDDF），测度中国不同省区的绿色全要素能源效率。张宁（2022）综合应用 Bootstrap 方法和共同前期两期非径向方向距离函数，评估中国火电厂碳全要素生产率的动态变化。

在推进长三角一体化高质量发展的背景下，长三角一体化能否推进城市绿色发展效率提升，是一个引发关注并需要实证检验的现实问题。本章在借鉴上述相关文献研究成果的基础上，测算长三角城市全要素绿色发展效率，利用 Tobit 模型对长三角城市绿色发展效率的影响因素进行实证研究，侧重检验长三角一体化对城市绿色发展效率提升的影响。本章的边际贡献主要体现在三个方面，一是为避免 DEA 模型构建中因径向与角度选择问题影响效率测算的准确性，以及为了避免线性规划模型求解出现不可行解的情形，利用非径向方向性距离函数（NDDF）和全局生产前沿建模方法，构造包含要素投入利用效率和污染排放效率的全要素绿色发展效率测算模型；二是从区域市场一体化的视角，实证研究商品市场一体化、资本市场一体化和劳动力市场一体化对城市绿色发展效率的影响，丰富了区域市场一体化与高质量发展之间关系的研究文献；三是实证研究区域市场一体化对长三角中心区和长三角外围区城市绿色发展效率的异质性影响，为推进长三角一体化高质量发展提供实证支持和对策建议。

第二节　长三角城市绿色发展效率动态演化

一、绿色发展效率测算方法与模型

（一）环境生产技术

借鉴法尔等（Färe et al.，2007）的建模思路，将长三角每个地级及以上城市视作一个生产决策单元（DMU），假设每个生产决策单元 $j =$（1，…，J），在每个生产时期 $t =$（1，…，T），使用 M 种生产要素投入 $x = (x_1, \cdots, x_M) \in R_m^+$，生产出 N 种期望产出 $y = (y_1, \cdots, y_n) \in R_+^N$ 和 K 种非期望产出 $b = (b_1, \cdots, b_k) \in R_+^K$，则其环境生产技术集可以表达为如公式（8－1）所示：

$$P(x) = \{(x, y, b): \sum_{j=1}^{J} z_j x_{jm} \leqslant x_m, \sum_{j=1}^{J} z_j y_{jn} \geqslant y_n, \sum_{j=1}^{J} z_j b_{jk} = b_k,$$

$$\sum_{j=1}^{J} z_j = 1, z_j \geqslant 0, \forall j, m, n, k\} \qquad (8-1)$$

其中，z_j 表示每个生产决策单元横截面观察值的非负权重，非负权重之和等于 1，表示生产技术是规模报酬可变的（Variable Returns to Scale，VRS），约束条件中等号表示非期望产出具有弱可处置性，即非期望产出减少是有代价的；环境生产技术满足有界闭集、期望产出和投入的强可处置性、非期望产出的弱可处置性，以及期望产出与非期望产出的零结合性公理（Färe et al.，2005）。

（二）全局非径向方向性距离函数

非径向方向性距离函数（NDDF）能考虑投入产出的松弛向量，允许各要素的增减方向和比例均不相同，全局生产前沿构造可以避免线性规划无可行解的问题，因此借鉴周等（Zhou et al.，2012）、欧（Oh，2010）的建模思路，构建全局非径向方向性距离函数（Global Non-radial Directional Distance Function，GNDDF）如公式（8－2）所示：

$$\overrightarrow{ND}_j^G(x, y, b; g) = \sup\{w^T\beta: [(x, y, b) + g \times diag(\beta)] \in T(X)\}$$

$$(8-2)$$

其中，$w^T = (w_m^x, w_n^y, w_k^b)^T$ 为投入产出变量的标准化权重向量，可根据研究情形设定，此处假设生产要素投入、期望产出和非期望产出同等重要，故将三者的权重均设为 $\frac{1}{3}$，生产要素投入包含资本（K）、劳动（L）和能源（E），期望产出为地区生产总值（Y），非期望产出包含废水排放（W）和二氧化硫排放（S），因此，$w^T = \left(\dfrac{1}{9}, \dfrac{1}{9}, \dfrac{1}{9}, \dfrac{1}{3}, \dfrac{1}{6}, \right.$ $\left. \dfrac{1}{6} \right)^T$。$\beta = (\beta_m^x, \beta_n^y, \beta_k^b)$ 为松弛变量，表示各要素投入可以增加或减少的比例，$g = (-g_x, g_y, -g_b)$ 为方向向量。构建以下线性规划模型，求解全局非径向方向性距离的值，如公式（8-3）所示：

$$\overrightarrow{ND}_J^G(K^t, L^t, E^t, Y^t, W^t, S^t; g^t) = \max \omega_K \beta_{JK}^{Gt} + \omega_L \beta_{JL}^{Gt} + \omega_E \beta_{JE}^{Gt} + \omega_Y \beta_{JY}^{Gt} +$$
$$\omega_w \beta_{JW}^{Gt} + \omega_s \beta_{JS}^{Gt} \qquad (8-3)$$

$$\text{s. t. } \sum_{j=1}^{J} \sum_{t=1}^{T} z_j^t K_j^t \leqslant (1 - \beta_K^{Gt}) K_j^t, \quad \sum_{j=1}^{J} \sum_{t=1}^{T} z_j^t L_j^t \leqslant (1 - \beta_L^{Gt}) L_j^t,$$

$$\sum_{j=1}^{J} \sum_{t=1}^{T} z_j^t E_j^t \leqslant (1 - \beta_E^{Gt}) E_j^t, \quad \sum_{j=1}^{J} \sum_{t=1}^{T} z_j^t Y_j^t \geqslant (1 + \beta_Y^{Gt}) Y_j^t,$$

$$\sum_{j=1}^{J} \sum_{t=1}^{T} z_j^t W_j^t = (1 - \beta_W^{Gt}) W_j^t, \quad \sum_{j=1}^{J} \sum_{t=1}^{T} z_j^t S_j^t = (1 - \beta_S^{Gt}) S_j^t,$$

$$z_j^t \geqslant 0; \ \beta_K^{Gt} \geqslant 0, \ \beta_L^{Gt} \geqslant 0, \ \beta_E^{Gt} \geqslant 0, \ \beta_Y^{Gt} \geqslant 0, \ \beta_W^{Gt} \geqslant 0, \ \beta_S^{Gt} \geqslant 0$$

（三）全要素绿色发展效率

梳理前述相关研究文献发现，周等（Zhou et al.，2012）首次将能源效率定义为实际能源效率与潜在能源效率之比，将碳排放效率定义为潜在碳排放强度与实际碳排放强度之比，张等（Zhang et al.，2014）利用 NDDF 模型测算要素投入效率和碳排放效率后，在此基础上测算全要素生产效率。借鉴上述研究思路，本章利用公式（8-3）求解每个决策单元松弛变量的最优解 $\beta_j = (\beta_{jK}, \beta_{jL}, \beta_{jE}, \beta_{jY}, \beta_{jw}, \beta_{jS},)$ 之后，构造要素投入产出效率和污染排放效率如公式（8-4）和公式（8-5）所示：

$$XE_j = \frac{Y/X}{(Y + \beta_{jY}Y)/(X - \beta_{jX}X)} = \frac{1 - \beta_{jX}}{1 + \beta_{jY}}, \ j = 1, 2, \cdots, J; \ X = K, L, E$$
$$(8-4)$$

$$BE_j = \frac{(B - \beta_{jB}B)/(Y + \beta_{jY}Y)}{B/Y} = \frac{1 - \beta_{jB}}{1 + \beta_{jY}}, \ j = 1, 2, \cdots, J; \ B = W, S$$
$$(8-5)$$

利用要素投入效率和污染排放效率构造全要素绿色发展效率（*TGE*）如公式（8 - 6）所示，由于要素投入效率和污染排放效率值介于 0 与 1，所以全要素绿色发展效率（*TGE*）的值也介于 0 与 1。*TGE* 越大，表示城市绿色发展效率越高；当 *TGE* 等于 1 时，表明被评价决策单元位于生产前沿，绿色发展实践达到最佳水平。

$$
\begin{aligned}
TGE_j &= \frac{1}{5}(KE_j + LE_j + EE_j + WE_j + SE_j) \\
&= \frac{1}{5}\left(\frac{1-\beta_{jK}}{1+\beta_{jY}} + \frac{1-\beta_{jL}}{1+\beta_{jY}} + \frac{1-\beta_{jE}}{1+\beta_{jY}} + \frac{1-\beta_{jW}}{1+\beta_{jY}} + \frac{1-\beta_{jS}}{1+\beta_{jY}}\right) \\
&= \frac{1 - \frac{1}{5}(\beta_{jK} + \beta_{jL} + \beta_{jE} + \beta_{jW} + \beta_{jS})}{1+\beta_{jY}}, \quad j = 1, 2, \cdots, J \quad (8-6)
\end{aligned}
$$

二、样本、变量与数据

本章以长三角全域 41 个地级以上城市为样本对象，运用 2003 ~ 2019 年长三角城市投入产出面板数据，构建全局生产前沿非径向方向性距离函数，对长三角城市绿色发展效率进行测算。《长江三角洲区域一体化发展规划纲要》将长三角地区上海、南京等 27 个城市划为长三角中心区，为了进一步研究长三角地区绿色发展的空间结构特征，本章将长三角中心区以外的城市均划归外围区，长三角中心区和外围区各自包含的城市如表 8 - 1 所示。

表 8 - 1　　　　　　　　长三角中心区和外围区城市划分

地区	中心区（27 个）	外围区（14 个）
上海市（1 个）	上海市	
江苏省（13 个）	南京市、无锡市、常州市、苏州市、南通市、扬州市、镇江市、盐城市、泰州市	徐州市、连云港市、淮安市、宿迁市

地区	中心区（27个）	外围区（14个）
浙江省（11个）	杭州市、宁波市、温州市、湖州市、嘉兴市、绍兴市、金华市、舟山市、台州市	衢州市、丽水市
安徽省（16个）	合肥市、芜湖市、马鞍山市、铜陵市、安庆市、滁州市、池州市、宣城市	蚌埠市、淮南市、淮北市、黄山市、阜阳市、宿州市、六安市、亳州市

按照上述绿色发展效率的测度模型，需要利用 2003～2019 年长三角城市的投入产出数据进行测算，投入包括固定资本（K）、劳动（L）和能源（E），资本（K）用各城市固定资本存量表示，以 2003 年为基期，使用永续盘存法计算，如公式（8−7）所示：

$$K_t = \frac{I_t}{P_t} + (1 - \delta_t) K_{t-1} \qquad (8-7)$$

其中，K_t 表示当期固定资本存量，I_t 表示当期名义固定资本形成总额，P_t 为固定资产投资价格指数，由于地级城市固定资产投资价格指数统计数据缺失，采用对应省份固定资产投资价格指数代替，δ_t 表示折旧率，借鉴张军等（2004）的处理方法，取其值为 9.6%，K_{t-1} 表示上一期固定资本存量，初始资本存量采用名义固定资本形成总额除以 10% 得出。

劳动投入（L）用各城市年平均就业人数表示，由于多数城市统计年鉴缺少能源消费平衡表，无法直接获取城市能源消费总量，能源投入（E）用社会用电量来表示，期望产出是指地区生产总值（Y），以 2003 年为基期的实际 GRP 表示，非期望产出包括工业废水排放（W）和工业二氧化硫排放（S）。

上述变量对应的数据主要来自《中国城市统计年鉴》《中国环境年鉴》和长三角城市统计局和生态环境局的官方网站及各市统计公报。所有投入产出变量的描述性统计分析结果如表 8−2 所示。

表 8 - 2   投入产出变量的数据描述性统计分析

分区	投入产出变量	代码	观测量	平均值	标准差	最小值	最大值
中心区	固定资本（亿元）	K	459	9 146	8 325	363.4	44 586
	劳动（万人）	L	459	338.2	220.5	41.85	1 376
	社会用电量（亿千瓦时）	E	459	291.5	307.2	9.213	1 569
	实际 GRP（亿元）	Y	459	2 907	3 441	75.50	24 491
	工业废水排放（万吨）	W	459	15 972	16 810	486	85 735
	工业二氧化硫排放（吨）	S	459	58 278	61 270	1 384	496 377
外围区	固定资本（亿元）	K	238	3 329	3 246	511.2	21 840
	劳动（万人）	L	238	272.6	143.2	89.90	693.5
	社会用电量（亿千瓦时）	E	238	81.95	70.37	5.096	371.1
	实际 GRP（亿元）	Y	238	809.0	786.3	108.4	5 104
	工业废水排放（万吨）	W	238	5 112	3 721	464	16 250
	工业二氧化硫排放（吨）	S	238	31 160	32 699	2 044	187 974

三、长三角城市绿色发展效率测算结果及分析

（一）全要素绿色发展效率变化趋势

利用上述模型与方法测算出长三角城市全要素绿色发展效率，长三角地区全要素绿色发展效率变化趋势如图 8 - 1 所示。从图中可以发现，长三角中心区城市全要素绿色发展效率呈现不断上升趋势，尤其是自2015 年以来，全要素绿色发展效率上升较快。长三角外围区城市全要素绿色发展效率经历了一个浴盆形状的变化轨迹，即先下降后处于平稳水平再上升的变化趋势。受外围区城市全要素绿色发展效率走势的影响，长三角城市全要素绿色发展效率整体上呈现出先缓慢上升后较快上升的变化趋势。

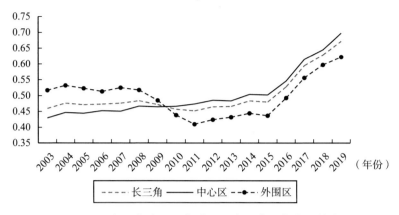

图 8-1　长三角中心区与外围区全要素绿色发展效率

　　长三角三省一市全要素绿色发展效率的演化趋势如图 8-2 所示。安徽省内城市全要素绿色发展效率早期处于较高水平，刚开始呈现出不断下降的趋势，自 2015 年以来又出现了较快的上升趋势。江苏省和浙江省内城市全要素绿色发展效率均呈现出不断上升的趋势，浙江省内城市全要素绿色发展效率平均水平略高于江苏省内城市全要素绿色发展效率平均水平，但是自 2017 年以来，江苏省内城市全要素绿色发展效率出现了较快的提升，赶上并超越浙江省内城市全要素绿色发展效率水平。上海市全要素绿色发展效率在初期与江苏省、浙江省全要素绿色发展效率差异不大，随着上海市全要素绿色发展效率的加快提升，上海市全要素绿色发展效率与长三角其他地区全要素绿色发展效率之间的差距越来越大，显示了上海市作为长三角龙头城市在高质量发展上的优势。

（二）长三角城市绿色发展效率分解

　　根据公式（8-6）可知，全要素绿色发展效率（TGE）由要素投入效率和污染排放效率构成，表 8-3 展示了 2019 年长三角城市绿色发展效率及其构成，2019 年长三角城市绿色发展效率的平均值为 0.672，资本、劳动和能源三种要素投入效率对绿色发展效率的贡献率分别为 23.3%、21.1% 和 22.3%，污染排放效率对绿色发展效率的贡献率

（*RPE*）为 33.3%，要素投入效率对绿色发展效率的贡献更大，整体而言，污染排放效率对绿色发展效率的贡献有待提高。从具体的城市表现来看，上海市、南京市、无锡市、徐州市、苏州市、镇江市、温州市、舟山市和黄山市等城市均处于共同生产前沿面上，成为该年长三角地区绿色发展效率最佳实践单元。

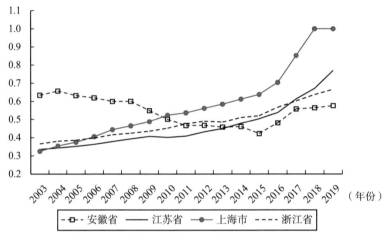

图 8 - 2　长三角三省一市全要素绿色发展效率

表 8 - 3　　　　　　　　2019 年长三角城市绿色发展效率及其构成

城市	绿色发展效率及其分解项						绿色发展效率构成（%）			
	GTE	*KE*	*LE*	*EE*	*WE*	*SE*	*RKE*	*RLE*	*REE*	*RPE*
上海市	1.000	1.000	1.000	1.000	1.000	1.000	20.00	20.00	20.00	40.00
南京市	1.000	1.000	1.000	1.000	1.000	1.000	20.00	20.00	20.00	40.00
无锡市	1.000	1.000	1.000	1.000	1.000	1.000	20.00	20.00	20.00	40.00
徐州市	1.000	1.000	1.000	1.000	1.000	1.000	20.00	20.00	20.00	40.00
常州市	0.642	0.705	1.000	0.652	0.632	0.220	21.95	31.16	20.32	26.57
苏州市	1.000	1.000	1.000	1.000	1.000	1.000	20.00	20.00	20.00	40.00
南通市	0.648	0.612	0.771	0.830	0.593	0.436	18.88	23.77	25.61	31.74
连云港市	0.535	0.547	0.513	0.692	0.697	0.224	20.45	19.19	25.89	34.47

续表

城市	绿色发展效率及其分解项						绿色发展效率构成（%）			
	GTE	*KE*	*LE*	*EE*	*WE*	*SE*	*RKE*	*RLE*	*REE*	*RPE*
淮安市	0.780	0.758	0.713	0.905	1.000	0.526	19.42	18.28	23.19	39.11
盐城市	0.676	0.613	0.586	0.800	0.769	0.612	18.13	17.35	23.68	40.85
扬州市	0.682	0.670	0.870	0.922	0.727	0.221	19.66	25.51	27.02	27.81
镇江市	1.000	1.000	1.000	1.000	1.000	1.000	20.00	20.00	20.00	40.00
泰州市	0.689	0.669	0.802	0.761	0.923	0.291	19.41	23.28	22.08	35.24
宿迁市	0.346	0.491	0.367	0.491	0.332	0.051	28.34	21.18	28.34	22.14
杭州市	0.687	0.677	0.818	0.786	0.685	0.467	19.72	23.84	22.91	33.54
宁波市	0.610	0.681	0.811	0.620	0.695	0.240	22.33	26.62	20.36	30.69
温州市	1.000	1.000	1.000	1.000	1.000	1.000	20.00	20.00	20.00	40.00
嘉兴市	0.456	0.639	0.715	0.477	0.294	0.158	28.02	31.32	20.89	19.78
湖州市	0.538	0.811	0.811	0.514	0.435	0.118	30.15	30.15	19.12	20.57
绍兴市	0.555	0.751	0.816	0.657	0.244	0.304	27.10	29.43	23.70	19.77
金华市	0.624	0.962	0.640	0.588	0.681	0.250	30.81	20.52	18.84	29.83
衢州市	0.436	0.697	0.697	0.392	0.216	0.180	31.93	31.93	17.98	18.15
舟山市	1.000	1.000	1.000	1.000	1.000	1.000	20.00	20.00	20.00	40.00
台州市	0.809	0.991	0.724	0.878	1.000	0.453	24.50	17.89	21.70	35.90
丽水市	0.615	0.737	0.737	0.602	0.614	0.383	23.97	23.97	19.60	32.46
合肥市	0.504	0.325	0.425	0.648	0.805	0.316	12.92	16.86	25.73	44.49
芜湖市	0.489	0.434	0.581	0.633	0.680	0.118	17.76	23.74	25.89	32.62
蚌埠市	0.667	0.798	0.347	0.783	0.878	0.528	23.92	10.40	23.49	42.18
淮南市	0.332	0.482	0.326	0.482	0.315	0.058	28.99	19.59	28.99	22.43
马鞍山市	0.362	0.521	0.598	0.414	0.208	0.069	28.77	33.05	22.88	15.29
淮北市	0.471	0.595	0.491	0.546	0.595	0.127	25.29	20.84	23.19	30.68
铜陵市	0.315	0.402	0.402	0.356	0.263	0.152	25.53	25.53	22.61	26.34
安庆市	0.616	0.767	0.316	0.833	0.795	0.368	24.90	10.25	27.07	37.78

城市	绿色发展效率及其分解项						绿色发展效率构成（%）			
	GTE	*KE*	*LE*	*EE*	*WE*	*SE*	*RKE*	*RLE*	*REE*	*RPE*
黄山市	1.000	1.000	1.000	1.000	1.000	1.000	20.00	20.00	20.00	40.00
滁州市	0.575	0.812	0.386	0.589	0.874	0.212	28.26	13.43	20.51	37.81
阜阳市	0.420	0.565	0.338	0.539	0.565	0.095	26.88	16.07	25.65	31.40
宿州市	0.544	0.740	0.236	0.740	0.740	0.264	27.21	8.66	27.21	36.93
六安市	0.885	0.991	0.803	0.856	1.000	0.773	22.40	18.15	19.35	40.09
亳州市	0.682	1.000	0.371	0.809	1.000	0.230	29.32	10.89	23.71	36.08
池州市	0.854	0.836	1.000	0.724	1.000	0.710	19.58	23.42	16.95	40.05
宣城市	0.507	0.735	0.438	0.520	0.735	0.110	28.97	17.25	20.49	33.29
江苏省	0.77	0.77	0.82	0.85	0.82	0.58	20.48	21.52	22.78	35.23
浙江省	0.67	0.81	0.80	0.68	0.62	0.41	25.32	25.06	20.46	29.15
安徽省	0.58	0.69	0.50	0.65	0.72	0.32	24.42	18.01	23.36	34.22
中心区	0.70	0.76	0.76	0.75	0.74	0.48	22.49	22.38	21.79	33.33
外围区	0.62	0.74	0.57	0.70	0.71	0.39	24.87	18.51	23.33	33.29
长三角	0.67	0.76	0.69	0.73	0.73	0.45	23.30	21.06	22.32	33.32
平均	0.6720	0.7564	0.6939	0.7327	0.7315	0.4455	23.30	21.06	22.32	33.32

注：表中 $TGE = \frac{1}{5} \times (KE + LE + EE + WE + SE)$，$RPE$ 是指 WE 与 SE 对 GRE 的贡献率之和。

（三）长三角城市绿色发展效率的动态分布

为了从整体上观测长三角城市绿色发展效率的动态演进状态，下面采用 Kernel 密度估计方法，描绘了长三角城市绿色发展效率的空间分布动态，如图 8-3 所示，随着时间的推移，核密度曲线的波峰不断向右移动，表明长三角城市绿色发展效率平均水平呈现上升趋势。同时，波峰的高度不断下降，波峰的宽度逐渐变宽，表明长三角城市绿色发展效率的地区差异逐渐减小，存在动态空间收敛特征。

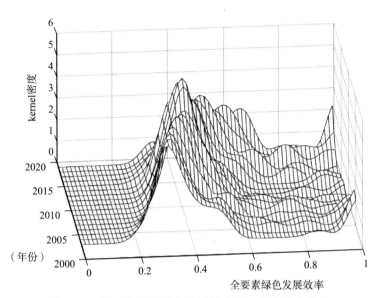

图 8 - 3　长三角城市绿色发展效率地区分布动态演进

　　图 8 - 4 反映了长三角中心区与外围区城市全要素绿色发展效率的分布情况，中心区全要素绿色发展效率高于外围区，但是中心区的波动性高于外围区，外围区有部分城市全要素绿色发展效率有异常高值，这样的异常城市比中心区数量要多，这在一定程度上提高了外围区城市全要素绿色发展效率的平均水平。

　　图 8 - 5 反映了长三角地区三省一市全要素绿色发展效率的分布情况，上海市全要素绿色发展效率平均水平高于其他省区，由于上海市没有次一级地区的测算数据，其箱形图主要反映了上海市全要素绿色发展效率的时变趋势和变化幅度，表明在样本观测期间上海市全要素绿色发展效率有了较大提升，上海市在部分年份位于长三角绿色生产共同前沿面上。虽然江苏省和浙江省城市全要素绿色发展效率的平均水平整体上相当，但是江苏省内城市全要素绿色发展效率的地区差异要小于浙江省内城市。而安徽省内城市全要素绿色发展效率平均水平高于江苏省、浙江省省内城市，但是安徽省内城市全要素绿色发展效率的地区差异最大，这与安徽省部分城市自然禀赋好、经济发展水平和工业化程度不高有关。

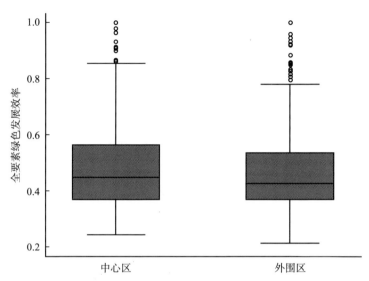

图 8－4 长三角中心区与外围区全要素绿色发展效率分布

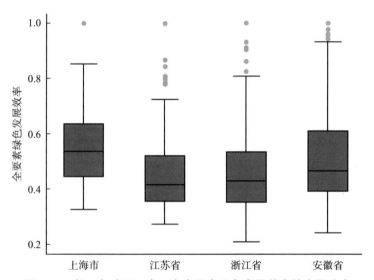

图 8－5 长三角地区三省一市全要素绿色发展效率的空间分布

第三节 长三角一体化对城市
绿色发展效率的影响

一、模型、变量与数据

本节主要研究长三角城市全要素绿色发展效率的影响因素，着重验证长三角一体化对城市绿色发展效率的影响。由于本章测算的全要素绿色发展效率（TGE）的值介于 0 到 1，因变量数据具有明显的双尾截断特征，对于此类受限因变量（limited dependent variable）使用通常的 OLS 方法对整个样本进行线性回归，其非线性扰动项将被纳入扰动项中，导致估计不一致，故本节将采用面板 Tobit 模型进行回归（Tobin，1958）。构建长三角全要素绿色发展效率影响因素的面板 Tobit 模型如公式（8－8）和公式（8－9）所示：

$$y_{it}^* = \alpha + \beta X_{it} + \mu_i + \lambda_t + \varepsilon_{it}, \quad \varepsilon_{it} \sim N(0, \sigma^2) \qquad (8-8)$$

$$y_{it} = \begin{cases} y_{it}^*, & if \ y_{it}^* \in (0, 1] \\ 0, & if \ y_{it}^* \in (-\infty, 0] \\ 1, & if \ y_{it}^* \in (1, +\infty) \end{cases} \qquad (8-9)$$

其中，y_{it} 是实际测算的第 j 个城市第 t 年的全要素绿色发展效率，y_{it}^* 是对应的潜变量，满足计量模型的经典假设，X_{it} 为系列影响因素构成的变量向量集，μ_i 和 λ_t 分别表示城市个体差异性和时间差异性。借鉴相关文献研究结论（王兵等，2014；林伯强和谭睿鹏，2019）并考虑数据可得性，本书选取以下影响因素：

（1）经济发展水平（$pgrp$），用实际人均地区生产总值（万元/人）表示，并加入平方项（$pgrps$）以考察环境库茨涅茨曲线关系的存在性；

（2）城市规模（scl），用城市年末人口数（万人）表示，取其自然对数值，并加入平方项（$scls$），以考察城市全要素绿色发展效率与城市规模之间可能存在的非线性关系；

（3）产业结构（is），用第三产业增加值与地区生产总值的百分比（%）来表示；

（4）环境规制强度（er），借鉴陈诗一和陈登科（2018）、邓慧慧和杨露鑫（2019）的文本分析方法，以地方政府年度工作报告中环境保护相关词汇占全部词频的比重来表示（%）；

（5）资本深化（cpd），又称人均资本量，通常能反映技术进步水平，用固定资本存量与劳动人数之比来表示，固定资本存量的计算参见前述章节相关内容；

（6）外贸易依存度（$trade$），用进出口贸易额与地方生产总值之比表示；

（7）市场一体化水平（mi），用前述相关章节测算所得的市场一体化指数表示，该指数又包含商品市场一体化指数（cmi）、资本市场一体化指数（kmi）和劳动力市场一体化指数（lmi）。

上述变量的描述性统计分析结果如表8-4所示，长三角中心区城市全要素绿色发展效率（TGE）和市场一体化水平（mi）分别为0.504和0.414，长三角外围区城市全要素绿色发展效率（TGE）和市场一体化水平（mi）分别为0.498和0.421，两者差异较小，但是长三角中心区和外围区城市在影响全要素绿色发展效率的其他变量上有较大差异。

表8-4　　　　　　　　相关变量的描述性统计分析

变量	长三角中心区					长三角外围区				
	N	平均值	标准差	最小值	最大值	N	平均值	标准差	最小值	最大值
is	459	41.75	8.442	23.36	72.70	238	38.77	6.256	25.13	57.82
scl	459	6.023	0.644	4.261	7.293	238	6.069	0.568	4.986	6.982

变量	长三角中心区					长三角外围区				
	N	平均值	标准差	最小值	最大值	N	平均值	标准差	最小值	最大值
$pgdp$	459	4.726	2.621	0.488	14.61	238	1.998	1.243	0.246	5.259
er	459	0.0049	0.0024	0.0005	0.0154	238	0.0047	0.0029	0.0006	0.0173
$trade$	459	0.4980	0.6420	0.0319	8.1340	238	0.0881	0.0788	0.0057	0.412
cpd	459	0.0026	0.0014	0.0003	0.0082	238	0.0014	0.0010	0.0002	0.0045
TGE	459	0.504	0.195	0.242	1.000	238	0.498	0.197	0.211	1.000
cmi	459	0.562	0.162	0.214	0.987	238	0.586	0.171	0.240	0.991
kmi	459	0.372	0.111	0.182	0.746	238	0.370	0.101	0.183	0.681
lmi	459	0.309	0.0863	0.146	0.567	238	0.308	0.0876	0.144	0.560
mi	459	0.414	0.0722	0.248	0.636	238	0.421	0.0753	0.245	0.644

　　为了便于直观地观测全要素绿色发展效率（TGE）和市场一体化水平（mi）之间的相关关系，此处针对长三角全样本和分样本城市分别制作散点图。图8－6是长三角全样本城市全要素绿色发展效率（TGE）和市场一体化水平（mi）之间的散点图，拟合线显示出两者之间存在明显的正相关关系，这意味着长三角市场一体化有可能促进城市全要素绿色发展效率的提升，从而有助于推进长三角高质量发展。

　　图8－7（a）和图8－5（b）分别描绘长三角中心区、外围区 TGE 与 mi 之间关系的散点图，图8－7（a）中拟合线的斜率明显大于图8－7（b），表明长三角中心区城市全要素绿色发展效率（TGE）和市场一体化水平（mi）之间存在明显的正相关关系，但是长三角外围区城市全要素绿色发展效率（TGE）和市场一体化水平（mi）之间可能不存在显著的正相关关系。下面将运用具体的实证研究对上述相关推论作进一步的验证。

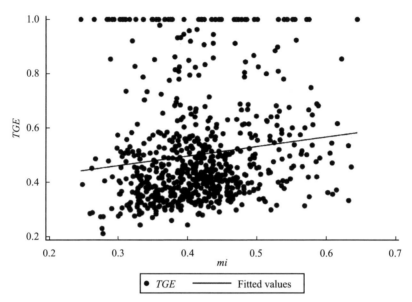

图 8 - 6　长三角城市 *TGE* 与 *mi* 之间的散点图

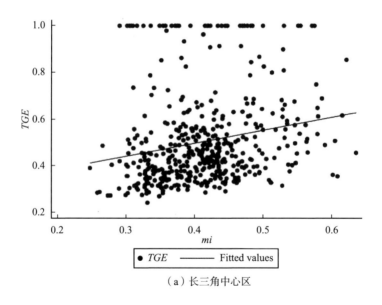

（a）长三角中心区

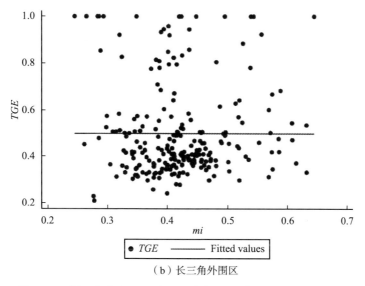

（b）长三角外围区

图 8 - 7　长三角中心区、外围区城市 *TGE* 与 *mi* 之间的散点图

二、实证结果及分析

（一）全样本回归结果分析

基于面板 Tobit 模型和长三角地区全样本数据，对全要素绿色发展效率的影响因素进行逐步回归，估计结果如表 8 - 5 所示。在逐步添加控制变量后，核心解释变量市场一体化指数（*mi*）的参数依然显著，表明市场一体化整体上显著促进了城市全要素绿色发展效率提升。从控制变量的估计结果来看，全要素绿色发展效率与城市规模（*scl*）之间呈现"U"型变化关系，即在城市人口发展到一定阶段以前，随着城市人口增加会抑制全要素绿色发展效率提升，当城市人口增加到一定阶段后，会促进全要素绿色发展效率提升，这一结论与陈阳和唐晓华（2019）、毛渊龙和姜国刚（2023）的研究相似，产业结构升级（*is*）显著促进全要素绿色发展效率提升。全要素绿色发展效率与经济发展水平（*pgdp*）之间也呈现"U"型变化关系，这与王兵等（2010）研究结论相同，并从侧面

证实了中国环境库兹涅茨曲线假说。政府主导的环境规制（*er*）对全要素绿色发展效率有积极影响但效果不显著，表明命令控制型环境规制的环境效应存在局限性。资本深化（*cpd*）对全要素绿色发展效率有正面影响但不显著，表明伴随资本深化的绿色创新水平有待加强。外贸依存度（*trade*）对城市全要素绿色发展效率有显著的负面作用，需要进一步推动长三角高水平开放和贸易高质量发展。

表 8 - 5　　　　　全样本市场一体化总指数 **Tobit** 回归结果

解释变量	被解释变量：全要素绿色发展效率（*TGE*）					
	（1）	（2）	（3）	（4）	（5）	（6）
mi	0.4160 *** (4.594)	0.1758 ** (1.967)	0.3405 *** (3.952)	0.3200 *** (3.583)	0.3082 *** (3.328)	0.2669 *** (2.834)
scl	- 2.2663 *** (- 14.392)	- 1.9583 *** (- 12.996)	- 1.9622 *** (- 13.865)	- 1.9850 *** (- 13.797)	- 1.9911 *** (- 13.786)	- 2.0124 *** (- 13.962)
scls	0.1855 *** (13.825)	0.1570 *** (12.162)	0.1560 *** (12.872)	0.1581 *** (12.805)	0.1588 *** (12.781)	0.1607 *** (12.960)
is		0.0080 *** (9.029)	0.0087 *** (8.532)	0.0085 *** (8.212)	0.0084 *** (8.115)	0.0084 *** (8.151)
pgdp			- 0.0720 *** (- 9.122)	- 0.0741 *** (- 8.991)	- 0.0773 *** (- 7.265)	- 0.0694 *** (- 6.190)
pgdps			0.0069 *** (9.523)	0.0070 *** (9.509)	0.0071 *** (9.202)	0.0067 *** (8.516)
er				2.5367 (0.869)	2.6116 (0.893)	1.7946 (0.611)
cpd					4.6694 (0.480)	1.8793 (0.193)
trade						- 0.0262 ** (- 2.162)
时间效应	控制	控制	控制	控制	控制	控制
地区效应	控制	控制	控制	控制	控制	控制

续表

解释变量	被解释变量：全要素绿色发展效率（TGE）					
	（1）	（2）	（3）	（4）	（5）	（6）
常数项	7.1834 *** （15.615）	6.1486 *** （13.874）	6.2396 *** （14.956）	6.3097 *** （14.855）	6.3291 *** （14.834）	6.3997 *** （15.020）
观测值	697	697	697	697	697	697

注：括号内为 t 值，***、**、* 分别表示在1%、5%、10%的显著性水平上显著。

后文将商品市场一体化指数（cmi）、资本市场一体化指数（kmi）和劳动力市场一体化指数（lmi）三个子市场一体化指数分别纳入面板 Tobit 模型，基于长三角地区全样本数据的回归估计结果（见表8-6）可知，三个子市场一体化指数的参数均为正，但是只有资本市场一体化指数（kmi）的参数估计结果显著，表明资本市场一体化显著促进全要素绿色发展效率提升，而商品市场一体化和劳动力市场一体化对全要素绿色发展效率的促进作用尚不显著。除此以外，表8-6中其他控制变量的估计结果与表8-5中的估计结果大体一致，这在一定程度上说明模型估计较为稳健。

表8-6　　　　　全样本子市场一体化指数 Tobit 回归结果

解释变量	被解释变量：全要素绿色发展效率（TGE）		
	模型（1）	模型（2）	模型（3）
cmi	0.0028 （0.072）		
kmi		0.2292 *** （3.912）	
lmi			0.1040 （1.518）
scl	-2.0221 *** （-13.940）	-2.0122 *** （-14.034）	-2.0253 *** （-13.989）

解释变量	被解释变量：全要素绿色发展效率（TGE）		
	模型（1）	模型（2）	模型（3）
scls	0.1607 *** （12.960）	0.1607 *** （13.026）	0.1622 *** （13.021）
is	0.0086 *** （8.317）	0.0083 *** （8.019）	0.0085 *** （8.160）
pgdp	−0.0694 *** （−6.150）	−0.0653 *** （−5.839）	−0.0696 *** （−6.183）
pgdps	0.0067 *** （8.516）	0.0066 *** （8.428）	0.0066 *** （8.359）
er	3.7004 （1.253）	2.9379 （1.032）	3.6520 （1.274）
cpd	1.8793 （0.193）	−1.9582 （−0.200）	7.4811 （0.783）
trade	−0.0330 *** （−2.714）	−0.0259 ** （−2.168）	−0.0343 *** （−2.867）
时间效应	控制	控制	控制
地区效应	控制	控制	控制
常数项	6.5000 *** （15.182）	6.4233 *** （15.189）	6.4862 *** （15.199）
观测值	697	697	697

注：括号内为 t 值，*** 、** 、* 分别表示在 1% 、5% 、10% 的显著性水平上显著。

（二）分组回归结果分析

后文将长三角城市分为中心区和外围区，具体城市分组情况参见本章前述内容，并分别对这两组子样本数据进行面板 Tobit 模型回归分析，以验证图 8 - 6 中显示的长三角中心区和外围区 TGE 与 mi 之间的相关关系是否成立。长三角中心区面板 Tobit 模型回归结果如表 8 - 7 所示，从表中可以看出，商品市场一体化指数（cmi）与全要素绿色发展效率

（*TGE*）正向相关但不显著，除此以外，市场一体化综合指数（*mi*）、资本市场一体化指数（*kmi*）和劳动力市场一体化指数（*lmi*）的参数估计结果均显著为正，表明市场一体化整体上对长三角中心区城市全要素绿色发展效率有显著的促进作用。面板 Tobit 模型中其他控制变量的估计结果与表 8 - 5 中的估计结果没有显著差异，表明模型比较稳健。

表 8 - 7　　　　　　　　　长三角中心区 Tobit 模型回归结果

解释变量	被解释变量：全要素绿色发展效率（*TGE*）			
	模型（1）	模型（2）	模型（3）	模型（4）
mi	0.3472 *** (3.326)			
cmi		0.0319 (0.695)		
kmi			0.1794 *** (2.871)	
lmi				0.1904 ** (2.526)
scl	- 1.9721 *** (- 13.428)	- 1.9669 *** (- 13.223)	- 1.9735 *** (- 13.392)	- 1.9713 *** (- 13.342)
scls	0.1568 *** (12.182)	0.1564 *** (11.995)	0.1569 *** (12.149)	0.1568 *** (12.106)
is	0.0069 *** (6.093)	0.0072 *** (6.278)	0.0068 *** (5.954)	0.0070 *** (6.157)
pgdp	- 0.0547 *** (- 4.517)	- 0.0547 *** (- 4.452)	- 0.0507 *** (- 4.161)	- 0.0554 *** (- 4.544)
pgdps	0.0056 *** (6.796)	0.0055 *** (6.529)	0.0054 *** (6.575)	0.0056 *** (6.707)
er	5.9808 * (1.723)	7.8820 ** (2.214)	8.2731 ** (2.436)	8.6032 ** (2.527)
cpd	- 2.0897 (- 0.223)	4.6652 (0.503)	- 2.3913 (- 0.251)	4.1897 (0.455)

解释变量	被解释变量：全要素绿色发展效率（TGE）			
	模型（1）	模型（2）	模型（3）	模型（4）
trade	-0.0198 * (-1.800)	-0.0254 ** (-2.285)	-0.0212 * (-1.925)	-0.0289 *** (-2.650)
时间效应	控制	控制	控制	控制
地区效应	控制	控制	控制	控制
常数项	6.2804 *** (14.617)	6.3598 *** (14.621)	6.3436 *** (14.737)	6.3378 *** (14.680)
观测值	459	459	459	459

注：括号内为 t 值，***、**、*分别表示在1%、5%、10%的显著性水平上显著。

　　长三角外围区面板 Tobit 模型回归结果如表 8-8 所示，资本市场一体化指数（kmi）系数在10%显著性水平上显著为正，表明资本市场一体化促进了长三角外围区城市绿色发展效率提升，除此以外，市场一体化综合指数（mi）、商品市场一体化指数（cmi）和劳动力市场一体化指数（lmi）的参数估计结果均不显著，表明市场一体化整体上对长三角外围区城市绿色发展效率的促进作用较小。从控制变量的估计结果来看，全要素绿色发展效率与城市规模（scl）之间呈现"U"型变化关系，全要素绿色发展效率与经济发展水平（pgdp）之间也呈现"U"型变化关系，产业结构升级（is）显著促进全要素绿色发展效率提升，外贸依存度（trade）对全要素绿色发展效率有显著的负面作用。与长三角中心区回归结果不同的是，环境规制（er）和资本深化（cpd）对长三角外围区城市全要素绿色发展效率有负面影响，说明在长三角一体化背景下，环境规制和资本深化可能引致污染性密集型产业转移和环境污染的空间溢出，进而对长三角外围区城市全要素绿色发展效率产生不利影响，虽然不利影响结果尚不显著，但是需要及时采取合理的干预措施进行防范和引导。

表 8 - 8　　　　　　　　　　长三角外围区 Tobit 模型回归结果

解释变量	被解释变量：全要素绿色发展效率（TGE）			
	模型（1）	模型（2）	模型（3）	模型（4）
mi	0.0661 (0.353)			
cmi		0.0085 (0.117)		
kmi			0.1999 * (1.721)	
lmi				− 0.1515 （− 1.272）
scl	− 1.0361 ** （− 2.451）	− 1.0186 ** （− 2.428）	− 1.1011 *** （− 2.625）	− 0.9786 ** （− 2.335）
scls	0.0782 ** (2.230)	0.0769 ** (2.206)	0.0830 ** (2.383)	0.0738 ** (2.118)
is	0.0150 *** (6.597)	0.0152 *** (6.890)	0.0145 *** (6.580)	0.0157 *** (7.080)
pgdp	− 0.2271 *** （− 5.541）	− 0.2247 *** （− 5.254）	− 0.2146 *** （− 5.500）	− 0.2226 *** （− 5.728）
pgdps	0.0449 *** (5.933)	0.0444 *** (5.748)	0.0435 *** (6.108)	0.0437 *** (6.120)
er	− 4.3339 （− 0.813）	− 4.1325 （− 0.780）	− 5.7473 （− 1.074）	− 3.9668 （− 0.751）
cpd	− 33.1533 （− 0.960）	− 31.2737 （− 0.917）	− 41.0217 （− 1.195）	− 27.5770 （− 0.810）
trade	− 0.7436 *** （− 4.974）	− 0.7534 *** （− 5.131）	− 0.7176 *** （− 4.902）	− 0.7704 *** （− 5.288）
时间效应	控制	控制	控制	控制
地区效应	控制	控制	控制	控制
常数项	3.6115 *** (2.811)	3.5622 *** (2.790)	3.7969 *** (2.978)	3.4649 *** (2.720)
观测值	238	238	238	238

注：括号内为 t 值，*** 、** 、* 分别表示在 1%、5%、10% 的显著性水平上显著。

（三）稳健性检验

上述不同的子市场一体化指数回归及不同分组回归，结果均显示模型较为稳健。考虑到在长三角地区 41 个地级及以上城市中，上海市是直辖市，且上海市在长三角地区处于高质量发展的领先地位，因此后文中将上海市这一特殊城市从长三角城市样本中排除，利用余下 40 个城市数据基于面板 Tobit 模型回归分析进行模型稳健性检验，回归结果如表 8-9 中的左半部分所示。全样本和中心区回归结果中，市场一体化均显著促进绿色发展效率提升，中心区市场一体化对城市绿色发展效率的促进效应更大，外围区市场一体化的促进效应不显著，其他控制变量的回归结果与前述相关模型估计结果相比均没有显著差异。

表 8-9　　　　　　　　　Tobit 模型稳健性检验结果

解释变量	调整样本			替代被解释变量		
	全样本	中心区	外围区	全样本	中心区	外围区
mi	0.2005 ** (2.113)	0.3036 *** (2.902)	0.0661 (0.353)	0.2534 *** (5.181)	0.2873 *** (5.283)	0.0705 (0.701)
scl	-2.3761 *** (-14.796)	-2.4645 *** (-13.959)	-1.0361 ** (-2.451)	-1.0797 *** (-14.918)	-1.0486 *** (-14.124)	-0.4630 ** (-2.043)
$scls$	0.1932 *** (13.902)	0.2015 *** (12.913)	0.0782 ** (2.230)	0.0873 *** (13.958)	0.0839 *** (12.841)	0.0374 ** (1.989)
is	0.0099 *** (9.140)	0.0080 *** (6.835)	0.0150 *** (6.597)	0.0040 *** (7.453)	0.0032 *** (5.465)	0.0086 *** (7.047)
$pgdp$	-0.0644 *** (-5.742)	-0.0518 *** (-4.310)	-0.2271 *** (-5.541)	-0.0427 *** (-7.401)	-0.0357 *** (-5.704)	-0.1018 *** (-4.629)
$pgdps$	0.0062 *** (7.771)	0.0051 *** (6.181)	0.0449 *** (5.933)	0.0032 *** (7.751)	0.0028 *** (6.432)	0.0137 *** (3.387)
er	0.2508 (0.085)	4.0632 (1.174)	-4.3339 (-0.813)	0.2459 (0.161)	1.2692 (0.700)	-0.3769 (-0.132)
cpd	2.3510 (0.236)	1.8265 (0.191)	-33.1533 (-0.960)	13.3705 *** (2.697)	9.8986 ** (2.069)	23.2458 (1.248)

续表

解释变量	调整样本			替代被解释变量		
	全样本	中心区	外围区	全样本	中心区	外围区
trade	-0.0173 (-1.416)	-0.0131 (-1.197)	-0.7436 *** (-4.974)	-0.0140 ** (-2.211)	-0.0109 * (-1.896)	-0.3909 *** (-4.848)
时间效应	控制	控制	控制	控制	控制	控制
地区效应	控制	控制	控制	控制	控制	控制
常数项	7.3700 *** (15.813)	7.5870 *** (15.112)	3.6115 *** (2.811)	3.2257 *** (15.125)	3.1602 *** (14.611)	1.3142 * (1.907)
观测值	680	442	238	697	459	238

注：括号内为 t 值，*** 、** 、* 分别表示在 1%、5%、10% 的显著性水平上显著。

考虑到污染排放效率是全要素绿色发展效率的重要组成部分，对城市全要素绿色发展效率有重要影响，接下来将以污染排放效率替代全要素绿色发展效率作为被解释变量，基于面板 Tobit 模型再次进行回归，估计结果如表 8 - 9 中的右半部分所示，模型中的核心解释变量和控制变量的估计结果均没有发生显著变化，这也表明模型比较稳健。

第四节 结论与启示

一、研究结论

本章利用全局生产前沿建模方法和非径向方向性距离函数（ND-DF），构造了一个包含生产要素投入效率和污染排放效率的 DEA 模型，综合测算和比较长三角城市全要素绿色发展效率，在此基础上，利用面板 Tobit 模型对长三角城市绿色发展效率的影响因素进行实证研究，侧重验证了发长三角市场一体化对城市绿色发展效率提升的影响，比较研究市场一体化对长三角中心区城市和长三角外围区城市绿色发展效率的异质性影响效应，并提出合理化应对策略与政策建议。

从长三角城市全要素绿色发展效率增长来源看,要素投入效率提升对长三角城市全要素绿色发展效率增长的贡献率较高,约占60%~70%,污染排放效率对全要素绿色发展效率增长的贡献率有待进一步提升。在样本观测期间,长三角城市全要素绿色发展效率整体呈现上升趋势,其中,长三角中心区城市全要素绿色发展效率有较快的持续上升趋势,尤其是2015年以来有较明显的快速增长趋势,长三角外围区城市全要素绿色发展效率经历了一个先下降、再平缓上升、后较快上升的变化趋势。江苏省和浙江省城市全要素绿色发展效率的平均水平大体相当,但江苏省不同城市之间全要素绿色发展效率的差异比浙江省不同城市之间的差异要小,安徽省不同城市之间全要素绿色发展效率差异最大。整体而言,长三角不同城市之间绿色发展效率差异逐渐减小,呈现出空间收敛的动态趋势特征。

从长三角城市全要素绿色发展效率的影响因素来看,长三角区域市场一体化整体上有利于促进城市全要素绿色发展效率提升,尤其是资本市场一体化显著促进了城市全要素绿色发展效率提升,但商品市场一体化和劳动力市场一体化对全要素绿色发展效率的整体促进作用尚不显著。市场一体化对中心区城市全要素绿色发展效率的影响更为显著,对外围区城市主要表现为资本市场一体化对城市全要素绿色发展效率的提升效应。全要素绿色发展效率与城市规模和经济发展水平之间均呈现"U型"非线性变化关系,产业结构升级显著促进了城市全要素绿色发展效率提升,环境规制和资本深化对城市全要素绿色发展效率整体上有正面影响但尚不显著,外贸依存度对城市全要素绿色发展效率有显著的负面作用。经稳健性检验后,上述研究结论没有发生显著变化。

二、政策启示

基于上述研究结论可以得到以下几点政策启示:一是要采取合理措施,充分发挥市场驱动城市绿色发展效率提升的作用。推进排污权市场化交易、用能权和用水权市场化交易、企业环境信息公开和环境信用评价、环境污染责任保险、跨地区生态保护补偿等制度措施落地实施，在促进要素投入效率和能源使用效率提升的同时，大力提高污染排放效率对城市绿色发展效率提升的贡献，将污染减排与节能降碳有机融合，一体化推进节能、减排、降碳与城市经济增长协同增效。

二是要全面提升市场一体化对长三角城市全要素绿色发展效率的促进作用，尤其是要加强发挥商品市场一体化和劳动力市场一体化对城市全要素绿色发展效率提升的积极作用。以市场一体化为核心推进长三角区域一体化，推进资本、人才、知识产权和技术等关键高级生产要素的区域一体化市场体系建设。进一步加强跨区域交通基础设施建设，完善区域内城际交通，改进地区营商环境和商品流通效率，疏通商品市场流通障碍和堵点，减少商品跨地区流通成本和交易成本；要进一步消除妨碍劳动力跨地区流动的制度性障碍，统筹推进城乡户籍管理制度改革和城镇基本公共服务均等化，大力推进以人为核心的新型城镇化建设，畅通城乡人口有序流动，促进农业转移人口全面融入城市，完善人力资本培训和人才公共服务体系，促进商品与各类生产要素在区域内自由流动，提高资源配置效率，提升区域规模经济优势和专业化分工优势。

三是增强市场一体化对长三角外围区城市全要素绿色发展效率提升的促进作用。目前，市场一体化主要对长三角中心区城市全要素绿色发展效率有显著提升作用，要防范市场一体化对长三角外围区城市全要素绿色发展效率的负面影响。在长三角区域市场一体化背景下，统筹上海龙头带动效应和各扬所长的作用，发挥上海国际经济、金融、贸易、航运、科技创新中心等"五个中心"的作用，在制度创新和科技创新上引领长三角高质量发展；同时充分发挥各地的比较优势和地方特色，明确城市功能定位与区域分工布局，在区域一体化基础上展开更高水平的竞争与合作，消除城市之间恶性竞争、非对称性环境规制和同质化发展困境，防范污染密集型产业转移和环境污染的跨区域转移对长三角外围区城市全要素绿色发展效率的不利影响，加强跨城市、跨部门环保执法和环境协同治理的常态化联动机制，促进区域绿色协调高质量发展。

第九章 长三角一体化环境治理机制探索与实践

本章在梳理国内外典型流域环境治理模式的基础上，聚焦长三角一体化示范区在流域环境治理方面的实践示范，梳理分析长三角一体化示范区环境治理制度创新和经验启示，初步构建了长三角一体化环境治理机制框架。

第一节 流域环境治理的国际经验比较与借鉴

长三角区域环境治理具有典型的流域环境治理特征，具有整体性、系统性、综合性和外部性特征。流域环境污染问题不仅是我国生态环境治理的难题，也是全球范围内被重点关注的环保问题。西方国家在第二次世界大战之后，随着工业化快速发展，很多流域也同样遭遇了不同程度的环境污染，但是因为各国的政治制度、经济发展水平、技术条件等的不同，形成了各具特色的流域污染治理模式和经验。

一、发达国家流域环境治理类型划分和典型模式

由于流域流经的地方通常会跨越多个行政区，加大了流域生态环境协同治理的难度，实践中形成了多种不同的流域环境协同治理模式，流

域环境协同治理模式的差异很大程度上又体现在流域治理协调机构设置及其运行机制上。

贾先文和李周（2021）根据决策权集中程度不同，将流域协调机构分为集权式、分散式和混合式三种，认为美国田纳西流域治理局属于集权式流域协调机构，系统治理效果比较明显；美国五大湖渔业委员会是一个分散式流域协调机构，难以达到预期目标；中国流域治理协调机构属于混合式协调机构。

刘俊勇（2013）把流域治理协调机构分为三种，即流域管理局、流域协调委员会和综合性流域机构，认为流域管理局以美国田纳西流域管理局为典型，统一全流域规划、开发、利用与保护，印度、巴西、墨西哥、斯里兰卡等一些发展中国家也相继采用这种模式，但是流域管理局权力过于集中，与地方政府的利益冲突较大，影响了实施效果；流域协调委员会是由国家立法或由河流流经的地方政府通过协议建立的流域协调组织，权力有限，如澳大利亚的墨累河流域委员会、美国的特拉华流域委员会等；综合性流域协调机构，权限介于流域协调委员会与流域管理局之间的协调机构，融合了垂直管理与横向协调的功能，如英国泰晤士河水务局、中国的七大流域水利委员会等，大多数国家都采用这种流域管理模式。

科雷亚等（Correia et al.，2009）认为，流域治理可以分为三种模式：美国、加拿大、澳大利亚等国采取行政区域分层治理与流域一体化治理相结合的模式，英国、法国等欧洲国家采取流域一体化治理模式，以日本为代表的国家则倾向采取多部门共同治理模式。接下来将着重分析美国密西西比河环境治理模式、澳大利亚墨累—达令河流域环境治理模式和中国流域环境治理模式。

（一）美国流域环境治理模式

美国流域环境协同治理以密西西比河流域最为典型。密西西比河流域范围包括美国31个州及加拿大2个省，密西西比河包含密苏里河、俄

亥俄河、伊利诺斯河、田纳西河、阿肯色河等支流，流域面积达到323
万平方千米，成为沟通美国南北的航运大动脉，是美国流域面积最大的
河流，也是世界第四长河。同时，密西西比河流域也是美国重要的产粮
区，还蕴含丰富的矿产资源，流域沿岸工业发达，是美国重要的农业生
产区和工业生产区。密西西比河曾经出现因过度开发而导致的水生态环
境恶化，造成流域水生态系统破坏严重，洪涝灾害频发，成为一条有名
的"害河"，美联邦和流域各州采取了一系列协同治理措施后，方使流
域生态环境得以改善。具体的协同治理措施包括：

第一，设立流域协调管理机构。为加强联邦部门及密西西比河流域
各个州之间对流域污染治理的协调合作，1879年美国环境保护署
（EPA）牵头组织联邦政府各部门、各州政府及非政府组织等协调行动，
成立了密西西比河委员会，统一负责密西西比河的开发、保护和治理。
密西西比河委员会加强了跨部门、跨州之间的协调，就各专项水污染治
理与相关州政府进行协商，比如委托美国工程师兵团实施密西西比河流
域的水利、水电和水运等工程建设，就水质富营养化、泥沙沉积不均、
化学品漏洞等问题达成协作治理机制。1996年，美国环保局颁布了《流
域保护方法框架》，通过跨学科、跨部门联合，加强社区之间、流域内地
方政府之间多层次合作来治理水污染。1997年，美国环保局牵头成立了
密西西比河/墨西哥湾流域营养物质工作组，并成立密西西比河上游保护
委员会和密西西比河下游保护委员会，多方共同参与水环境协同治理，
从流域尺度统筹密西西比河的水资源、水环境和水生态治理。

第二，建立排污许可证制度。早在1972年，美国颁布了《清洁水
法》，实施国家污染物排放削减制度（National Pollutant Discharge Elimina-
tion System，NPDES）下的排污许可证项目，即任何企业、市政及其他设
施向密西西比河流域排污必须得到NPDES体系的允许和认证，从而建立
起基于技术标准和基于水质标准的排污许可证制度。该制度具体包括特
征污染物监测方案、污染物排放限值、达标判别方法、原始记录及监测
报告、环保设施运行监管及污染源监督检查等各方面的规定。排污许可

224

证制度的实施，使密西西比河流域点源污染得到有效控制，流域水质发生明显改善。

第三，建立系统的数据监测和评价体系。通过测绘和遥感等技术，加强对密西西比河流域生态环境数据的动态监视，建立监测数据库，精细化生态环境管理提供实时数据支持。美国实施污染物最大日负荷总量计划，每日每个州对辖区内的水域污染程度进行检测，根据不同水域每日能承受的最大污染量制定计划，最终计算出各个水域每天对不同污染物排放指标的最大负荷量。同时，美国地质调查局、环保局、国家水质监测委员会、农业部、司法部等合作建立了密西西比河流域数据服务系统，为流域生态系统的管理和治理提供了环境信息和决策支撑，并面向社会提供环保信息化服务，以便长期监测流域水质变化。

（二）澳大利亚流域环境治理模式

澳大利亚流域环境协同治理以墨累—达令河流域最为典型。墨累河是澳大利亚流域面积最大、长度最长也是最重要的河流，达令河是其最大的一级支流。墨累—达令河流经新南威尔士州、维多利亚州、昆士兰州、南澳大利亚州和首都直辖区，流域面积大，曾经是澳大利亚受污染最严重的河流，面临水源短缺、水质恶化的治理困境，同样也面临流域环境污染治理的难题。墨累—达令河的流域环境污染治理经历了一个不断变革、不断向联邦集权的演化过程。

第一，流域协调管理机构权限不断扩大。澳大利亚作为联邦制国家，各州对水资源管理环境具有立法权和自主权，导致墨累—达令河流域各州争夺水资源利益，推脱水环境治理责任，因此必须建立一个包括流域沿线各州的环境监管协调机构。墨累—达令河流域协调管理机构从墨累河委员会、墨累—达令河流域委员会演化为墨累—达令河流域管理局（和夏冰和殷培红，2018），即从一个各州协商议事机构变成一个独立的联邦法人机构，设置了部长级理事会、流域管理局和社区咨询委员会等管理机构，为利益相关者提供沟通协商的平台和渠道，并通过协议明确了墨累—达令河流域管理局、联邦部长、部长级理事会、流域官方委员会、竞争与消费者委员会的角色，为社区与部长级理事会、流域管理局之间提供了双向沟通的渠道。

第二，流域协调管理机构权限不断向上集中，在 20 世纪 80 年代流域内各州达成《墨累—达令流域协议》（*Murray – Daring Basin Agreement*），设立墨累—达令流域部长理事会和墨累—达令流域委员会，部长理事会由各州相关部门的部长组成，是流域管理决策机构，流域委员会由各州相关管理部门的官员组成，是部长理事会的执行机构。为了更好实施流域水资源配额管理和用水权市场化交易，2007 年联邦制定《联邦水法》，并与流域各州签署《墨累—达令流域改革政府间协议》，作为《联邦水法》的附件，废止墨累—达令流域委员会，改立墨累—达令流域管理局，负责流域水资源管理，从而在达成政府间协议的基础上，将流域环境治理的相应权力授予联邦政府，统一对流域内水资源进行综合管理，实现流域环境治理从区域自治到区域协商再到国家统管的进化，体现出流域管理权不断向联邦集权的趋势。

第三，流域协调管理机构对流域开发与保护实施统一管理。《墨累—达令流域改革政府间协议》由各缔约方通过后成为各州法案，再通过与联邦政府谈判写入修改后的《联邦水法》，使墨累—达令河流域管理局作为独立的政府机构获得法律保证。墨累—达令河流域管理局将流域内的水环境和其他自然资源作为一个整体，进行统一规划、开发、协调和保护管理，从流域生态系统整体出发，综合管理流域的社会、经济和生态价值。

第四，完善水权交易市场机制并提高水资源利用效率。墨累—达令河流域管理局建立后，培育和规范水权交易市场，引导和推进流域内、地区间、行业间和用户间等用水权交易，引导水资源有序向高效率、高效益地区和产业流转，实现水资源优化配置。

二、中国流域环境治理模式与现状

我国有众多的江河湖泊，对流经不同地区的江河湖泊进行水资源开发利用与环境治理，形成富有中国特色的流域环境治理模式与经验。

（一）流域管理与区域管理相结合的流域治理体制

我国大江大河流域范围广，流域分布跨越多个不同行政地区，比如长江干流流经 11 个省级行政区，黄河干流流经 9 个省级行政区，海河干流流经 7 个省级行政区。为了更好地对全国大江大河进行高效管理，中国在全国七大流域设立了隶属水利部的流域管理协调机构，即长江水利委员会、黄河水利委员会、淮河水利委员会、海河水利委员会、珠江水利委员会、松辽水利委员会和太湖流域管理局，前两个是副部级机构，其余是正厅级，从而形成了流域治理与行政区域治理相结合的管理体制。我国七大流域协调管理机构隶属水利部，主要职责是管理水资源调度，而流域的生态环境管理则又归属生态环境部，由于流域管理与区域管理权责界定不够明晰，不同部门间合作机制体制不健全，流域沿线的地方政府重水资源开发利用而轻节流和环境保护，影响了全流域环境治理效果。因此，中国需要建立真正意义上的全流域综合性管理机构，对全流域水资源的开发、利用与环境保护进行统筹管理（刘俊勇，2013）。

长期以来，由于我国流域海域生态环境监管存在职责交叉重复、九龙治水、多头管理、力量分散等问题，不利于流域的环境统一治理。立足流域资源环境管理的统一性、全局性和系统性，2017 年 2 月中央全面深化改革领导小组第三十二次会议审议通过了《按流域设置环境监管和行政执法机构试点方案》，强调按流域设置环境监管和行政执法机构，要遵循生态系统整体性系统性及其内在规律，将流域作为管理单元，统筹上下游、左右岸，理顺权责，优化流域环境监管和行政执法职能配置，实现流域环境保护统一规划、统一标准、统一环评、统一监测、统一执法，提高环境保护的整体成效。因此，新一轮机构改革将七大流域生态环境监管局划归生态环境部，在七大流域相应设立流域（海域）生态环境监督管理局。流域（海域）生态环境监督管理局的设立，有利于遵循生态系统的整体性、系统性及其内在规律性，提升我国流域海域生态环境保护水平。

但是，无论是流域水利委员会，还是流域（海域）生态环境监督管理局，依然没有理顺流域管理主体与行政区管理主体之间的权责关系，存在流域上中下游之间分割治理和碎片化管理的问题，另外，将流域水资源开发和生态环境监管分别由不同职能部门管理，也不利于提高流域环境治理效率。因此，需要构建流域水资源、水环境和水生态统一监管机制和综合执法机构，以减少地方保护主义和部门本位主义对流域监管执法的掣肘（杨志云和殷培红，2018）。

（二）基于权威治理的科层制环境协同治理模式

鉴于我国地方政府在流域管理上存在重开发轻保护的思想，流域上中下游地方政府对流域生态环境治理的目标利益不一致，从而加大了流域生态环境协同治理的难度，一些地方政府自主探索提高河湖环境治理质量的协同治理机制，并形成了有益的实践做法与治理经验。

早在 2003 年，浙江省湖州市长兴县率先对重点河流设立河长。2007年，江苏省无锡市为治理太湖蓝藻而试行河长制，统筹河流上下游、左右岸、干支流联防联治，在流域治理上取得了明显成效。2016 年 12 月，中共中央办公厅、国务院办公厅印发《关于全面推行河长制的意见》，在各地全面推行河长制，建立省、市、县、乡四级河长体系，河长由地方主要党政负责人担当，有些地方以当地环保局局长或水利局局长担任，协调相关职能部门进行区域河湖流域治理，旨在保护水资源、防治水污染、改善水环境和修复水生态，较好地解决了流域治理中存在的重开发轻保护的问题。

河湖长制是一种基于权威治理的科层制协同治理模式，在一定程度上解决了流域治理中存在的跨部门协同失灵和权威缺漏的问题，现存的河湖长制依然内嵌于现有的行政科层体制，带有以权威为依托的纵向科层协同治理特征，虽然在短期内可以取得较为明显的治理成效，但是在实践中会面临很多困境和挑战（任敏，2015；黄青鹏，2023）。另外，河湖长制一般局限于省级行政区域及以下辖区内的流域环境协调治理问题，不同的省级行政区之间流域环境治理的协同失灵和碎片化管理问题依然没有得到根本解决。

河湖长制的环境治理效能引发研究者关注，一些文献研究认为河湖长制能产生一定的环境治理效应，但是呈现出阶段性和短效性特点（沈坤荣和金刚，2018；徐娟等，2022）。王和熊（Wang & Xiong，2022）运用广义差分法评估了河湖长制对中国工业企业污染活动的影响，发现该政策使企业的水污染减少了20%，河湖长制对污染密集型行业企业、国有企业、大型企业和位于政府官员管辖地区的企业具有更强的减排影响。欧阳等（Ouyang et al.，2020）研究发现，河湖长制对于流域跨界污染治理难以实现预期效果。王和赵（Wang & Zhao，2021）运用断点回归方法对长三角区域一体化合作的环境治理效应进行评估，发现环境协同治理与区域空气污染物减少之间存在因果效应，但是长三角流域的地方合作机制对降低环境协同治理交易成本和合作风险的作用非常有限，因此现行长三角一体化合作机制对空气污染治理难以形成长期效果。

（三）引入多元化流域生态环境保护补偿机制

根据补偿主体和补偿客体之间的行政隶属关系，学界将流域生态补偿划分为纵向生态补偿和横向生态补偿两种方式，横向生态补偿又分为单向生态补偿和双向生态补偿两种形式。为了解决省际流域环境协同治理难题，一些地方开始探索上下游生态保护补偿机制，尤其是新安江跨省生态保护补偿机制试点工作，取得了较为明显的环境治理成效。为推广生态保护补偿这一制度创新的成功经验，2016年5月，国务院办公厅印发《关于健全生态保护补偿机制的意见》，强调要探索建立多元化生态保护补偿机制，逐步扩大补偿范围，合理提高补偿标准，有效调动全社会参与生态环境保护的积极性。生态保护补偿制度推行后，虽然在多地多领域取得了积极成效，但是仍然存在补偿覆盖范围有限、政策重点不够突出、奖惩力度偏弱、相关主体协调难度大、流域生态补偿的环境绩效评估机制缺少等问题。2019 年，国家发展改革委印发《生态综合补偿试点方案》，要求完善重点流域跨省断面监测网络和绩效考核机制，对纳入横向生态保护补偿试点流域开展环保绩效评价。2021 年 9 月，中共中央办公厅、国务院办公厅印发了《关于深化生态保护补偿制度改革的意见》，要求进一步从健全分类补偿制度、改进纵向补偿办法、健全横向补偿机制、探索多样化补偿方式和拓展市场化融资渠道等方面，深化生态保护补偿制度改革。夏勇等（2023）的实证研究结果认为，我国生态补偿政策的环保收益与补偿方式有关，横向补偿优于纵向补偿，横向双向生态补偿优于横向单向生态补偿。

综上所述，我国目前基本上形成了纵向治理与横向治理并存的流域环境复合治理模式，即国家统筹管理与流域区域治理相结合的模式。流域纵向治理主要由水利部长江（黄河）水利委员会等和生态环境部流域（海域）生态环境监督管理局牵头。流域横向治理由各地方政府协商谈判，推广实施流域生态保护补偿制度和联合河（湖）长制。这种复合治理模式既有利于贯彻上层的垂直性指导意见，也有利于发挥地方参与流域治理的能动性。中央政府通过加大纵向补偿力度和出台生态保护补偿引导性政策，调动地方政府开展流域环境协同治理的积极性，同时也赋予了地方政府自主探索流域环境协同治理更大的空间，中央政府自上而下的纵向干预和政策引导是中国情境下提升地方政府间环境协同治理水平的关键因素和有效保障。

第二节　长三角一体化示范区环境协同治理实践创新

建设长三角生态绿色一体化发展示范区（以下简称为长三角一体化示范区）是实施长三角一体化发展战略的先手棋和突破口，长三角一体化示范区自建立以来，区内各地方政府积极践履生态绿色一体化发展理念，探索生态友好型发展模式，努力将生态优势转化为经济社会发展优势，在不突破行政隶属的前提下，打破地区行政边界，探索推进区域生态绿色一体化发展的一系列制度创新。

一、长三角一体化示范区现状与愿景

（一）长三角一体化示范区现状与特点

长三角一体化发展最早可以追溯到 1982 年国务院批复设立的上海经济区，2010 年 5 月国务院正式批准实施《长江三角洲地区区域规划》，以上海市为核心打造具有国际竞争力的世界级城市群；2016 年 5 月，国务院批复《长江三角洲城市群发展规划》，涵盖三省一市的 26 个城市，提出到 2030 年全面建成具有全球影响力的世界级城市群；2018 年 11 月，在首届中国国际进口博览会上，习近平总书记宣布，支持长三角一体化发展并上升为国家战略；2019 年 10 月 25 日，国务院批复《长三角生态绿色一体化发展示范区总体方案》；2019 年 11 月 1 日，长三角一体化示范区正式揭牌成立。作为探索跨行政区域共建共享、生态文明与经济社会发展相得益彰的创新实践区，长三角一体化示范区具有以下几个特点：

（1）两区一县。长三角一体化示范区包括上海市青浦区、江苏省苏州市吴江区和浙江省嘉兴市嘉善县，其中青浦区的金泽镇与朱家角镇、吴江区的黎里镇、嘉善县的西塘镇与姚庄镇共同构成一体化示范区的先行启动区。长三角一体化示范区总面积约为 2 300 平方公里，其中水域面积约 350 平方公里。与珠三角城市群同属广东省管辖，长三角城市群横跨三省一市，不仅省级行政区之间社会经济发展不平衡，在同一省份内部的各城市之间社会经济发展水平也较为悬殊，存在严重的"行政区经济"现象，中国式分权体制下地方政府主导型产业政策则进一步强化了"行政区经济"（刘志彪，2021），地方政府之间行政协调成本较高，亟待突破深层次体制机制障碍，打破区域一体化发展壁垒，实现长三角区域协同治理。因此，以青浦、吴江、嘉善三地作为长三角一体化的突破口，旨在先行探索可复制可推广的区域一体化发展新路径。

（2）一河三湖。长三角一体化示范区内有汾湖、元荡、淀山湖和太浦河，湖荡相连，水网密集。太浦河西起东太湖，穿过汾湖，流入黄浦江，依次流经江苏吴江、浙江嘉善和上海青浦三地；面积约60平方公里的淀山湖，$\frac{2}{3}$在青浦，$\frac{1}{3}$在昆山；元荡慢行桥连接了吴江和青浦两地；汾湖一半在嘉善，一半在吴江。如果打破行政区划界限，将三地连接在一起去看，长三角一体化示范区如同一个超级大湖区，总体水域面积约达350平方公里，蓝绿空间（包括城市水体和绿地）占比高达69%。长三角一体化示范区本身拥有良好的生态环境禀赋，需要探索不同行政区协作治理，实现生态绿色一体化发展，因此长三角一体化示范区建设严格限制土地开发强度，规划建设用地不得超过现有总规模，蓝绿空间占比不低于75%，力争在生态优先、绿色发展中谋求高质量一体化发展。

（3）交通枢纽。长三角一体化示范区距离虹桥交通枢纽仅30分钟的路程，以虹桥枢纽为原点，其西南方向是沪杭高速，西北方向是沪宁高速，呈现出一个放射状交通走廊，区域内国际机场、高铁、高速公路路网密布，对内对外都具有"强连接"特征。然而，从经济地理距离来看，青浦、吴江、嘉善三地都远离各自城市的经济中心，属于所在城市的边缘地区，同时三地身处行政交界处的特殊位置，导致其社会经济发展处于长三角区域内的相对洼地，两区一县的经济总量还不如昆山一地的经济总量，以2021年为例，青浦、吴江和嘉善的地区生产总值分别为1 317.25亿元、2 224.53亿元和789.26亿元，三者之和还少于昆山当年地区生产总值4 748.06亿元。所以，从长三角高质量一体化发展的大背景考虑，长三角一体化示范区的探路先行具有特殊意义和样本价值。如何推进三地一体化发展，突破要素流动壁垒和体制机制障碍，将边缘转变为中心，可以为长三角一体化及其他区域一体化实践树立样板，打造标杆。

（4）人文底蕴。长三角一体化示范区既有自然水乡风景，又有吴越文化底蕴，示范区内一共有 10 个国家级历史文化古镇，使长三角区域以文化为纽带连接为一个区域发展主体。可以依托示范区的自然风景、人文优势和特色产业，以江南文化为根基，发展城市文化与现代服务功能，加强长三角城市群的文化战略定位，更好地促进长三角高质量一体化发展（余大庆，2021）。

（二）长三角一体化示范区发展目标与前景

长三角一体化示范区是实施长三角一体化发展国家战略的先手棋和突破口，《长三角生态绿色一体化发展示范区总体方案》将长三角一体化示范区战略定位为生态优势转化新标杆、绿色创新发展新高地、一体化制度创新试验田、人与自然和谐宜居新典范，其发展前景可归纳为以下五个方面：

（1）打造生态友好的宜居典范。示范区将在守住生态底线的基础上谋求高质量一体化发展，彰显其绿色特征，发展环境友好型产业，利用自身的生态优势集聚高端创新要素，吸引高层次人才，探索绿色生态资产的价值实现机制，将生态价值转变为经济价值，统筹生态、生产、生活三大布局，把生态保护放在优先位置，不搞集中连片式开发，实现人与自然和谐相处。

（2）构建协调发展的空间格局。长三角一体化并非一样化，长三角一体化示范区要充分发挥各地的比较优势和地方特色，明确城市功能定位与分工布局，在一体化基础上展开更高水平的竞争与合作，消除城市间恶性竞争，破解水乡古镇的同质化发展困境，打造"多中心、组团式、网络化、集约型"的空间格局，形成"两核、两轴、三组团"①的功能布局。

（3）深化改革开放的新模式。长三角一体化示范区聚焦规划管理、

---

① "两核"是指环淀山湖区域和虹桥区域，"两轴"是指沿沪渝高速和通苏嘉高速的两条创新功能轴，"三组团"是以青浦新城、吴江城区、嘉善新城等节点为支撑的城市功能组团。

生态保护、土地管理、要素流动、财税分享、公共服务政策等方面，探索行之有效的一体化制度安排，推进全面深化改革系统集成，高起点扩大开放，加大对内开放力度，构建区域统一大市场，辐射带动周边产业发展与升级，给本土企业更多的发展机遇，增强自身发展动力。

（4）打造科技创新的新高地。长三角一体化示范区利用长三角地区优越的生态环境底蕴、科教资源和特色产业，集聚创新要素资源，打造国际一流的产业创新生态系统，构建区域一体化产业创新链。

（5）探索一体化发展新机制。长三角一体化机制创新改革需要政府与市场共同推进，消除阻碍区域一体化发展的政策壁垒，完善区域内城际交通、医疗保障等公共基础设施，保证要素自由流动和市场充分开放。

二、长三角一体化示范区环境治理创新举措

长三角地区较早就开始探索区域一体化环境治理，2004 年 6 月江苏省、浙江省、上海市两省一市就在杭州共同签署了《长江三角洲区域环境合作宣言》，这是国内第一份关于区域环境合作的宣言，旨在解决跨区域环境治理难题。此后 10 余年间，江苏省、浙江省、安徽省、上海市三省一市又相继签署了《长三角城市环境保护合作（合肥）宣言》《长三角地区环境保护领域实施信用联合奖惩合作备忘录》等一系列旨在加强区域环境协作的宣言与协议，有力推动了长三角一体化环境协同治理。2019 年 11 月国家发改委发布《长三角生态绿色一体化发展示范区总体方案》，2021 年 10 月《长三角生态绿色一体化发展示范区先行启动区规划建设导则》发布实施，2022 年 9 月印发《关于进一步支持长三角生态绿色一体化发展示范区高质量发展的若干政策措施》，长三角生态绿色一体化发展示范区自建立以来，在区域环境协同治理方面推出多项制度创新成果，对于如何破解区域环境治理的集体行动困境，实现高效协同环境治理，其经验做法对于跨界环境协同治理有一定的示范和推广意义。

（一）构建长三角一体化示范区组织架构

跨区域环境协同治理所面临的最主要问题是如何打破固有的行政壁垒，在现有行政隶属框架上创新环境治理协调机制，完善区域内行政合作的组织框架。长三角一体化示范区构建了"理事会—执委会—开发公司"的组织架构，为长三角一体化示范区环境治理提供了强有力的组织保障。

长三角一体化示范区理事会包括中央直属单位、两省一市条线部门、苏州市、嘉兴市及两区一县的政府部门，理事会发挥了统筹协调示范区建设的决策平台作用，理事长由有关省（市）常务副省（市）长实行年度轮值，成员则由所在省（市）相关部门负责同志、区县主要负责同志和有关企业家组成。

示范区执委会是理事会的执行机构，主要负责区域发展规划、制度创新、改革事项、重大项目和支持政策的研究拟定和推进实施。执委会负责生态环境治理的牵头工作，健全"三级八方"① 协作机制，避免各地政府"各扫门前雪"，相互推诿责任，破除从单个行政辖区出发，碎片化对待环境协同治理问题的解决方式，引导地方政府达成环境协同治理的方案。建立外部巡视与内部监督相结合的监督机制，对于跨区域环境污染问题，由执委会成立小组适时挂牌督办，形成有效的监管约束与制度安排。

示范区开发公司整合市场资源和各类社会力量，从事园区投资、开发建设和经营管理，设立区域环境治理投资基金或者生态保护补偿基金，联合各类市场化主体开展环境治理。目前，江苏省、浙江省、上海市两省一市共同出资，成立同比例出资、同股同权的长三角一体化示范区新发展建设有限公司，两省一市共同遴选具有丰富开发经验的市场化主体，通过市场化平台参与示范区项目建设，多元出资主体相互赋能，共同管

---

① "三级八方"指由上海市、江苏省、浙江省、苏州市、嘉兴市、青浦区、吴江区、嘉善县构成的省、市、县三级和八个主体。

理，共享价值。

（二）构建区域环境协同管理制度

长三角一体化示范区水域面积约达350平方公里，太浦河、淀山湖、元荡湖和汾湖形成太湖流域重点水功能区，有着良好的生态资源禀赋，然而，由于处于沪苏浙交界处的特殊地理位置，这些跨界水体常常出现上下游、左右岸、干支流的污染监测、排放、治理等标准不统一的情况，水域生态环境治理成为难点。长三角一体化示范区环境协同治理的难题并不是来自技术方面的困扰，更多的是政策制度方面的阻碍，长三角一体化示范区积极推进环境标准、环境检测、环境执法"三统一"方案，坚持一套标准管品质，为长三角一体化环境治理提供了良好的引领与示范。

2020年9月，长三角一体化示范区执委会同江苏省、浙江省、上海市两省一市生态环境厅（局）、水利（水务）厅（局），生态环境部太湖流域东海海域生态环境监督管理局、水利部太湖流域管理局等相关部门制定《长三角生态绿色一体化发展示范区重点跨界水体联保专项方案》，针对贯穿长三角一体化示范区的太浦河、淀山湖、元荡湖及汾湖"一河三湖"建立联合河湖长制，定期开展联合巡河，完善联合环境监测体系，建立示范区联合河长制信息化平台，三地互相开放河长巡河端口和联合数据监测共享，对示范区内重要跨界水体进行水质监测，为河湖长联合巡河提供技术支撑。

2020年10月，长三角一体化示范区印发《长三角生态绿色一体化发展示范区生态环境管理"三统一"制度建设行动方案》，在环境标准方面，统一示范区内重点行业的大气特别排放限值，对于先行启动区内新建项目的污染物排放执行现有最严格的标准，同时根据示范区自身特点，制定易于操作的生态环境标准规范。在环境监测方面，在先行启动区和沿沪渝高速、通苏嘉高速沿线构建"一核两轴"的大气监测网络，完善环境质量检测评估体系，建立环境预警应急监测体系，实现环境质量数据共享。在环境监管执法方面，组建一支生态环境联合执法队，统一执法事项与裁量标准，长三角一体化示范区联合印发《环境执法跨界现场检查互认工作方案》，结合三地的特点，精确分类执法，执法检查结果互认。

2021 年 5 月，《长三角生态绿色一体化发展示范区"一河三湖"环境要素功能目标、污染防治机制及评估考核制度总体方案》出台。2022 年 1 月，长三角生态绿色一体化发展示范区执委会与沪苏浙大数据管理部正式签订了《公共数据"无差别"共享合作协议》，将两区一县公共数据共享范围提升至省域"无差别"高度，进一步发挥了示范区一体化环境协同治理试点的作用，实现了省级层面跨界信息的互联互通。

2022 年 10 月，围绕打造生态优势转化新标杆的战略定位，立足"跨省域、最江南、超级都市圈"的区位特征，长三角一体化示范区联合印发《示范区建立健全生态产品价值实现机制实施方案》，从建立生态产品调查监测机制、建立生态产品价值评价机制、健全生态产品经营开发机制、健全生态产品价值实现推进机制和建立生态产品价值实现保障机制等方面，促进生态产品价值增值和价值转化。

2023 年 2 月，国务院批复同意《长三角生态绿色一体化发展示范区国土空间总体规划（2021～2035 年)》，进一步推动跨行政区国土空间统一规划、统一环境监测标准，打破固有的行政边界，共享环保监测成果，为长三角一体化示范区跨界水域协同治理提供了坚实的制度支撑和数据支持。

（三）建立多元主体环境共治机制

长三角一体化示范区构建了包含政府主导、市场主体及民间组织团体或公众个人多元主体参与的社会共治机制，引导了多元主体有序参与环境协同治理活动，并探索了跨域环境协同治理的市场化机制措施。长三角一体化示范区具有丰富的自然环境资源，生态一体化发展肩负着既要绿水青山，也要金山银山的双重使命。在如何将长三角一体化示范区天然的生态优势转化到绿色发展优势这一道路上，示范区进行了很多实践。例如，为探索建立多元化生态保护补偿机制，通过共建共享、损害者赔偿、受益者补偿的原则，青浦、吴江、嘉善河长办与中国太平洋财产保险股份有限公司吴江中心支公司联合签署《太浦河"水质无忧"项目协议》，率先在太浦河建立水质保险项目，通过小额保障经费，运用保险杠杆，更大限度地保护了太浦河水质安全问题。保险项目包括事前预警、事后赔付等内容，是长三角一体化示范区首个水质保险项目，在取得较好的成果后可以向整个示范区的跨界河湖管理进行推广应用。

第三节　长三角一体化环境协同治理机制

《长江三角洲区域一体化发展规划纲要》明确提出，坚持生态保护优先，把保护和修复生态环境摆在重要位置，加强生态空间共保，推动环境协同治理，夯实绿色发展生态本底，努力建设绿色美丽长三角。因此，长三角要优化顶层设计，打破行政壁垒，破除传统科层式流域管理体制障碍和桎梏，在区域一体化生态环境治理上实现共商、共建、共管、共享，不断探索和完善长三角一体化环境协同治理机制的构建。借鉴国内外流域环境治理经验和创新实践，本书构建了长三角一体化环境协同治理机制（见图9-1），主要由长三角一体化环境治理协调机制、动力机制、监督机制和评价机制组成。

一、长三角一体化环境治理协调机制

2018年5月，习近平总书记在全国生态环境保护大会上指出，要加快建立健全以治理体系和治理能力现代化为保障的生态文明制度体系。2020年3月，中共中央办公厅、国务院办公厅联合印发了《关于构建现代环境治理体系的指导意见》，指出要坚持多方共治，明晰政府、企业、

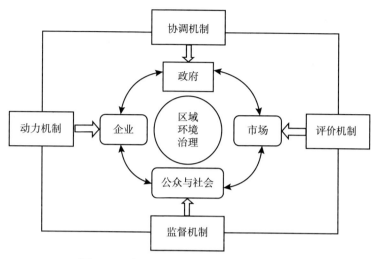

图 9 - 1　长三角一体化环境协同治理机制

公众等各类主体权责，畅通参与渠道，形成全社会共同推进环境治理的良好格局。2020 年 12 月通过的《中华人民共和国长江保护法》第 4 条规定：国家建立长江流域协调机制，统一指导、统筹协调长江保护工作，审议长江保护重大政策、重大规划，协调跨地区跨部门重大事项，督促检查长江保护重要工作的落实情况。长三角一体化环境治理协调机制构建如图 9 - 2 所示。

　　第一，中央政府主要充当引导、监督、支持的治理角色，通过提供政策引导和财政支持，支持长三角一体化环境协同治理，加强对地方政府政绩考核和环保督察，国务院生态环境、自然资源、水行政、农业农村和标准化等有关主管部门按照职责分工，建立健全长江流域水环境质量和污染物排放、生态环境修复、水资源节约集约利用等标准体系。水利部太湖流域管理局与生态环境部太湖流域东海海域生态环境监督管理局为长三角一体化环境协同治理提供指导，指导内容包括地方政府之间协商确定流域生态保护补偿标准，签署流域生态保护补偿协议，根据协议约定设立长三角一体化环境协同治理机构等。

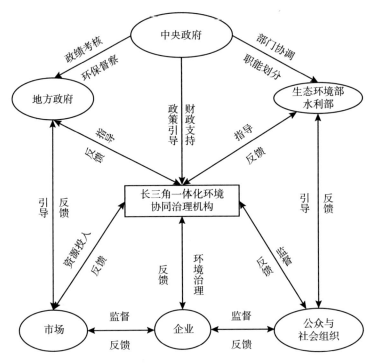

图 9 - 2　长三角一体化环境治理协调机制

第二，地方政府之间通过非正式协作网络、政府协作委员会或者政府间协作协议等合作制度安排，弥合利益相关者的收益分配、风险分担和成本分摊，充分发挥市场机制的作用，吸引各类主体参与，促进流域环境污染的社会共治，以克服市场失灵和政府失灵带来的区域性环境治理危机，推进长三角一体化与环境治理协同提升。地方政府要加强对属地企业的环保信用评价，并广泛接受企业、公众、市场和社会反馈，不断修正完善环境协同治理方案和措施。地方政府要完善制度方面的协调与合作，充分考虑各地区长三角一体化环境治理的利益共享与分配问题，按照分工合作、成本共担、利益共享的思路，形成跨界环境污染联合治理机制。目前，长三角生态绿色一体化发展示范区形成的"决策层（理事会）、执行层（执行委员会）、运作层（开发公司）"三级运作机制，为示范区实施环境协同治理奠定了良好基础和实践示范。

对区域内环境协同治理的权责分配及利益协调问题制定统一的政策法规，以制度、标准、法规等的充分对接打破区域壁垒。环境协同治理需要建立跨域生态环境监管机制，以联合河湖长制为例，目前河湖长制仍然处于推广发展阶段，在具体实施过程中，责任主体不明确、监督机制不健全等问题仍然广泛存在，长三角一体化示范区"一河三湖"联合河长制的成功经验显示，河湖长制的成功实施需要建立联合协作机制，加强上、中、下游河流的联动治理机制，构建跨区域跨部门的环境综合治理信息平台，责任溯源、信息共享，推动全域共治。

第三，推动多元社会主体参与环境协同共治。企业是污染排放的主体，要发挥好生产过程中环境保护者的主要责任人角色，在谋求自身利益最大化的同时，应该积极承担环境治理责任。对不符合排污要求的企业要实施惩罚措施，形成倒逼效应，鼓励企业进行绿色技术创新，推动企业转型升级，从源头上减少环境污染。要激发社会组织与公众参与，正确引导公众学习掌握环境协同治理理论知识，保证公众表达、建议的渠道畅通，设置多元化公众交流方式如网络传媒、听证等方式，增加社会公众参与环境治理的机会。

二、长三角一体化环境治理动力机制

环境问题的外部性特征和公共物品属性，对区域环境协同治理提出了必然要求，由于区域内不同利益主体在生态环境治理上的目标、利益和诉求不一致，因此各地在环境治理上陷入各自为政的碎片化格局。只有通过科学的制度设计，消除多元利益主体之间环保收益与成本的不对等及信息的不对称，形成共同的利益激励和治理合力，才能避免陷入区域环境治理的制度性集体行动困境。因此，合理的区域环境治理制度创新和动力机制设计，是防范长三角一体化环境治理的市场失灵和政府失灵的关键所在。

首先，加大政府资金投入的引导和支持，健全流域生态保护补偿机制。生态环境治理资金投入人，利益主体多，国务院和长江流域县级以上地方人民政府应当加大对长江流域生态环境保护和修复的财政投入，对长江干流及重要支流源头和上游的水源涵养地等生态功能重要区域予以生态补偿，鼓励长江流域上下游、左右岸、干支流地方人民政府之间开展横向生态保护补偿；吸引社会资金建立市场化运作的长江流域生态保护补偿基金；鼓励相关主体之间采取自愿协商等方式开展生态保护补偿。

比如，浙江省杭州市余杭区青山村政府与生态保护公益组织"大自然保护协会"合作，建立了 30 万元的水公益基金信托即"善水基金"。作为一种创新型金融产品，让村民将毛竹林地承包经营权以财产权信托的方式，委托给"善水基金"集中管理，承诺村民每年可以从"善水基金"获得不低于以往毛竹经营收益的生态补偿金①，村民也可以作为信托投资者按照份额参与分红，从而开辟了一条从生态环保中享受红利的致富道路，将生态环境治理、水源地管护与村民增收相融合，成为大城市近郊乡村振兴和生态文明建设融合发展的成功实践。"善水基金"调动了地方基层政府、社会服务机构及村民以创新形式参与环境协同治理的积极性，达到了双赢的局面，即实现环境协同治理的同时带领乡村走上共同富裕的道路。

其次，加强流域生态保护的资源和功能整合，加强市场化机制在区域环境协同治理中的作用。整合相关制度措施，对流域水资源和其他生态资源的开发、利用和保护进行统一管理，提高环境治理的整体性和系统性；健全跨地域环境治理的协同立法和执法，推进一体化示范区环境资源审判跨域协作和司法协同。整合区域环境技术标准、环保信息平台、环境执法标准和规范，统一区域环保标准和管理制度规范。整合土地资

---

① 青山村的龙坞水库是周边地区重要的饮用水水源地，为增加毛竹和竹笋收益，以往村民在水库周边的竹林中大量使用化肥和除草剂，造成了水库氮磷超标等面源污染，影响了饮用水安全。村民将毛竹林地以财产权信托的方式进行流转，"善水基金"对村民流转后的毛竹林进行人工除草和林下植被恢复，不再使用除草剂，水源地的面源污染得到控制，水质得到了明显改善。

源和区域产业布局，协商产业合作和土地协作的成本分担、成果共享和利益分享机制，避免区域内重复建设和重复投资，提高资源的使用效率，减少环境污染和环境破坏。整合社会资源、社会资本和要素市场，以弥补政府环保投资的不足，培育形成区域一体化环境治理的市场化机制。

最后，做好区域生态环境协同治理机制运行的其他基础性保障工作。比如，减少地方保护，消除地方壁垒，促进区域性市场统一，促进区域性资源和环境要素统一市场的生成；做好对区域生态资源和环境的设权工作，科学核算生态系统服务价值，在此基础上，引入水权、用能权和污染排放权交易制度，才能科学精准推行横向生态补偿制度。

三、长三角一体化环境治理评价机制

充分的环境监测信息是环境治理评价的基础和前提，要加强空间大数据、互联网等数字化手段在环境监测中的作用，构建长三角生态环境立体监测网、区域生态环境大数据平台等，建立省域间环保数据共享制度，实现环境数据监测可实时、可比对、可共享，为跨地域环境协同治理评价与决策提供数据支撑。必要时可以吸收各种专业性非政府组织参与环保监测，以弥补地方政府环保监测能力的不足。

长三角一体化环境治理的评价机制包括地方政府官员环保绩效评价、企业环保信用评价和长三角一体化环境治理机构绩效评价。在对地方政府官员政绩评价中，要增加对环保绩效的考评权重，从而引导和激励地方政府积极通过协调谈判的方式解决跨界环境污染问题，也可以利用中央政府权威压力，指令地方政府解决跨界环境污染问题，但是这种方式往往只具有短期效果，中央政府通过提供财政补贴或奖励的方式，引导地方政府达成环保合作协议，从而激励地方政府间开展可持续环保合作。

加强对区域内企业的环保信用评价，并重视对企业环境信用评价结果的市场化应用及市场激励。目前，我国企业环境信用评价结果主要服务于相关政府部门的环境监管需要，市场化应用和社会化应用不够广泛，企业环境信用评价信息在资源配置中没有充分发挥作用，市场主体对企业环境信用评价信息反应不够敏感，环保信号机制不畅，绿色传导效应不够明显。

接下来要对区域环境协同治理机构环境治理绩效进行评价，分析环境协同治理绩效好坏的形成原因，以进一步修正和完善区域环境协同治理方案。

四、长三角一体化环境治理监督保障机制

首先，健全企业环境信息披露和环境风险预警监测机制，无论企业是否属于重点排污单位，都应该以财务报告、环境信息披露报告、企业社会责任报告等形式合并或单独披露上一年度的企业环境信息，充分吸引和调动公众、媒体、非政府机构等各类主体了解企业环境行为信息，积极参与环境治理监督，建立起强有力的社会监督机制，促进企业遵守环境标准，加强技术创新和环保管理。

其次，健全公众参与长三角一体化环境治理及监督机制。长三角地方各级人民政府及其有关部门应当依法公开长三角一体化环境治理和生态环境保护相关信息，完善公众参与流域治理程序，为公民、法人和非法人组织参与和监督长三角环境治理提供便利，凝聚流域环境协同治理的社会共识。

再次，健全对地方政府官员政绩考核和环保督察巡视制度，加强对地方党委政府和相关部门的环保责任监督。目前，中央环保督察已由"督企"转向"督政"，实行生态环境保护党政同责和一岗双责，实现对地方党委、政府、环保部门和生产企业的全覆盖，督察结果与地方政府官员政绩考核相挂钩，推动地方党委和政府落实生态环境保护的主体责任。

最后，加强跨地区环境执法。《长江保护法》第80条规定：国务院有关部门和长江流域地方各级人民政府及其有关部门对长江流域跨行政区域、生态敏感区域和生态环境违法案件高发区域以及重大违法案件，

依法开展联合执法。跨地区环境联合执法可以化解跨域环保利益冲突，纾解地方环境管理机关行政执法压力。长三角地区要建立统一的环境监管执法体制，综合运用联合执法、联动执法、交叉执法，加强区域环境统一监管执法。

第四节　本 章 小 结

流域环境治理具有复杂性、系统性和高风险性，近些年来，很多国家加强了对流域环境污染的综合治理，由于各国经济发展水平和政治体制等不同，流域环境污染治理模式各有特色。本章剖析了美国密西西比河流域环境治理和澳大利亚墨累—达令河流域环境治理模式与特征，分析了中国流域环境协同治理组织结构及其模式特征。中国流域环境协同治理具备了国家统筹管理与地方协商治理相融合的混合模式特色，既体现了中央政府对流域环境污染治理的整体规划和政策引导，又为地方政府寻求协同治理方案留有相对自由处置的空间。

长三角生态绿色一体化发展示范区为探索长三角环境协同治理提供了重要的窗口和机遇，长三角生态绿色一体化发展示范区形成的"决策层（理事会）、执行层（执行委员会）、运作层（开发公司）"三级运作机制为示范区实施环境协同治理奠定了良好基础，执委会通过组织"三级八方"谈判协作，构建了新型跨区域治理模式，建立起了跨区域环境标准、环境监测及环境监管执法"三统一"的环境管理制度，不断完善区域环境治理的多元社会共治模式。长三角生态绿色一体化发展示范区的制度实践为长三角一体化环境协同治理提供了良好的经验借鉴和制度参考。

长三角环境治理具有明显的流域治理特征，跨行政区的流域环境治理面临流域环境治理的整体性与属地环境治理碎片化的矛盾，因此长三角一体化环境治理必须增强地方政府之间的协调和配合，实现流域环境治理的系统性、整体性和协同性要求，这对于提升长三角环境协同治理效能尤为重要。长三角环境协同治理的关键在于寻求科学的制度设计，将坚持党领导下的环境治理威权主义、公众积极参与和市场机制有机结合起来，避免区域环境治理中的集体行动困境。本章构建了包含协调机制、动力机制、监督机制和评价机制的长三角一体化环境协同治理机制，由中央政府、地方政府和社会力量共同出资设立区域环境治理投资基金或者引入社会资本共同构建生态保护补偿基金和生态补偿机制，优化了公众参与环境治理的制度环境和激励机制，健全了中央政府—地方政府—市场—企业—社会多元联动的环境协同治理体系，推进了长三角一体化环境协同治理。

第十章　结论、政策建议与研究展望

本章主要归纳总结了本书的主要研究发现，对如何推进长三角一体化与环境治理协调发展提出了政策建议，分析了本书研究中还存在的一些不足之处，最后指出未来需要进一步研究的方向。

第一节　研究结论

本书围绕"长三角一体化的环境治理效应"，综合应用区域经济学、环境经济学和空间计量经济学等理论和方法，展开探索性理论分析、实证研究和案例研究。在理论研究方面，阐述了区域一体化对城市环境治理的影响机制，为区域一体化环境治理及政策实践提供了理论解释，并尝试构建区域一体化与环境治理交互影响机制框架。在实证研究方面，分别运用相对价格法和全局熵权法测算了长三角一体化指数和城市环境治理指数，对长三角一体化和环境治理进行动态评估和空间分异特征分析；对长三角一体化影响环境治理的门槛效应、短期效应与长期效应、长三角一体化与城市环境治理的双向互动效应与空间溢出效应进行了实证检验；运用双重差分方法评估了长三角一体化的环境治理效应。在案例研究方面，比较分析了国内外流域环境协同治理模式及经验借鉴，结合长三角生态绿色一体化发展示范区政策实践进行典型案例研究，总结分析了长三角一体化示范区在生态绿色一体化发展方面的制度创新和经验启示，构建了长三角一体化环境协同治理的逻辑机制框架，最后提出了促进长三角一体化与环境治理协调发展的政策建议。通过上述理论与实证研究，本书主要得到以下研究结论。

第一，长三角一体化在波动中呈现蔓延上升趋势，同时呈现出空间非均衡分布特征。长三角商品市场一体化和要素市场一体化呈现同向变化趋势，两者之间有相互促进的关系，但是长三角要素市场一体化水平明显低于商品市场一体化水平，其中劳动力市场一体化水平最低，制约了长三角一体化提升进程。长三角一体化发展的空间差距整体上有缩小的趋势，其中外围区城市一体化水平差异最小，扩展区城市一体化水平差异最大，但是长三角一体化空间差异的主要来源不是外围区、扩展区和核心区内部各城市之间的差距，而长三角三省一市之间的差距及核心区、扩展区和外围区之间的差距才是长三角一体化空间非均衡分布的主要来源。因此，要加快推进长三角城市资本市场和劳动力市场一体化发展，减少制约长三角一体化发展的地区行政壁垒，缩小长三角省级行政区之间及核心区、扩展区和外围区之间一体化发展的差距，推进长三角一体化在更深层次、更广领域和更大范围得到显著提升。

第二，长三角城市环境治理水平整体上呈现出波动式上升态势，长三角城市环境治理的差距呈现不断缩小的趋势。长三角城市环境治理存在显著的空间相关性，显示了城市环境治理的外部性和空间溢出性特征，因此长三角区域实施环境协同治理既有必要性，也具有可行性。同时，长三角城市环境治理又具有明显的空间差异性，长三角环境治理的空间差异主要来源于三省一市之间的差距及核心区、扩展区与外围区之间的差距，因此长三角环境治理要有大局观和整体观，不应局限于一省一地的环境治理水平提升，要将长三角视为"一盘棋"，整体谋划，才能推进区域环境协同治理取得更大进展。另外，实证研究结果显示，随着长三角一体化水平的提高，长三角一体化与环境治理的耦合协调关系得到了明显改善，多数城市环境治理与一体化耦合协调关系处于中级协调和良好协调状态。要加强探索环境治理参与区域一体化建设的体制机制创新，着力推进三省一市之间及核心区、扩展区与外围区城市环境治理一体化建设。

第三，长三角市场一体化与城市环境治理之间呈现出显著的正相关关系，且这一研究结论具有稳健性，这说明加快长三角市场一体化建设，有利于促进城市环境治理水平的提高。从三类子市场一体化的环境治理效应来看，长三角资本市场一体化对城市环境治理的促进作用最强，其次是商品市场一体化对城市环境治理的促进作用，劳动力市场一体化对城市环境治理的促进作用尚不显著。长三角城市在产业结构、产业集聚水平、人均地方生产总值、人均财政收入、经济密度和资本深化水平等方面存在很大差异，这些因素在长三角一体化的环境治理效应中均有显著的门槛因素特征，且均具有先负后正的门槛效应特征。因此，要尽快打破长三角区域行政壁垒和市场分割，发挥区域统一大市场优势，利用市场一体化推进城市环境治理水平提升；另外，长三角城市还要依据各地社会经济条件、地理地貌特征、产业分布和资源禀赋等条件，因地制宜探索区域环境协同治理的长效机制，实现区域环境质量的持续稳定改善，尤其是长三角外围区城市或长三角一体化的新进城市要注意一些门槛因素在一体化发展的早期对城市环境治理的不利影响，采取合理措施防范并减轻这些门槛因素在一体化发展早期可能给城市环境治理带来的压力。

第四，长三角一体化与城市环境治理之间存在相互影响、相互促进的交互作用，即长三角一体化显著促进城市环境治理水平提升，城市环境治理反过来对长三角一体化存在积极推进作用，相对而言，长三角一体化对城市环境治理的正向促进作用更大。长三角一体化与城市环境治理均存在空间溢出效应，即周边城市一体化水平提升对本地城市一体化具有显著的正向空间溢出效应，但是周边城市一体化水平提升对本地城市环境治理具有显著的负向空间溢出效应；周边城市环境治理对本地城市环境治理也有显著的正向空间溢出效应，但是周边城市环境治理对本地城市一体化具有显著的负向空间溢出效应。因此，要构建和完善长三角一体化与城市环境治理的良性空间互动机制，努力推进长三角一体化与环境治理协同发展，增强环境治理在推进长三角更高质量一体化发展的驱动作用。在长三角一体化发展进程中，要防止因为区域产业转移导致污染性产业空间重新布局而产生新的城市环境污染问题，也要防止不合理的逐底竞争式环境规制策略互动对区域一体化发展的不利影响，地方政府之间实施标杆式环境规制策略互动才能真正有利于促进长三角一体化与城市环境治理的良性互动。

第五，长三角城市群扩容促进了长三角一体化扩张，有利于改善城市群整体环境治理。长三角城市群扩容整体上促进了污染排放强度和污染排放水平下降，这种污染排放强度和污染排放水平下降主要表现为核心城市的污染排放强度和污染排放水平显著下降，需要引起关注的是，长三角城市群扩容促进了新进城市污染排放强度和污染排放水平提升，但是实证研究结果显示这一影响效应并不显著。实证研究还发现，长三角城市扩容机制下的区域一体化对非资源型城市的环境改善作用要优于资源型城市，这表明资源型城市在长三角一体化进程中转型较慢，有很强的路径依赖性；另外，区域一体化政策对高行政等级城市的环境改善作用优于低行政级别城市。因此，在长三角一体化城市扩容背景下，环境污染治理的区域联动机制仍然需要加强，尤其需要突破地区行政壁垒和市场壁垒，逐步完善长三角城市环境保护的立法协同，加强跨城市、跨部门执法联动机制，探索跨地区环保信用合作、跨地区生态保护补偿和环境污染赔偿等制度创新实践，健全各城市在区域一体化环境治理中的联防联控长效机制。

第六，长三角一体化显著促进了城市绿色发展效率提升和高质量发展。利用非径向方向性距离函数和全局生产前沿分析方法，构造包含生产要素投入效率和污染排放效率的 DEA 模型，测算长三角城市全要素绿色发展效率，研究发现长三角中心区城市全要素绿色发展效率有较快的上升趋势，长三角外围区城市全要素绿色发展效率经历了先下降、平稳发展、后上升的敞口"U"型变化轨迹，长三角城市全要素绿色发展效率的地区差异逐渐减小，表现出动态空间收敛趋势特征。长三角市场一体化整体上有利于促进城市全要素绿色发展效率提升，但是这种促进效应在中心区城市表现更为显著，在外围区城市所起到的作用尚不显著。另外，全要素绿色发展效率与城市规模之间呈现"U"型变化关系，与城市经济发展水平之间也呈现"U"型变化关系，产业结构升级显著促进城市全要素绿色发展效率提升，环境规制和资本深化对城市全要素绿色发展效率有正面影响但不显著，外贸依存度对城市全要素绿色发展效率有显著的负面作用。

第七，长三角环境污染治理具有明显的流域治理特征，因此在长三角环境污染治理中必须增强地区协调机制，突出环境治理的系统性、整体性和协同性。长三角生态绿色一体化发展示范区建设为探索长三角区域环境协同治理提供了重要的窗口和机遇，起到了长三角一体化环境治理试验区和示范区的作用。长三角一体化与环境治理的地区差距主要来自省级行政区之间及核心区、扩展区和外围区之间，如何在一体化水平和环境治理差异较大的区域开展跨界环境协同治理，避免制度性集体行动困境，需要积极探索和推广实践相关制度创新。长三角生态绿色一体化发展示范区在不打破行政隶属的前提下，破除行政边界，积极探索区域一体化环境治理的制度创新，从而为长三角一体化环境协同治理先行探路，积累了很多可复制、可推广的先进经验。一是健全长三角一体化环境协同治理机制框架，中央政府提供财政支持和政策指引，地方政府加强府际协商，健全长三角跨界环境协同治理的组织形式和运作机制，完善区域环境协同治理的动力机制、决策机制、评价机制和监督机制；二是建立长三角一体化环境质量动态监测体系，制定区域环保数据共享制度，实现区域城市环境保护数据监测可实时、可比对、可共享，为环境协同治理的决策分析、有效监督和绩效评价提供系统、全面的数据支撑；三是构建长三角一体化环境协同治理的社会共治模式，强调政府监管在长三角一体化环境治理中的主导作用，企业成为环境污染治理的责任主体，严格制定统一的区域环境污染标准和奖惩措施，倒逼企业进行绿色技术创新，推动企业转型升级，从源头上减少环境污染，激发相关社会组织与公众的环境治理参与度，健全公众积极参与区域环境协同治理的渠道保障和制度体系。

第二节　政策建议

随着长三角一体化高质量发展的推进，对区域环境治理提出了更高要求，而如何促进长三角一体化与环境治理协调发展成为了政府、学者和公众关注的问题。结合前述相关理论、实证和案例调查研究，本书提出以下政策建议。

一、构建长三角一体化环境协同治理的长效机制

当前，长三角一体化合作初步形成了"高层领导沟通协商、座谈会明确任务、联络组综合协调、专题组推进落实"的政府间合作机制，但是在区域环境治理领域，地方政府间合作治理往往只是针对特定事件（比如世博会、青奥会）或重大跨界环境污染问题，这种政府间环境合作治理带有明显的阶段性、短期性应急管理色彩，难以在区域环境治理上取得长期、稳定的效果，需要健全长三角一体化环境治理的长效协同机制。

长三角生态绿色一体化发展示范区为长三角一体化环境治理先行探路，学习借鉴和吸收长三角生态绿色一体化发展示范区的制度创新经验，长三角三省一市联合设立区域环境协同治理的专门委员会，从环境标准、环境监测及环境监管执法三个方面对区域环境治理实施统一的规范化措施，将长三角一体化环境协同治理措施系统化、制度化和规范化。深入推进各类地方规划和专项规划充分对接，充分发挥规划在区域一体化发展中的统筹和引领作用，坚持和落实长三角发展"一盘棋"的思想，整

体谋划长三角一体化发展蓝图。另外，从生态系统整体性和流域系统性出发，统筹推进长三角山水林田湖草生态保护与修复，加快太湖生态保护圈、沿江生态绿色廊道、宁杭生态经济带和京杭运河生态特色走廊等区域生态环境建设。

二、加强和健全长三角区域一体化的市场驱动体制

长三角一体化发展主要是在政府主导的地方合作机制下完成的，长三角地区先后形成了以主要领导座谈会、长三角合作与发展联席会议、长三角城市经济协调会、长三角市长联席会议、长三角区域合作办公室等为载体的地方政府间协商协调机制，但是长三角一体化市场驱动体制尚不健全。统一开放、竞争有序的市场体系建设是长三角区域高质量一体化发展的基础和核心，长三角区域一体化水平最终还是取决于市场一体化水平。必须充分发挥市场机制的主导作用，使市场在资源配置中发挥决定性作用，以市场一体化为核心推进长三角区域一体化，尤其需要推进资本、人才、知识产权和技术等关键高级生产要素的区域一体化市场体系建设。区域一体化建设的核心使命是突破行政区划藩篱，打破地区壁垒，强调竞争中立原则，促进生产要素和商品在区域内自由流动，形成区域性统一大市场。

加快长三角区域市场一体化建设，形成高效规范、公平竞争、充分开放的区域性统一大市场，以克服传统行政区划治理下的空间分割和市场碎片化问题，有利于做大长三角区域市场容量，以超大规模区域市场优势，虹吸和集聚优势资源和要素，促进生产竞争，激励技术创新，优化产业分工，推动经济增长，在国际竞争和合作中取得新优势。加快长三角区域市场一体化建设，有助于提升城市环境治理水平，市场一体化促进了商品与生产要素在区域内自由流动，提高了资源配置效率，推进了区域产业分工协作和产业空间集聚，实现了规模经济优势和专业化分工优势，促进了产业结构升级和技术进步，从规模效应、结构效应、技

术进步效应和环境规制策略互动效应四个方面，全面推进区域环境治理
水平提升。

三、健全企业环境信息披露和环境信用评价的市场传导机制

区域环境治理是一项复杂的系统工程，单纯依赖政府间协作推进长
三角一体化环境治理存在严重的功能缺陷，需要从环境污染产生的源头
治理抓起，健全和完善企业环境信息和环境信用管理体系，充分发挥企
业在长三角一体化环境协同治理中的主体作用。企业环境信息披露和企
业环境信用评价是重要的环境规制工具，但是目前这一环境规制工具的
绿色传导作用还没有得到充分发挥。政府、各类市场主体和公众对企业
环境治理行为的监管，离不开对企业环境信息和企业环境信用的知晓和
充分运用，我国现行的企业环境信息强制公开仅适用于部分上市公司，
属于重点排污单位的上市公司负有强制性环境信息披露义务，面向所有
上市公司的强制性环境信息披露制度尚未全面建立，非上市企业环境信
息披露适用自愿原则。企业环境信息披露的连续性、及时性、准确性和
规范性都不强，为了应对或防止市场主体和社会公众对企业环境信息的
负面解读和过度解读，进而对企业财务绩效和社会声誉产生不良影响，
一些企业环境信息披露出现向低水平看齐、向底部竞争的倾向，从而抑
制了企业环境信息披露质量的提高，企业环境信息披露和企业环境治理
主体的法定义务还没有充分落实到位。

目前，我国已初步建立企业环境信用评价制度，不少地方根据本地
情况开展了企业环境信用评价，但是存在重企业环境信用评价结果本身
而轻企业环境信用评价结果应用的倾向，企业环境信用评价结果的市场
化应用水平不高，在资源配置和资本市场融资中没有充分发挥作用，企
业环保信号机制和绿色传导效应不够明显。另外，要根据企业环境信用
评价结果，切实加强对相关企业的奖惩，推广实行跨区域企业环保信用

联合奖惩制度，健全企业环境信用评价的守信激励和失信惩戒机制，推动实行更加广泛的企业环保失信联动惩戒，加大对环保失信企业的惩罚力度，提高对环境信用评价优秀的企业奖励力度。强化企业环境信用评价等级与企业价值之间的关联度，使企业环境信用评价等级能够广泛而深刻影响市场投资者、债权人、供应商、合作者和其他利益相关者的决策。

四、完善长三角一体化环境协同治理的府际合作机制

坚持以人民为中心的发展思想，贯彻落实正确的政绩观，完整、准确、全面贯彻新发展理念，从地方政府绩效考核制度改革、排污权交易制度、用能权交易制度、企业环境信息公开和企业环境信用评价制度、跨地区环境规制协同、跨地区产业合作及成果共享、跨地区环保信用合作、跨地区环境污染赔偿、跨地区科技创新或科创带建设、跨地区生态保护补偿等方面，健全和完善长三角一体化环境协同治理的制度体系和府际合作，协同推进区域环境一体化治理，促进一体化与环境治理协同发展。

探索建立产业联动发展、园区异地共建、环境联保共治等方面的地方政府利益共享和成本分担机制，有效解决跨区域产业合作和环保合作中涉及的地区生产总值核算、地方财税分成、生态保护利益横向补偿、跨地区土地资源统筹和区域一体化政绩考核等难题，健全责任共担、成本分摊、利益共享的府际合作机制，将区域一体化合作的制度红利内化成合作主体主动参与的强大动力。积极探索创新财税分享机制，引导长三角一体化的"飞地经济"高质量发展，突破跨地区产业转移与产业合作中的行政区划限制和地理空间局限，使长三角区域一体化合作进入"网络化"模式。

随着长三角城市不断扩容，长三角一体化发展必然会缩小城市之间的空间距离，但是不同城市之间的能级差异和经济距离难以在短时间内

拉平，导致资源更多地由区域内能级低的城市流向能级高的城市，可以通过跨地区产业合作、创新合作及跨地区环境污染赔偿、跨地区生态补偿等制度，来消除这种城市极化效应可能带来的负面环境影响。健全区域生态保护利益补偿制度，鼓励受益地区与生态保护地区、流域下游与上游、干流与支流城市之间通过资金补偿、对口协作、产业转移、人才培训、飞地经济等方式建立多元化横向生态补偿机制，强化实施跨区域生态环境损害赔偿制度，探索环境污染强制责任保险制度，推动长三角区域水权、排污权、用能权和碳排放权等初始分配与跨区域交易制度建设，真正做到"让保护修复生态环境获得合理回报，让破坏生态环境付出相应代价。"

五、健全长三角一体化环境治理的社会共治体系

首先要动员多元化社会主体积极参与，长三角一体化环境治理涉及政治、社会、经济、技术和生态环境等诸多方面，需要高效整合各层级社会资源广泛参与。强化企业在长三角区域一体化环境治理合作中的市场主体地位，进一步释放市场主体活力和创造力。同时，要充分发挥各类平台型企业、高校院所、中介服务机构、行业协会、商会和联盟组织等多元主体的桥梁纽带作用，形成推动长三角一体化环境治理的强大合力。

其次是杠杆化利用社会资本，长三角一体化环境治理需要庞大的资金支持，由三省一市地方政府共同投资设立的长三角一体化环境治理投资基金，同时吸纳和撬动了各类社会资本参与投资，充分发挥了政府股权投资基金和各类产业发展基金的杠杆放大效应和资源市场化配置效应，为长三角基础设施互联互通建设、生态环境联防联治、科技创新协同合作、产业联动发展、重大民生项目建设、统筹协调公共服务等提供了强有力的资金保障。

另外要推进城乡环境协同治理，加快美丽乡村建设，健全乡村环境

治理体系，推动城乡公共服务一体化发展，实现公共服务制度、标准、内容同城化、均等化和便利化，推动形成工农互促、城乡互补、协调发展、共同繁荣的新型工农城乡关系。建立城乡统一的建设用地市场，探索宅基地所有权、资格权、使用权"三权分置"改革，依法有序推进集体经营性建设用地入市，开展土地整治机制政策创新试点。

第三节　研究不足与展望

本书对长三角一体化的环境治理效应、长三角一体化影响环境治理的短期效应与长期效应、长三角一体化与环境治理互动效应与空间溢出效应、长三角一体化对城市环境治理的政策效应及长三角一体化环境协同治理机制等开展了较为系统的理论、实证与案例研究得到了相关研究结论和政策建议，本书的研究结论对推进长三角一体化环境协同治理实践探索和制度创新具有一定的参考价值。由于长三角区域环境协同治理问题的复杂性及诸多因素限制，本书的研究还存在一些不足之处，以下问题有待进一步深入探究。

第一，长三角一体化包含的内容丰富，本书在对长三角一体化进程进行动态评估时，主要采用相对价格法，虽然从区域商品市场一体化、资本市场一体化和劳动力市场一体化三个维度，构建了长三角一体化综合指数，但是不能全面涵盖长三角区域一体化的内容。尽管运用相对价格法测度区域市场一体化水平已有较为成熟的经济学理论基础，能较好地反映长三角区域一体化发展的内在机制，但是对长三角区域一体化发展的反映不够全面。对长三角一体化进程开展综合评价研究，需要从市场一体化、产业一体化、空间一体化、生态一体化和制度一体化等众多维度建构综合评价指标体系，但是在实证研究中面临着指标选取的科学性、相关指标数据的可得性及综合评价结果的合理性解释等问题。对长三角一体化进行综合评价，要避免把长三角一体化评价变成若干社会经济指标的简单平均化取向，一体化不是一样化、均一化，既要合理使用多维指标进行科学评价，还要赋予综合评价结果以理性解释，真正体现长三角一体化的实质内涵。因此，对长三角一体化综合评价尚有深入研究的空间，今后需要对长三角一体化评价指标体系的全面性和评价方法的科学性开展持续深入的研究。

第二，本书实证研究以长三角全域 41 个地级以上城市为观测对象，并对长三角市场一体化和城市环境治理进行动态评估及时空分异特征分析，其中实证研究了长三角一体化对环境治理的影响效应与作用机制、长三角一体化与城市环境治理的空间交互、长三角一体化与城市绿色发展效率的关系等，并在更大的城市范围内就长三角区域一体化政策的环境治理效应进行评估分析。受作者能力和水平所限，本书并没有就长三角一体化对区域内微观企业的环境行为的影响展开深入研究，显然，系统研究区域一体化背景下微观企业环境行为演化及其减排效应，可以为区域一体化环境协同治理提供有力的微观主体行为依据和决策参考。因此，长三角一体化尤其是长三角一体化环境治理对微观企业环境行为的影响是未来研究中值得进一步深入探究的方向。

第三，本书主要使用空间统计学和计量经济学方法，实证研究长三角一体化的环境治理效应及长三角一体化与城市环境治理的空间互动机制，并在此基础上提出长三角一体化环境协同治理的政策建议。但是，本书对长三角一体化环境协同治理的利益相关者及其动力机制没有作深入的系统分析，没有采用博弈论、系统动力学、耗散结构理论等方法和模型，对长三角一体化的环境协同治理效应进行系统分析和模拟评估。因此，在未来的此类研究中，要努力尝试采用博弈论、系统动力学、耗散结构理论等方法和模型，对长三角一体化环境协同治理效果进行模拟分析研究和动态评估分析，从而有助于更深入地剖析长三角一体化环境协同治理的运行机制和市场主体行为逻辑，精准识别长三角一体化环境协同治理的关键环节和政策发力点，这也是未来研究中需要拓展的重要方向。

　　第四，长三角一体化的环境治理效应研究涉及经济学、政治学、社会学和环境学等多学科研究范畴，本书主要采用主流经济学的研究方法开展，未来应该充分借鉴利用多学科的研究方法继续深入研究，借鉴使用其他相关学科的理论与方法可以为本研究主题带来更为丰富的研究发现和更全面的实证支撑。从本书的文献综述与文献梳理中也可以发现，长三角一体化环境治理研究主要采用主流经济学研究方法，也涉及少数其他跨学科的研究方法，通过一些文献使用社会网络分析方法进行研究，得到很有意义和更为丰富的研究成果。长三角一体化环境治理是一项系统工程，需要打破地区壁垒，进行深层次的城市协作，必然涉及府际合作网络和城市群网络演化分析，因此在跨区域的环境协同治理研究中，有必要引入社会学研究中广泛使用的社会网络分析法，对长三角一体化环境治理中的府际网络关系变化及其结构特征进行定量分析，有助于深刻理解府际关系与政府协作在长三角一体化环境治理中的重要性。

参 考 文 献

[1] 白俊红, 刘宇英. 对外直接投资能否改善中国的资源错配 [J]. 中国工业经济, 2018 (01): 60 - 78.

[2] 卞元超, 白俊红. 区域市场整合能否提升企业的产能利用率? [J]. 财经研究, 2021, 47 (11): 64 - 77.

[3] 卞元超, 吴利华, 白俊红等. 要素市场扭曲是否抑制了绿色经济增长? [J]. 世界经济文汇, 2021 (02): 105 - 119.

[4] 蔡岚. 粤港澳大湾区大气污染联动治理机制研究——制度性集体行动理论的视域 [J]. 学术研究, 2019 (01): 56 - 63, 177 - 178.

[5] 曹海林, 赖慧苏. 公众环境参与: 类型、研究议题及展望 [J]. 中国人口·资源与环境, 2021, 31 (07): 116 - 126.

[6] 曹姣星. 生态环境协同治理的行为逻辑与实现机理 [J]. 环境与可持续发展, 2015, 40 (02): 67 - 70.

[7] 褚松燕. 环境治理中的公众参与: 特点、机理与引导 [J]. 行政管理改革, 2022 (06): 66 - 76.

[8] 陈霄, 毛霞, 曹伟. 环境信息公开、外商直接投资与城市空气污染——来自环境空气质量信息实时公开的证据 [J]. 统计研究, 2023, 40 (06): 77 - 90.

[9] 陈昭, 林涛. 新经济地理视角下粤港澳市场一体化影响因素研究 [J]. 世界经济研究, 2018 (12): 72 - 81, 133.

[10] 陈凡, 周民良. 国家级承接产业转移示范区是否加剧了地区环境污染 [J]. 山西财经大学学报, 2019, 41 (01): 42 - 54.

[11] 陈芳. 非合意产出约束下长江经济带能源效率评价与影响因素研究——基于非径向方向性距离函数估算 [J]. 安徽大学学报（哲学社会科学版），2016，40（06）：138 – 147.

[12] 陈喆，郑江淮. 产业互动下高技术产业集聚的环境治理效应 [J]. 财经科学，2021（08）：78 – 92.

[13] 陈林，肖倩冰. 工资水平、环境污染对常住人口的影响 [J]. 中国人口科学，2020（04）：59 – 71.

[14] 陈鹏，邹晓峰，郭子菡等. 区域一体化会产生减排效应吗？——来自微观企业的证据 [J]. 金融经济，2022（11）：28 – 38，54.

[15] 陈诗一，陈登科. 雾霾污染、政府治理与经济高质量发展 [J]. 经济研究，2018，53（02）：20 – 34.

[16] 陈雯，孙伟，刘崇刚等. 长三角区域一体化与高质量发展 [J]. 经济地理，2021，41（10）：127 – 134.

[17] 陈雯，兰明昊，孙伟等. 长三角一体化高质量发展：内涵、现状及对策 [J]. 自然资源学报，2022，37（06）：1403 – 1412.

[18] 陈阳，唐晓华. 制造业集聚和城市规模对城市绿色全要素生产率的协同效应研究 [J]. 南方经济，2019（03）：71 – 89.

[19] 陈瑶，吴婧. 区域一体化对工业绿色发展效率的影响及空间分异研究——来自长三角城市群的证据 [J]. 东岳论丛，2021，42（10）：151 – 161.

[20] 陈影，文传浩，沈体雁. 成渝地区双城经济圈绿色发展效率评价及时空演变研究 [J]. 长江流域资源与环境，2022，31（05）：1137 – 1151.

[21] 陈子韬，李俊，吴建南. 区域政府间协同如何发生？——汾渭平原大气污染防治的案例研究 [J]. 公共管理与政策评论，2022，11（06）：23 – 35.

[22] 成艾华，赵凡. 基于偏离份额分析的中国区域间产业转移与污染转移的定量测度 [J]. 中国人口·资源与环境，2018，28（05）：

49 – 57.

［23］初钊鹏，卞晨，刘昌新，朱婧．基于演化博弈的京津冀雾霾治理环境规制政策研究［J］．中国人口·资源与环境，2018，28（12）：63 – 75.

［24］戴亦欣，孙悦．基于制度性集体行动框架的协同机制长效性研究——以京津冀大气污染联防联控机制为例［J］．公共管理与政策评论，2020，9（04）：15 – 26.

［25］党玉婷．贸易与外商直接投资对中国碳排放的影响［J］．中国流通经济，2018（06）：113 – 121.

［26］邓慧慧，杨露鑫．雾霾治理、地方竞争与工业绿色转型［J］．中国工业经济，2019（10）：118 – 136.

［27］邓宗兵，何若帆，陈钲等．中国八大综合经济区生态文明发展的区域差异及收敛性研究［J］．数量经济技术经济研究，2020，37（06）：3 – 25.

［28］丁从明，吉振霖，雷雨等．方言多样性与市场一体化：基于城市圈的视角［J］．经济研究，2018，53（11）：148 – 164.

［29］丁焕峰，孙小哲，刘小勇．区域扩容能促进新进地区的经济增长吗？——以珠三角城市群为例的合成控制法分析［J］．南方经济，2020（06）：53 – 69.

［30］董春风，何骏．区域一体化发展提升城市创新能力了吗——来自长三角城市群扩容的经验证据［J］．现代经济探讨，2021（09）：109 – 118.

［31］董洪超，蒋伏心．交通基础设施对中国区域市场一体化的影响研究——基于动态面板模型的实证分析［J］．经济问题探索，2020（05）：26 – 39.

［32］豆建民，崔书会．国内市场一体化促进了污染产业转移吗？［J］．产业经济研究，2018（04）：76 – 87.

［33］豆建民，沈艳兵．产业转移对中国中部地区的环境影响研究［J］．中国人口·资源与环境，2014，24（11）：96 – 102.

［34］豆建民，张可．空间依赖性、经济集聚与城市环境污染［J］．经济管理，2015，37（10）：12－21.

［35］杜德斌，金红，段德忠．绿色技术跨城流动下长三角生态绿色一体化发展研究［J］．中国科学院院刊，2022，37（12）：1770－1782.

［36］杜宇，吴传清，邓明亮．政府竞争、市场分割与长江经济带绿色发展效率研究［J］．中国软科学，2020（12）：84－93.

［37］杜震，卫平．集聚经济、外部性治理与城市工业排放效率［J］．城市问题，2014（10）：23－28，71.

［38］段秀芳，沈敬轩．粤港澳大湾区城市高质量发展评价及空间结构特征分析［J］．统计与信息论坛，2021，36（05）：35－44.

［39］范剑勇．长三角一体、地区专业化与制造业空间转移［J］．管理世界，2004（11）：77－84，96.

［40］范剑勇，叶菁文．国内贸易大循环：基于区域和城市群视角的考察［J］．学术月刊，2021，53（05）：65－76.

［41］樊纲，王小鲁，张立文等．中国各地区市场化相对进程报告［J］．经济研究，2003（03）：9－18，89.

［42］范欣，宋冬林，赵新宇．基础设施建设打破了国内市场分割吗？［J］．经济研究，2017，52（02）：20－34.

［43］高鹏，何丹，宁越敏等．长三角地区城市投资联系水平的时空动态及影响因素［J］．地理研究，2021，40（10）：2760－2779.

［44］甘甜，王子龙．长三角城市环境治理效率测度［J］．城市问题，2018（01）：81－88.

［45］高宇．出口企业与国内市场一体化［J］．国际贸易问题，2016（12）：142－154.

［46］顾海兵，张敏．基于内力和外力的区域经济一体化指数分析：以长三角城市群为例［J］．中国人民大学学报，2017，31（03）：71－79.

［47］管亚梅，陆静娇．利益相关者压力、企业环境伦理与绿色创

新绩效的关系研究 [J]. 江苏社会科学, 2019 (03): 67 - 75.

[48] 桂琦寒, 陈敏, 陆铭等. 中国国内商品市场趋于分割还是整合: 基于相对价格法的分析 [J]. 世界经济, 2006 (2): 20 - 30.

[49] 龚新蜀, 史雪然, 韩俊杰. 市场一体化对中国环境质量的影响研究 [J]. 工业技术经济, 2021, 40 (02): 146 - 152.

[50] 郭鹏飞, 胡歆韵. 基础设施投入、市场一体化与区域经济增长 [J]. 武汉大学学报 (哲学社会科学版), 2021, 74 (06): 141 - 157.

[51] 郭树清. 中国经济的内部平衡与外部平衡问题 [J]. 经济研究, 2007 (12): 4 - 10.

[52] 郭艺, 曹贤忠, 魏文栋等. 长三角区域一体化对城市碳排放的影响研究 [J]. 地理研究, 2022, 41 (01): 181 - 192.

[53] 何好俊, 祝树金. 制造业集聚是否有利于提升环境治理绩效 [J]. 中国科技论坛, 2016 (10): 59 - 64.

[54] 何文举, 张华峰, 陈雄超等. 中国省域人口密度、产业集聚与碳排放的实证研究——基于集聚经济、拥挤效应及空间效应的视角 [J]. 南开经济研究, 2019 (02): 207 - 225.

[55] 和夏冰, 殷培红. 墨累—达令河流域管理体制改革及其启示 [J]. 世界地理研究, 2018, 27 (05): 52 - 59.

[56] 贺灿飞, 周沂, 张腾. 中国产业转移及其环境效应研究 [J]. 城市与环境研究, 2014, 1 (01): 34 - 49.

[57] 贺祥民, 赖永剑, 聂爱云. 区域一体化与地区环境污染排放收敛——基于长三角区域一体化的自然实验研究 [J]. 软科学, 2016, 30 (03): 41 - 45.

[58] 贺璇, 王冰. "运动式" 治污: 中国的环境威权主义及其效果检视 [J]. 人文杂志, 2016 (10): 121 - 128.

[59] 洪银兴, 王振, 曾刚等. 长三角一体化新趋势 [J]. 上海经济, 2018 (03): 122 - 148.

[60] 胡彬, 万道侠. 产业集聚如何影响制造业企业的技术创新模

式——兼论企业"创新惰性"的形成原因[J]. 财经研究, 2017, 43 (11): 30-43.

[61] 胡求光, 周宇飞. 开发区产业集聚的环境效应: 加剧污染还是促进治理?[J]. 中国人口·资源与环境, 2020, 30 (10): 64-72.

[62] 胡艳, 张安伟. 长三角区域一体化生态优化效应研究[J]. 城市问题, 2020 (06): 20-28.

[63] 胡宗义, 李毅. 金融发展对环境污染的双重效应与门槛特征[J]. 中国软科学, 2019 (07): 68-80.

[64] 黄宝敏. 经济集聚能否"一箭双雕": 增长效应与节能减排效应的空间计量分析[J]. 现代经济探讨, 2020 (07): 20-32.

[65] 黄娟, 汪明进. 制造业、生产性服务业共同集聚与污染排放——基于285个城市面板数据的实证分析[J]. 中国流通经济, 2017, 31 (08): 116-128.

[66] 黄青鹏. 长江流域生态环境协同治理研究[J]. 环境, 2023 (01): 75-77.

[67] 黄文, 张羽瑶. 区域一体化战略影响了中国城市经济高质量发展吗?——基于长江经济带城市群的实证考察[J]. 产业经济研究, 2019 (06): 14-26.

[68] 黄赜琳, 姚婷婷. 市场分割与地区生产率: 作用机制与经验证据[J]. 财经研究, 2020, 46 (01): 96-110.

[69] 黄征学, 肖金成, 李博雅. 长三角区域市场一体化发展的路径选择[J]. 改革, 2018 (12): 83-91.

[70] 霍伟东, 李杰锋, 陈若愚. 绿色发展与FDI环境效应——从"污染天堂"到"污染光环"的数据实证[J]. 财经科学, 2019 (04): 106-119.

[71] 季永宝, 豆建民. 污染产业转移的环境效应与效率影响研究[J]. 南大商学评论, 2018 (01): 1-23.

[72] 贾先文, 李周. 流域治理研究进展与我国流域治理体系框架

构建 [J]. 水资源保护, 2021, 37 (04): 7-14.

[73] 贾卓, 杨永春, 赵锦瑶等. 黄河流域兰西城市群工业集聚与污染集聚的空间交互影响 [J]. 地理研究, 2021, 40 (10): 2897-2913.

[74] 简泽, 谭利萍, 吕大国等. 市场竞争的创造性、破坏性与技术升级 [J]. 中国工业经济, 2017 (05): 16-34.

[75] 姜珂, 游达明. 基于区域生态补偿的跨界污染治理微分对策研究 [J]. 中国人口·资源与环境, 2019, 29 (01): 135-143.

[76] 金祥荣, 赵雪娇. 行政权分割、市场分割与城市经济效率——基于计划单列市视角的实证分析 [J]. 经济理论与经济管理, 2017 (03): 14-25.

[77] 阚大学, 吕连菊. 要素市场扭曲加剧了环境污染吗——基于省级工业行业空间动态面板数据的分析 [J]. 财贸经济, 2016 (05): 146-159.

[78] 孔凡斌, 李华旭. 长江经济带产业梯度转移及其环境效应分析——基于沿江地区 11 个省 (市) 2006~2015 年统计数据 [J]. 贵州社会科学, 2017 (09): 87-93.

[79] 孔晴. 中国环境污染综合指数的构建及其收敛性研究 [J]. 统计与决策, 2019, 35 (21): 122-125.

[80] 黎文勇, 杨上广, 吴玉鸣. 区域市场一体化对碳排放效益的影响研究——来自长三角地区的空间计量分析 [J]. 软科学, 2018, 32 (09): 52-55, 71.

[81] 李海生, 王丽婧, 张泽乾等. 长江生态环境协同治理的理论思考与实践 [J]. 环境工程技术学报, 2021, 11 (03): 409-417.

[82] 李江龙, 徐斌. "诅咒"还是"福音": 资源丰裕程度如何影响中国绿色经济增长? [J]. 经济研究, 2018, 53 (09): 151-167.

[83] 李金凯, 程立燕, 张同斌. 外商直接投资是否具有"污染光环"效应? [J]. 中国人口·资源与环境, 2017, 27 (10): 74-83.

[84] 李猛, 黄振宇. 促进区域协调发展的"飞地经济": 发展模式

和未来走向［J］. 天津社会科学，2020（04）：97-102.

［85］李娜，张岩. 长三角生态绿色一体化发展示范区建立财税分享机制的问题及对策建议［J］. 上海城市管理，2020，29（04）：38-43.

［86］李宁，李增元. 从碎片化到一体化：跨区域生态治理转型研究［J］. 湖湘论坛，2022，35（03）：96-106.

［87］李强. 产业升级与生态环境优化耦合度评价及影响因素研究——来自长江经济带108个城市的例证［J］. 现代经济探讨，2017（10）：71-78.

［88］李善同，侯永志，刘云中等. 中国国内地方保护问题的调查与分析［J］. 经济研究，2004（11）：78-84，95.

［89］李胜兰，初善冰，申晨. 地方政府竞争、环境规制与区域生态效率［J］. 世界经济，2014，37（04）：88-110.

［90］李世奇，朱平芳. 长三角一体化评价的指标探索及其新发现［J］. 南京社会科学，2017（07）：33-40.

［91］李晓莉. 长三角区域生态一体化的整体性治理研究［J］. 党政论坛，2020（12）：49-51.

［92］李雪松，孙博文. 密度、距离、分割与区域市场一体化——来自长江经济带的实证［J］. 宏观经济研究，2015（06）：117-128.

［93］李影影，黄琪，曹卫东等. 经济联系视角下泛长三角网络结构研究［J］. 世界地理研究，2019，28（01）：68-78.

［94］李勇刚，张鹏. 产业集聚加剧了中国的环境污染吗——来自中国省级层面的经验证据［J］. 华中科技大学学报（社会科学版），2013，27（05）：97-106.

［95］李政，杨思莹. 创新型城市试点提升城市创新水平了吗？［J］. 经济学动态，2019（08）：70-85.

［96］李志青，胡时霖，刘瀚斌. 长三角生态绿色一体化发展示范区绿色发展现状评估［J］. 科技导报，2021，39（24）：30-35.

［97］梁伟，杨明，李新刚. 集聚与城市雾霾污染的交互影响［J］.

城市问题，2017（09）：83－93.

［98］林爱华，沈利生．长三角地区生态补偿机制效果评估［J］．中国人口·资源与环境，2020，30（04）：149－156.

［99］林伯强，谭睿鹏．中国经济集聚与绿色经济效率［J］．经济研究，2019，54（02）：119－132.

［100］刘晨跃，徐悦，徐盈之．要素市场影响雾霾污染的双重扭曲机制——基于要素市场扭曲偏向性的解释［J］．当代经济科学，2022，44（02）：66－81.

［101］刘海英，刘晴晴．中国省级绿色全要素能源效率测度及技术差距研究——基于共同前沿的非径向方向性距离函数估算［J］．西安交通大学学报（社会科学版），2020，40（02）：73－84.

［102］刘和东，杨丽萍．长三角城市经济一体化演变的社会网络分析［J］．科学与管理，2020，40（03）：68－74，111.

［103］刘嘉伟，岳书敬．周期协同视角下的长三角区域经济一体化：时变测度与决定因素［J］．南京社会科学，2020（03）：54－63.

［104］刘军，陈亚欣．市场一体化能否推动区域经济高质量发展？——基于长三角城市群的空间计量分析［J］．金融与经济，2021（10）：47－53.

［105］刘军，程中华，李廉水．产业聚集与环境污染［J］．科研管理，2016，37（06）：134－140.

［106］刘俊勇．对新时期流域管理机构重新定位的思考［J］．人民珠江，2013，34（04）：1－5.

［107］刘乃全，吴友．长三角扩容能促进区域经济共同增长吗［J］．中国工业经济，2017（06）：79－97.

［108］刘瑞翔．区域经济一体化对资源配置效率的影响研究——来自长三角26个城市的证据［J］．南京社会科学，2019（10）：27－34.

［109］刘习平，宋德勇．城市产业集聚对城市环境的影响［J］．城市问题，2013（03）：9－15.

［110］刘燕，叶晴琳．动机与能力：成都平原经济区大气污染协同治理的政策研究［J］．公共管理与政策评论，2022，11（06）：49－58.

［111］刘一玮．京津冀区域大气污染治理利益平衡机制构建［J］．行政与法，2017（10）：32－38.

［112］刘志彪．区域一体化发展的再思考——兼论促进长三角地区一体化发展的政策与手段［J］．南京师大学报（社会科学版），2014（06）：37－46.

［113］刘志彪．建设国内统一大市场：影响因素与政策选择［J］．学术月刊，2021，53（09）：49－56，84.

［114］刘志彪．长三角区域市场一体化与治理机制创新［J］．学术月刊，2019，51（10）：31－38.

［115］刘志彪．长三角一体化发展示范区建设：对内开放与功能定位［J］．现代经济探讨，2019（06）：1－5.

［116］刘志彪，陈柳．长三角区域一体化发展的示范价值与动力机制［J］．改革，2018（12）：65－71.

［117］刘志彪，孔令池．长三角区域一体化发展特征、问题及基本策略［J］．安徽大学学报（哲学社会科学版），2019，43（03）：137－147.

［118］刘志彪，刘俊哲．区域市场一体化：全国统一大市场建设的重要推进器［J］．山东大学学报（哲学社会科学版），2023（01）：103－111.

［119］龙开胜，王雨蓉，赵亚莉等．长三角地区生态补偿利益相关者及其行为响应［J］．中国人口·资源与环境，2015，25（08）：43－49.

［120］卢洪友，张奔．长三角城市群的污染异质性研究［J］．中国人口·资源与环境，2020，30（08）：110－117.

［121］卢新海，陈丹玲，匡兵．区域一体化加剧了土地财政依赖吗？——以长江经济带为例［J］．华中农业大学学报（社会科学版），2019（01）：146－154，169－170.

［122］陆立军，陈丹波．地方政府间环境规制策略的污染治理效应：机制与实证［J］．财经论丛，2019（12）：104－113.

［123］陆铭，陈钊．分割市场的经济增长——为什么经济开放可能加剧地方保护？［J］．经济研究，2009，44（03）：42-52.

［124］陆铭，冯皓．集聚与减排：城市规模差距影响工业污染强度的经验研究［J］．世界经济，2014，37（07）：86-114.

［125］罗守贵．协同治理视角下长三角一体化的理论与实践［J］．上海交通大学学报（哲学社会科学版），2022，30（02）：36-45.

［126］罗勇，刘锦华．中国省域市场一体化影响因素研究——基于3D框架视角［J］．软科学，2016，30（08）：6-9.

［127］吕冰洋，贺颖．分权、分税与市场分割［J］．北京大学学报（哲学社会科学版），2019，56（03）：54-66.

［128］吕有金，高波，孔令池．国内市场整合与绿色全要素生产率——非线性关系及门槛效应检验［J］．经济问题探索，2021（08）：19-30.

［129］吕越，张昊天．打破市场分割会促进中国企业减排吗［J］．财经研究，2021，47（09）：4-18.

［130］吕志强．长三角区域经济一体化的金融法制促进研究［J］．国际金融，2021（03）：57-64.

［131］马骏．产业融合发展引领长三角飞地经济升级对策［J］．科学发展，2018（08）：32-40.

［132］毛渊龙，姜国刚．城市规模与城市经济绿色增长关系的实证检验［J］．统计与决策，2023，39（06）：155-160.

［133］孟庆国，魏娜．结构限制、利益约束与政府间横向协同——京津冀跨界大气污染府际横向协同的个案追踪［J］．河北学刊，2018，38（06）：164-171.

［134］倪娟，赵晓梦，唐国平．环境规制强度测算方法研究新进展及展望［J］．国外社会科学，2020（02）：64-75.

［135］宁越敏．长江三角洲市场机制和全域一体化建设［J］．上海交通大学学报（哲学社会科学版），2020，28（01）：53-57，74.

［136］潘楚林，田虹．利益相关者压力、企业环境伦理与前瞻型环境战略［J］．管理科学，2016，29（03）：38－48．

［137］彭勃，赵吉．从增长锦标赛到治理竞赛：我国城市治理方式的转换及其问题［J］．内蒙古社会科学（汉文版），2019，40（01）：63－70．

［138］强永昌，杨航英．市场一体化、空间溢出与区域出口质量升级——基于长三角市场一体化的经验分析［J］．国际贸易问题，2021（10）：1－16．

［139］任敏．"河长制"：一个中国政府流域治理跨部门协同的样本研究［J］．北京行政学院学报，2015（03）：25－31．

［140］任志成，张二震，吕凯波．贸易开放、财政分权与国内市场分割［J］．经济学动态，2014（12）：44－52．

［141］邵汉华，王瑶，罗俊．区域一体化与城市创新：基于长三角扩容的准自然实验［J］．科技进步与对策，2020，37（24）：37－45．

［142］邵帅，张可，豆建民．经济集聚的节能减排效应：理论与中国经验［J］．管理世界，2019，35（01）：36－60，226．

［143］邵宇佳，王光，卫平东．金融发展降低了国内市场分割程度吗——来自中国省际层面的经验证据［J］．经济学家，2022（10）：33－43．

［144］申明浩，谭伟杰．数字化与企业绿色创新表现——基于增量与提质的双重效应识别［J］．南方经济，2022（09）：118－138．

［145］沈国兵．积极建设要素市场化配置、国内国际竞争有序的统一大市场［J］．中国经济评论，2021（04）：80－83．

［146］沈坤荣，金刚．中国地方政府环境治理的政策效应——基于"河长制"演进的研究［J］．中国社会科学，2018（05）：92－115，206．

［147］沈坤荣，金刚，方娴．环境规制引起了污染就近转移吗？［J］．经济研究，2017，52（05）：44－59．

［148］沈满洪，谢慧明．跨界流域生态补偿的"新安江模式"及可持

续制度安排 [J]. 中国人口·资源与环境, 2020, 30 (09): 156 - 163.

[149] 沈能. 工业集聚能改善环境效率吗? ——基于中国城市数据的空间非线性检验 [J]. 管理工程学报, 2014, 28 (03): 57 - 63, 10.

[150] 盛斌, 吕越. 外国直接投资对中国环境的影响——来自工业行业面板数据的实证研究 [J]. 中国社会科学, 2012 (05): 54 - 75.

[151] 盛斌, 毛其淋. 贸易开放、国内市场一体化与中国省际经济增长: 1985 ~ 2008 年 [J]. 世界经济, 2011 (11): 44 - 66.

[152] 石大千, 丁海, 卫平等. 智慧城市建设能否降低环境污染 [J]. 中国工业经济, 2018 (06): 117 - 135.

[153] 司林波, 张盼. 黄河流域生态协同保护的现实困境与治理策略——基于制度性集体行动理论 [J]. 青海社会科学, 2022 (01): 29 - 40.

[154] 宋马林, 金培振. 地方保护、资源错配与环境福利绩效 [J]. 经济研究, 2016, 51 (12): 47 - 61.

[155] 宋妍, 陈赛, 张明. 地方政府异质性与区域环境合作治理——基于中国式分权的演化博弈分析 [J]. 中国管理科学, 2020, 28 (01): 201 - 211.

[156] 孙博文, 陈路, 李浩民. 市场分割的绿色增长效率损失评估——非线性机制验证 [J]. 中国人口·资源与环境, 2018, 28 (07): 148 - 158.

[157] 孙博文. 市场一体化是否有助于降低污染排放? 基于长江经济带城市面板数据的实证分析 [J]. 环境经济研究, 2018, 3 (01): 37 - 56.

[158] 孙久文, 苏玺鉴. 新时代区域高质量发展的理论创新和实践探索 [J]. 经济纵横, 2020 (02): 6 - 14, 2.

[159] 孙久文. 新时代长三角高质量一体化发展的战略构想 [J]. 人民论坛, 2021 (11): 60 - 63.

[160] 孙军, 刘志彪. 城市功能借用、省域一体化与跨省域一体

化——基于长三角一体化的经验证据 [J]. 学习与探索, 2021 (06):
128 – 137.

[161] 孙作人, 刘毅, 田培培. 产业集聚、市场化程度与城市碳效率 [J]. 工业技术经济, 2021, 40 (04): 46 – 57.

[162] 锁利铭. 跨省域城市群环境协作治理的行为与结构——基于"京津冀"与"长三角"的比较研究 [J]. 学海, 2017 (04): 60 – 67.

[163] 谭东烜. 太湖流域水环境保护利益相关者博弈研究 [D]. 南京: 南京大学, 2016.

[164] 汤旖璆, 施洁. 财政分权、地方政府赶超行为与环境治理效率——基于 87 个城市数据的门槛效应及传导机制分析 [J]. 贵州财经大学学报, 2019 (05): 25 – 34.

[165] 滕堂伟, 林蕙灵, 胡森林. 长三角更高质量一体化发展: 成效进展、空间分异与空间关联 [J]. 安徽大学学报 (哲学社会科学版), 2020, 44 (05): 134 – 145.

[166] 王兵, 侯冰清. 中国区域绿色发展绩效实证研究: 1998 ~ 2013——基于全局非径向方向性距离函数 [J]. 中国地质大学学报 (社会科学版), 2017, 17 (06): 24 – 40.

[167] 王兵, 聂欣. 产业集聚与环境治理: 助力还是阻力——来自开发区设立准自然实验的证据 [J]. 中国工业经济, 2016 (12): 75 – 89.

[168] 王兵, 唐文狮, 吴延瑞等. 城镇化提高中国绿色发展效率了吗? [J]. 经济评论, 2014 (04): 38 – 49, 107.

[169] 王兵, 吴延瑞, 颜鹏飞. 中国区域环境效率与环境全要素生产率增长 [J]. 经济研究, 2010, 45 (05): 95 – 109.

[170] 王华. 新形势下长三角区域协同治理机制构建 [J]. 科学发展, 2020 (11): 65 – 72.

[171] 王兰梅, 张晏. 流域横向生态补偿的"新安江模式": 经验、问题与优化 [J]. 环境保护, 2022, 50 (08): 58 – 63.

[172] 王欣, 杜宝贵. 长三角区域一体化政策府际关系研究——基

于社会网络分析 [J]. 公共管理与政策评论, 2021, 10 (06): 37 - 52.

[173] 汪永生, 李玉龙, 郑绍杰. 长三角城市群空间网络结构特征研究 [J]. 统计与决策, 2022, 38 (06): 69 - 74.

[174] 王展昭, 唐朝阳. 基于全局熵值法的区域创新系统绩效动态评价研究 [J]. 技术经济, 2020, 39 (03): 155 - 168.

[175] 王振. "十四五" 时期长三角一体化的趋势与突破路径——基于建设现代化国家战略背景的思考 [J]. 江海学刊, 2020 (02): 82 - 88, 254.

[176] 汪中华, 梁爽. 中国污染产业区际转移路径及环境效应研究 [J]. 生态经济, 2017, 33 (11): 92 - 95, 116.

[177] 韦倩, 王安, 王杰. 中国沿海地区的崛起: 市场的力量 [J]. 经济研究, 2014, 49 (08): 170 - 183.

[178] 魏楚, 郑新业. 能源效率提升的新视角——基于市场分割的检验 [J]. 中国社会科学, 2017 (10): 90 - 111, 206.

[179] 魏陆. 构建长三角生态绿色一体化示范区财税分享机制研究 [J]. 上海商学院学报, 2020, 21 (03): 3 - 10.

[180] 温素彬, 方苑. 企业社会责任与财务绩效关系的实证研究——利益相关者视角的面板数据分析 [J]. 中国工业经济, 2008 (10): 150 - 160.

[181] 温忠麟, 叶宝娟. 中介效应分析: 方法和模型发展 [J]. 心理科学进展, 2014, 22 (05): 731 - 745.

[182] 文超, 詹庆明, 刘达等. 基于有向转变中心性与控制力的长三角城市网络空间结构分析 [J]. 地理科学, 2021, 41 (06): 971 - 979.

[183] 文雯, 王奇. 城市人口规模与环境污染之间的关系——基于中国 285 个城市面板数据的分析 [J]. 城市问题, 2017 (09): 32 - 38.

[184] 吴建南, 刘仟仟, 陈子韬等. 中国区域大气污染协同治理机制何以奏效? 来自长三角的经验 [J]. 中国行政管理, 2020 (05): 32 - 39.

[185] 吴群锋, 刘冲, 刘青. 国内市场一体化与企业出口行为——

基于市场可达性视角的研究［J］.经济学（季刊），2021，21（05）：1639－1660.

［186］习近平.高举中国特色社会主义伟大旗帜为全面建设社会主义现代化国家而团结奋斗——在中国共产党第二十次全国代表大会上的报告［J］.中国人大，2022（21）：6－21.

［187］席恺媛，朱虹.长三角区域生态一体化的实践探索与困境摆脱［J］.改革，2019（03）：87－96.

［188］夏杰长，李銮淏，刘怡君.数字经济如何打破省际贸易壁垒——基于全国统一大市场建设的中国经验［J］.经济纵横，2023（02）：43－53.

［189］夏帅，谭黎阳，杨航英.长三角一体化、区域房价差异与产业集聚——基于长三角地级市面板的实证分析［J］.经济问题探索，2021（12）：46－61.

［190］夏勇，张彩云，寇冬雪.跨界流域污染治理政策的效果——关于流域生态补偿政策的环境效益分析［J］.南开经济研究，2023（04）：181－198.

［191］谢非，袁露航，傅炜.长三角区域何以实现高质量市场一体化？——基于对外开放、产业结构升级、金融发展视角［J］.改革，2021，328（06）：112－124.

［192］行伟波，李善同.本地偏好、边界效应与市场一体化——基于中国地区间增值税流动数据的实证研究［J］.经济学（季刊），2009，8（04）：1455－1474.

［193］徐斌，柯达，刘杨倩宇.中国区域一体化如何影响碳排放效率［J］.当代财经，2023（01）：120－131.

［194］徐成龙，巩灿娟.基于偏离份额法的中国污染产业转移时空演变及其环境效应［J］.软科学，2017，31（10）：100－104.

［195］徐娟，马佳骏，邵帅，黎娇龙."河长制"能实现地方政府跨域间的协同治理吗——基于"碎片化治理"的视角［J］.南方经济，

2022（04）：50 – 74.

[196] 徐乐，王海霞，邵帅．长三角环境协同治理的非对称效应：基于多主体与多区域的双重视角 [J]．西安交通大学学报（社会科学版），2023，43（02）：128 – 142.

[197] 徐瑞．产业集聚对城市环境污染的影响 [J]．城市问题，2019（11）：52 – 58.

[198] 许正森，徐永明．整合 DMSP/OLS 和 NPP/VIIRS 夜间灯光遥感数据的长江三角洲城市格局时空演化研究 [J]．地球信息科学学报，2021，23（05）：837 – 849.

[199] 杨帆，周沂，贺灿飞．产业组织、产业集聚与中国制造业产业污染 [J]．北京大学学报（自然科学版），2016，52（03）：563 – 573.

[200] 杨凤华，王国华．长江三角洲区域市场一体化水平测度与进程分析 [J]．管理评论，2012，24（01）：32 – 38.

[201] 杨海生，陈少凌，周永章．地方政府竞争与环境政策——来自中国省份数据的证据 [J]．南方经济，2008（06）：15 – 30.

[202] 杨力，张云，陈志成等．长三角一体化大市场建设面临的问题和对策思路 [J]．科学发展，2022（02）：75 – 84.

[203] 杨志云，殷培红．流域水环境保护执法改革：体制整合、管理变革及若干建议 [J]．行政管理改革，2018（02）：38 – 42.

[204] 杨清可，段学军，王磊等．长三角地区城市土地利用与生态环境效应的交互作用机制研究 [J]．地理科学进展，2021，40（02）：220 – 231.

[205] 杨仁发．产业集聚能否改善中国环境污染 [J]．中国人口·资源与环境，2015，25（02）：23 – 29.

[206] 叶磊，段学军，欧向军．基于社会网络分析的长三角地区功能多中心研究 [J]．中国科学院大学学报，2016，33（01）：75 – 81.

[207] 叶作义，江千文．长三角区域一体化的产业关联与空间溢出效应分析 [J]．南京财经大学学报，2020（04）：34 – 44.

[208] 尤济红，陈喜强．区域一体化合作是否导致污染转移——来自长三角城市群扩容的证据［J］．中国人口·资源与环境，2019，29（06）：118-129.

[209] 余东升，李小平，李慧．"一带一路"倡议能否降低城市环境污染？——来自准自然实验的证据［J］．统计研究，2021，38（06）：44-56.

[210] 于文轩．生态环境协同治理的理论溯源与制度回应——以自然保护地法制为例［J］．中国地质大学学报（社会科学版），2020，20（02）：10-19.

[211] 余敏江，邹丰．让社会活力激发出来：长三角水环境协同治理中的行动者网络建构［J］．江苏社会科学，2022（01）：43-51，242.

[212] 余泳泽，段胜岚．全球价值链嵌入与环境污染——来自230个地级市的检验［J］．经济评论，2022（02）：87-103.

[213] 余泳泽，刘凤娟．生产性服务业空间集聚对环境污染的影响［J］．财经问题研究，2017（08）：23-29.

[214] 余泳泽，尹立平．中国式环境规制政策演进及其经济效应：综述与展望［J］．改革，2022（03）：114-130.

[215] 占华．要素市场扭曲与中国环境污染［J］．统计与信息论坛，2020，35（02）：67-76.

[216] 张超，郭海霞，沈体雁．中国空间市场一体化演化特征——基于"一价定律"与空间杜宾模型［J］．财经科学，2016（01）：67-77.

[217] 张德钢，陆远权．市场分割对能源效率的影响研究［J］．中国人口·资源与环境，2017，27（01）：65-72.

[218] 张建鹏，陈诗一．金融发展、环境规制与经济绿色转型［J］．财经研究，2021，47（11）：78-93.

[219] 张军，吴桂英，张吉鹏．中国省际物质资本存量估算：1952~2000年［J］．经济研究，2004（10）：35-44.

[220] 张可，汪东芳．经济集聚与环境污染的交互影响及空间溢出

[J]. 中国工业经济, 2014 (06): 70-82.

[221] 张可. 区域一体化、环境污染与社会福利 [J]. 金融研究, 2020 (12): 114-131.

[222] 张可. 区域一体化有利于减排吗? [J]. 金融研究, 2018 (01): 67-83.

[223] 张可. 市场一体化有利于改善环境质量吗?——来自长三角地区的证据 [J]. 中南财经政法大学学报, 2019 (04): 67-77.

[224] 张宁. 碳全要素生产率、低碳技术创新和节能减排效率追赶——来自中国火力发电企业的证据 [J]. 经济研究, 2022, 57 (02): 158-174.

[225] 张文彬, 张理芃, 张可云. 中国环境规制强度省际竞争形态及其演变——基于两区制空间 Durbin 固定效应模型的分析 [J]. 管理世界, 2010 (12): 34-44.

[226] 张学良, 程玲, 刘晴. 国内市场一体化与企业内外销 [J]. 财贸经济, 2021, 42 (01): 136-150.

[227] 张跃, 刘莉, 黄帅金. 区域一体化促进了城市群经济高质量发展吗?——基于长三角城市经济协调会的准自然实验 [J]. 科学学研究, 2021, 39 (01): 63-72.

[228] 张友国. 长江经济带产业转移的环境效应测算 [J]. 环境经济研究, 2019, 4 (02): 76-91.

[229] 张志敏, 菅泓博, 李彦. 府际博弈视角下省际毗邻地区空间协同治理优化策略——以长三角生态绿色一体化示范区为例 [J]. 规划师, 2022 (05): 84-89.

[230] 赵凡, 罗良文. 长江经济带产业集聚对城市碳排放的影响: 异质性与作用机制 [J]. 改革, 2022 (01): 68-84.

[231] 赵峰, 冯吉光, 白佳飞. 产业转移与大气污染: 空间扩散与治理 [J]. 财经科学, 2020 (12): 83-95.

[232] 赵惠, 吴金希. 基于环境库兹涅茨曲线的京冀区际环境污染转

移的测度研究 [J]. 中国人口·资源与环境, 2020, 30 (05): 90 - 97.

[233] 赵晶晶, 葛颜祥, 李颖. 公平感知、社会信任与流域生态补偿的公众参与行为 [J]. 中国人口·资源与环境, 2023, 33 (06): 196 - 205.

[234] 赵领娣, 徐乐. 基于长三角扩容准自然实验的区域一体化水污染效应研究 [J]. 中国人口·资源与环境, 2019, 29 (03): 50 - 61.

[235] 赵文举, 张曾莲. 中国经济双循环耦合协调度分布动态、空间差异及收敛性研究 [J]. 数量经济技术经济研究, 2022, 39 (02): 23 - 42.

[236] 郑洁, 付才辉, 张彩虹. 要素市场扭曲对环境污染的影响——基于工具变量法的经验研究 [J]. 软科学, 2018, 32 (10): 103 - 106.

[237] 郑军, 郭宇欣, 唐亮. 区域一体化合作能否助推产业结构升级? ——基于长三角城市经济协调会的准自然实验 [J]. 中国软科学, 2021 (08): 75 - 85.

[238] 郑石明, 黄淑芳. 纵向干预与横向合作: 塑造区域环境协同治理网络——一个超大城市群的治理实践 [J]. 湖南社会科学, 2022 (04): 61 - 70.

[239] 周杰琦, 陈达, 夏南新. 人工智能、产业结构优化与绿色发展效率——理论分析和经验证据 [J]. 现代财经 (天津财经大学学报), 2023, 43 (04): 96 - 113.

[240] 周晶晶, 蒋乃华, 赵增耀. 长三角市场一体化对工业大气污染减排的影响及作用机理研究 [J]. 南通大学学报 (社会科学版), 2022, 38 (02): 44 - 55.

[241] 周黎安. "官场 + 市场" 与中国增长故事 [J]. 社会, 2018, 38 (02): 1 - 45.

[242] 周凌一. 纵向干预何以推动地方协作治理? ——以长三角区域环境协作治理为例 [J]. 公共行政评论, 2020, 13 (04): 90 - 107, 207 - 208.

[243] 周茂, 陆毅, 杜艳等. 开发区设立与地区制造业升级 [J].

中国工业经济, 2018 (03): 62 – 79.

[244] 周文通, 翁林宇, 孙铁山. 空间溢出视角下中国区域经济一体化研究 [J]. 经济问题探索, 2016 (05): 121 – 129.

[245] 周五七, 高晓慧. 长三角区域一体化的环境治理效应评估——基于 DID 模型的实证研究 [J]. 中国环境管理, 2023, 15 (02): 109 – 118.

[246] 周沂, 薛赵琴, 陈晓兰. 区域一体化的减霾效应——基于断点回归的经验证据 [J]. 中国人口·资源与环境, 2022, 32 (12): 66 – 77.

[247] 周正柱. 长三角城市群经济地理特征与市场一体化影响因素研究——基于 "3D + T" 框架的分析 [J]. 苏州大学学报 (哲学社会科学版), 2022, 43 (04): 29 – 40.

[248] 朱晓明. 推进长三角高质量一体化发展重大举措建议 [J]. 科学发展, 2020 (04): 53 – 63.

[249] 踪家峰, 周亮. 市场分割、要素扭曲与产业升级——来自中国的证据 (1998~2007 年) [J]. 经济管理, 2013, 35 (01): 23 – 33.

[250] Andersson M, Loof H. Agglomeration and productivity: Evidence from firm-level data [J]. Annals of Regional Science, 2011, 46 (03): 601 – 620.

[251] Ang B. The LMDI approach to decomposition analysis: A practical guide [J]. Energy Policy, 2005, 33 (07): 867 – 871.

[252] Anouliès L. Are trade integration and the environment in conflict? The decisive role of countries' strategic interactions [J]. International Economics, 2016, 148: 1 – 15.

[253] Anselin L. Local indicators of spatial association—LISA [J]. Geographical analysis, 1995, 27 (02): 93 – 115.

[254] Araújo I F D, Jackson R W, Ferreira Neto A B et al. European Union membership and CO_2 emissions: A structural decomposition analysis [J]. Structural Change and Economic Dynamics, 2020, 55: 190 – 203.

[255] Awad A. Does economic integration damage or benefit the environ-

ment? Africa's experience [J]. Energy Policy, 2019, 132: 991 –999.

[256] Badinger H. Growth effects of economic integration: evidence from the EU member states [J]. Review of World Economics, 2005, 141 (01): 50 –78.

[257] Baghdadi L, Martinez – Zarzoso I, Zitouna H. Are RTA agreements with environmental provisions reducing emissions? [J]. Journal of International Economics, 2013, 90 (02): 378 –390.

[258] Bai J, Lu J, Li S. Fiscalpressure, tax competition and environmental pollution [J]. Environmental and Resource Economics, 2019, 73 (02): 431 –447.

[259] Barrett S. Strategic environmental policy and international trade [J]. Journal of Public Economics, 1994, 54 (03): 435 –445.

[260] Baycan. Air pollution, economic growth, and the European Union enlargement [J]. International Journal of Economics and Finance, 2013, 5 (12): 121 –126.

[261] Blackburne E F, Frank M W. Estimation of nonstationary heterogeneous panels [J]. Stata Journal, 2007, 7 (02): 197 –208.

[262] Blundell R, Bond S. Initial conditions and moment restrictions in dynamic panel data models [J]. Journal of Econometrics, 1998, 87 (01): 115 –143.

[263] Buysse K, Verbeke A. Proactive Environmental Strategies: A Stakeholder Management Perspective [J]. Strategic Management Journal, 2003, 24 (05): 453 –470.

[264] Cai X, Lu Y, Wu M et al. Does environmental regulation drive away inbound foreign direct investment? evidence from a quasi-natural experiment in China [J]. Journal of Development Economics, 2016, 123: 73 –85.

[265] Chagas A L S, Azzoni C R, Almeida A N. A spatial difference-in-differences analysis of the impact of sugarcane production on respiratory dis-

eases [J]. Regional Science and Urban Economics, 2016, 59: 24 – 36.

[266] Chambers R G, Chung Y, Färe R. Benefit and distance functions [J]. Journal of Economic Theory, 1996, 70 (02): 407 – 419.

[267] Chen X, Huang B. Club membership and transboundary pollution: Evidence from the European Union enlargement [J]. Energy Economics, 2016, 53: 230 – 237.

[268] ChenX, Chen X, Song M. Polycentric agglomeration, market integration and green economic efficiency [J]. Structural Change and Economic Dynamics, 2021, 59: 185 – 197.

[269] Chung Y H, Färe R, Grosskopf S. Productivity and undesirable outputs: A directional distance function approach [J]. Journal of Environmental Management, 1997, 51 (03): 229 – 240.

[270] Coase R H. The problem of social cost [J]. Journal of Law & Economics, 1960 (03): 1 – 44.

[271] Copeland B R, Taylor M S. Trade, growth and environment [J]. Journal of Economic Literature, 1994 (42): 7 – 17.

[272] Correia F N, Da Silva J E. International Framework for the Management of Transboundary Water Resources [J]. Water International, 1999, 24 (02): 86 – 94.

[273] Dagum C. A new approach to the decomposition of the Gini income inequality ratio [J]. Empirical Economics, 1997, 22 (04): 515 – 531.

[274] Deng H H, Zheng X Y, Huang N et al. Strategic interaction in spending on environmental protection: spatial evidence from Chinese cities [J]. China & World Economy, 2012, 20 (05): 103 – 120.

[275] Duanmu J, Bu M, Pittman R. Does market competition dampen environmental performance? Evidence from China [J]. Strategic Management Journal, 2018, 39 (11): 3006 – 3030.

[276] Duflo E, Pande R. Dams [J]. The quarterly Journal of Econom-

ics, 2007, 122 (02): 601 – 646.

[277] Färe R, Grosskopf S. Directional Distance Functions and Slacks-based Measures of Efficiency [J]. European Journal of Operational Research, 2010, 200 (01): 320 – 322.

[278] Färe R, Grosskopf S, Pasurka J. Accounting for air pollution emissions in measures of state manufacturing productivity growth [J]. Journal of Regional Science, 2001, 41 (03): 381 – 409.

[279] Färe R, Grosskopf S, Pasurka J. Environmental production functions and environmental directional distance functions [J]. Energy, 2007, 32 (07): 1055 – 1066.

[280] Färe R, Grosskopf S, Nohb W et al. Characteristics of apolluting technology: theory and practice [J]. Journal of Econometrics, 2005, 126 (02): 469 – 492.

[281] Feiock R C. The institutional collective action framework [J]. Policy Studies Journal, 2013, 41 (03): 397 – 425.

[282] Fredriksson P G, Millimet D L. Strategic interaction and the determination of environmental policy across US states [J]. Journal of Urban Economics, 2002, 51 (01): 101 – 122.

[283] Freeman R E. Strategic management: A stakeholder approach [M]. America: Pitman, 1984.

[284] Fukuyama H, Weber W L. A directional slacks-based measure of technical inefficiency [J]. Socio – Economic Planning Sciences, 2009, 43 (04): 274 – 287.

[285] Glaeser E L. Triumph of the city: How our greatest invention makes us richer, smarter, greener, healthier, and happier [J]. Journal of Economic Sociology, 2013, 14 (04): 75 – 94.

[286] Gómez – Calvet R, Conesa D, Gómez – Calvet A R et al. Energy efficiency in the European Union: What can be learned from the joint applica-

tion of directional distance functionsand slacks-basedmeasures? [J]. Applied Energy, 2014, 132: 137 – 154.

[287] Grossman G M, Krueger A B. Economic growth and the environment [J]. The Quarterly Journal of Economics, 1995, 110 (02): 353 – 377.

[288] Grossman G M, Krueger A B. Environmental impacts of the North American free trade agreement [R]. NBER Working Paper, No. 3914, 1991.

[289] Halkos G E, Tzeremes N G. Economic efficiency and growth in the EU enlargement [J]. Journal of Policy Modeling, 2009, 31 (06): 847 – 862.

[290] Hansen B E. Threshold effects in non-dynamic panels estimation testing and inference [J]. Journal of Economics, 1999, 93 (02): 345 – 368.

[291] He W, Wang B, Danish et al. Will regional economic integration influence carbon dioxide marginal abatement costs? Evidence from Chinese panel data [J]. Energy Economics, 2018, 74: 263 – 274.

[292] Hering L, Poncet S. Environmental policy and exports: Evidence from Chinese cities [J]. Journal of Environmental Economics and Management, 2014, 68 (02): 296 – 318.

[293] Hou Y, Zhang K, Zhu Y et al. Spatial and temporal differentiation and influencing factors of environmental governance performance in the Yangtze River Delta, China [J]. Science of The Total Environment, 2021, 801: 1 – 14.

[294] Hubbard T P. Trade and transboundary pollution: Quantifying the effects of trade liberalization on CO_2 emissions [J]. Applied Economics, 2014, 46 (05): 483 – 502.

[295] Ismail B. Air pollution, economic growth, and the European Union enlargement [J]. International Journal of Economics and Finance, 2013, 5 (12): 121 – 126.

[296] Ke S. Domestic market integration and regional economic growth – China's recent experience from 1995 – 2011 [J]. World Development, 2015, 66: 588 – 597.

[297] Kelejian H H, Prucha I R. Estimation of simultaneous systems of spatially interrelated cross-sectional equations [J]. Journal of Econometrics, 2004, 118 (1 – 2): 27 – 50.

[298] Koengkan M, Santiago R, Fuinhas J A. The impact of public capital stock on energy consumption: Empirical evidence from Latin America and the Caribbean region [J]. International Economics, 2019, 160: 43 – 55.

[299] Konisky D M. Regulatory competition and environmental enforcement: Is there a race to the bottom? [J]. American Journal of Political Science, 2007, 51 (04): 853 – 872.

[300] Krugman P. Increasing returns and economic geography [J]. Journal of Political Economy, 1991, 99 (03): 483 – 499.

[301] Kutan A M, Yigit T M. European integration, productivity growth and real convergence: Evidence from the new member states [J]. Economic Systems, 2009, 33 (02): 127 – 137.

[302] Kuznets, S. Economicgrowth and income inequality [J]. American Economic Review, 1955, 45 (01): 1 – 28.

[303] Lai A, Wang Q, Cui L. Can market segmentation lead to green paradox? Evidence from China [J]. Energy, 2022, 254: 124390.

[304] Li J, Lin B. Does energy and CO_2 emissions performance of China benefit from regional integration? [J]. Energy Policy, 2017, 101 (02): 366 – 378.

[305] Li H, Zhou L. Political turnover and economic performance: The incentive role of personnel control in China [J]. Journal of Public Economics, 2005, 89 (9 – 10): 1743 – 1762.

[306] Loayza N, Ranciere R. Financialdevelopment, financial fragility,

and growth [J]. Journal of Money, Credit and Banking, 2006, 38 (04): 1051 – 1076.

[307] Markusen J R. Foreign direct investment as a catalyst forindustrial development [J]. European Economic Review, 1999 (42): 335 – 356.

[308] Melitz M J. The impact of trade on intra-industry reallocations and aggregate industry productivity [J]. Econometrica, 2003, 71 (06): 1695 – 1725.

[309] MitchellR K, Agle B R, Wood D J. Toward a theory of stakeholder identification and salience: Defining the principle of who and what really counts [J]. Academy of Management Review, 1997, 22 (04): 853 – 886.

[310] Moran P A. Notes on continuous stochastic phenomena [J]. Biometrika, 1950, 37 (1/2): 17 – 23.

[311] Neves S A, Marques A C, Patricio M. Determinants of CO_2 emissions in European Union countries: Does environmental regulation reduce environmental pollution? [J]. Economic Analysis and Policy, 2020, 68: 114 – 125.

[312] OH D. A global Malmquist – Luenbergerproductivity index [J]. Journal of Productivity Analysis, 2010, 34 (03): 183 – 197.

[313] Olson M. The logic of collective action: Public goods and the theory of groups [M]. Harvard University Press: Cambridge, Mass, 1965.

[314] Ostrom E, Ahn T K. Foundations of social capital [M]. Edward Elgar Pub, 2003.

[315] Ostrom V, Ostrom E. A behavioral approach to the study of Intergovernmental relations [J]. Annals of the American Academy of Political and Social Science, 1965, 359 (05): 135 – 136.

[316] Ostrom E. Polycentric systems for coping with collective action and global environmental change [J]. Global Environmental Change, 2010, 20: 550 – 557.

[317] Ouyang J, Zhang K, Wen B. and Lu Y. Top-down and bottom-up approaches to environmental governance in China: Evidence from the River

Chief System （RCS） ［J］. International Journal of Environmental Research and Public Health, 2020, 17 （19）: 7058.

［318］ Panayotou T. Empirical tests and policy analysis of environmental degradation at different stages of economic development ［R］. ILO Working Paper, No. 238, 1993.

［319］ Parsley D C, Wei S J. Explaining the border effect: The role of exchange rate variability, shipping costs, and geography ［J］. Journal of International Economics, 2001, 55 （01）: 87 – 105.

［320］ Pastor J T, Asmild M, Lovell C A K. The biennial Malmquist productivity change index ［J］. Socio – Economic Planning Sciences, 2011, 45 （01）: 10 – 15.

［321］ Pesaran H, Shin Y and Smith R. Pooled mean group estimation of dynamic heterogeneous panels ［J］. Journal of the American Statistical Association, 1999, 94 （446）: 621 – 634.

［322］ Pesaran H and Smith R. Estimating long-run relationships from dynamic heterogenous panels ［J］. Journal of Econometrics, 1995, 68: 79 – 113.

［323］ Poncet S. Measuring Chinese domestic and international integration ［J］. China Economic Review, 2003, 14 （01）: 1 – 21.

［324］ Quah D T. Empirics for Growth and Distribution: Stratification, Polarization, and Convergence Clubs ［J］. Journal of Economic Growth, 1997, 2 （01）: 27 – 50.

［325］ Ren S, Yuan B, Ma X, Chen X. International trade, FDI (foreign direct investment) and embodied CO_2 emissions: A case study of China's industrial sectors ［J］. China EconomicReview, 2014, 28: 123 – 134.

［326］ Rodríguez M C, Dupont – Courtade L, Oueslati W. Air pollution and urban structure linkages: Evidence from European cities ［J］. Renewable and Sustainable Energy Reviews, 2016, 53 （01）: 1 – 9.

［327］ Saiz A. The Geographic Determinants of Housing Supply ［J］. The

Quarterly Journal of Economics, 2010, 125 (03): 1253 – 1296.

[328] Schermerhorn J R. Determinants ofinterorganizational cooperation [J]. The Academy of Management Journal, 1975, 18 (04): 846 – 856.

[329] Shao S, Chen Y, Li K et al. Market segmentation and urban CO_2 emissions in China: Evidence from the Yangtze River Delta region [J]. Journal of Environmental Management, 2019, 248: 1 – 10.

[330] Shephard R W. Theory of Cost and Production Functions [M]. Princeton University Press, 1970.

[331] Shi X, Xu Z. Environmental regulation and firm exports: evidence from the eleventh Five – Year Plan in China [J]. Journal of Environmental Economics and Management, 2018, 89 (05): 187 – 200.

[332] Stock J H, Yogo M. Testing for weak instruments in linear IV regression [R]. NBER Technical Working Papers No. 284, 2002.

[333] Sueyoshi T, Goto M. DEA approach for unified efficiency measurement: Assessment of Japanese fossil fuel power generation [J]. Energy Economics, 2011, 33 (02): 292 – 303.

[334] Tang L, Li K. A comparative analysis on energy-saving and emissions-reduction performance of three urban agglomerations in China [J]. Journal of Cleaner Production, 2019, 220: 953 – 964.

[335] Tobin J. Estimation of Relationships for Limited Dependent Variables [J]. Econometrica, 1958, 26 (01): 24 – 36.

[336] Tone K. A slacks-based measure of efficiency in data envelopment analysis [J]. European Journal of Operational Research, 2001, 130 (03): 498 – 509.

[337] Tulkens H, Eeckaut P. Non-parametric efficiency, progress and regress measures for panel data: methodological aspects [J]. European Journal of Operational Research, 1995, 80 (03): 474 – 499.

[338] Wang H, Xiong J. Governance on water pollution: Evidence from

a new river regulatory system of China [J]. Economic Modelling, 2022, 113: 1 – 16.

[339] Wang Q, Zhao Z, Zhou P et al. Energy efficiency and production technology heterogeneity in China: a meta-frontier DEA approach [J]. Economic Modelling, 2013, 35 (01): 283 – 289.

[340] Wang Y, Sun X, Wang B et al. Energy saving, GHG abatement and industrial growth in OECD countries: A green productivity approach [J]. Energy, 2020, 194: 116833.

[341] Wang Y, Zhao Y. Is collaborative governance effective for air pollution prevention? A case study on the Yangtze River delta region of China [J]. Journal of Environmental Management, 2021, 292 (03): 1 – 12.

[342] World Bank. World Development Report 2009: Reshaping Economic Geography [R]. World Bank: Washington DC, 2009.

[343] Woods N D. Interstate competition and environmental regulation: a test of the race-to-the-bottom thesis [J]. Social Science Quarterly, 2006, 87 (01): 174 – 189.

[344] Xu X. Have the Chinese provinces become integrated under reform? [J]. China Economic Review, 2002, 13 (02): 116 – 133.

[345] Yi H, Suo L, Shen R et al. Regional governance and institutional collective action for environmental sustainability [J]. Public Administration Review, 2018, 78 (04): 556 – 566.

[346] Young A. The razor's edge: Distortions and incremental reform in the People's Republic of China [J]. Quarterly Journal of Economics, 2000, 115 (04): 1091 – 1135.

[347] Yuan H, Feng Y, Lee C, etc. How does manufacturing agglomeration affect green economic efficiency? [J]. Energy Economics, 2020, 92: 104944.

[348] Zeng D, Zhao L. Pollution havens and industrial agglomeration

[J]. Journal of Environmental Economics and Management, 2009, 58 (02): 141 - 153.

[349] Zhang K, Shao S, Fan S et al. Market integration and environmental quality: Evidence from the Yangtze River delta region of China [J]. Journal of Environmental Management, 2020, 261: 1 - 17.

[350] Zhang N, Kong F, Choi Y et al. The effect of size-control policy on unified energy and carbon efficiency for Chinese fossil fuel power plants [J]. Energy Policy, 2014, 70: 193 - 200.

[351] Zhou P, Ang B W, Wang H. Energy and CO_2 emission performance in electricity generation: a non-radial directional distance function approach [J]. European Journal of Operational Research, 2012, 221 (03): 625 - 635.

[352] Zhu X, Ierland E V. The enlargement of the European Union: Effects on trade and emissions of greenhouse gases [J]. Ecological Economics, 2006, 57 (01): 1 - 14.

后　记

本书写作缘起江苏省高校哲学社会科学研究重大项目"长三角一体化对地区环境治理效率的影响研究"（2020SJZDA044）的研究工作，随着课题研究内容的推进，对长三角一体化与环境治理的关系有了更深入的思考，本书是对课题相关研究成果的进一步拓展和总结。

长三角一体化是一个老话题，但长三角一体化环境治理则是一个新议题。长三角一体化面临环境问题的掣肘，同时也为区域环境协同治理提供了新方案和新预期。本书从区域市场一体化的视角，研究长三角一体化对城市环境治理和绿色发展效率的影响机制与效应，提出完善长三角一体化背景下生态环境共保联治的环境协同治理机制及政策建议。

本书部分章节内容已先后发表于《中国环境管理》《长江流域资源与环境》《中国人口·资源与环境》《经济体制改革》等学术期刊，感谢这些期刊和出版社编辑及匿名审稿专家提出的审稿意见和宝贵建议。感谢高晓慧、张咏雯、张丽等研究生在本课题相关数据收集和处理工作上的付出。

本书的研究与出版得到江苏省高校哲学社会科学研究重大项目"长三角一体化对地区环境治理效率的影响研究"（2020SJZDA044）、江南大学学术专著出版基金、江南大学商学院出版基金的资助。感谢江南大学人文社科处处长王建华教授和江南大学商学院院长浦徐进教授给予的指导和支持。感谢经济科学出版社刘莎编辑为本书顺利出版所作的工作。感谢江南大学商学院韩晓东老师给予的热情帮助。

　　长三角一体化高质量发展是一个重大战略问题，长三角一体化环境协同治理有大量现实议题和政策创新实践有待深入研究，尽管作者为课题研究和本书写作极尽努力，但由于学识水平有限，书中难免有疏漏和不足之处，恳请专家与读者批评指正。

周立七

2024 年 5 月